中国小城镇规划新视角

王士兰　陈行上　陈钢炎　主编

中国建筑工业出版社

图书在版编目（CIP）数据

中国小城镇规划新视角/王士兰等主编．—北京：中国建筑工业出版社，2004

ISBN 7-112-06686-7

Ⅰ．中…　Ⅱ．王…　Ⅲ．城镇—城市规划—中国
Ⅳ．TU984.2

中国版本图书馆 CIP 数据核字（2004）第 058097 号

中国小城镇规划新视角

王士兰　陈行上　陈钢炎　主编

*

中国建筑工业出版社出版、发行(北京西郊百万庄)
新　华　书　店　经　销
北京云浩印刷有限责任公司印刷

*

开本:850×1168 毫米　1/32　印张:12½　字数:330 千字
2004 年 8 月第一版　　2005 年 9 月第二次印刷
印数：2501—3700 册　　定价：**24.00** 元

ISBN 7-112-06686-7
TU·5840（12640）

(邮政编码　100037)
本社网址：http://www.china-abp.com.cn
网上书店：http://www.china-building.com.cn

本书共分4篇，分别是：小城镇区域空间与产业发展研究、小城镇发展战略纵论、小城镇规划探讨、村庄规划建设思考。

全书观点新颖、内容翔实，不仅有较强的针对性和实用性，亦有较好的参考价值。

本书可供从事小城镇设计、施工、管理、科研等人员使用，也可供大专院校师生参考。

责任编辑：胡明安
责任设计：孙　梅
责任校对：张　虹

序　一

城市发展自古以来总是由小到大，而且在中国的历史长河中小城市总是占多数。今后尽管大、中城市还要发展，小城市也必然还要发展，只要还有农业，只要还讲究环境，只要还寻求社会活动的成本效益，小城市还会在城市群中占有一定的地位。二十多年来我国的农村社会经济的曲折发展历程表明，小城镇是我国农业产业化的重要载体，是推动农村城市化的“孵化器”，是农村达到全面小康社会的重要保障。当前，在总结二十多年来的农村社会经济发展规律和经验的基础上，党中央国务院提出了“加快小城镇发展、积极推进城镇化”的城市化战略，小城镇是我国快速城市化阶段的战略重点。

总体上来说，小城镇理论研究少，实践研究多；单一领域研究较多，多学科协作研究少；研究论文多，学术著作少。在这个宏观背景下，中国城市规划学会全国小城镇规划学术委员会把全国小城镇规划的理论与实践研究成果进行了整理汇编，适时地出版了《中国小城镇规划的新视角》。

目前，我国小城镇共有2万多个，幅员国土面积占据90%以上，人口占据70%左右；在5亿左右的城镇人口中，小城镇占据了20%左右。国之基础在于县，县之基础在于镇，我国农村社会经济的振兴，关键在于小城镇，尤其是县所在镇。加快发展小城镇是党中央国务院的战略部署，是解决我国“三农”问题的根本途径。因此，在建设全面小康社会进程中，这本书的出版将对我国小城镇发展、“三农”问题的解决、城乡统筹发展等起到积极的作用。

该书主要体现了以下几个特点：第一，全书注意反映最新研究成果，尤其是对我国经济发达地区的“城中村”问题进行深入研究探讨；第二，全书结构清晰，逻辑严谨，从理论到实践、从宏观到微观等不同阐述了我国小城镇规划的若干问题；第三，全书充分反映了我国不同经济发展阶段的小城镇规划的理论与实践探讨，有重点地论述了我国东部、中部、西部等地区的小城镇规划建设问题。第四，全书观点新颖、内容翔实，具有很强的针对性和实用性。以上这些特点，提高了本书的实用参考价值，再加上该书各个篇章的主要作者都是我国多年从事小城镇研究的理论和实践工作者，因而该书是小城镇理论研究和实践研究的综合集成，能很好地指导我国当前的小城镇规划建设。为此，在党中央国务院部署实施小城镇战略和高度重视“三农”问题之时，中国建筑工业出版社出版该书，真是雪中之炭，及时之雨。

有几点体会与本书的读者们共勉：

第一，小城镇在国民经济系统中处于基础性地位，是城乡空间的结合点和大产业的衔接点，我们必须重视和关注小城镇问题。

第二，目前，我国小城镇出现了比城市发展差异更大的地域差异。在经济发达地区，小城镇已经远远超过了其自身标准，达到了城市规划；在经济欠发达地区，小城镇还处于传统的农垦中心地位，还远远没有达到相应的标准。这种地域差异，给我们研究工作者提出小城镇社会经济发展道路问题、模式问题等。因此，小城镇规划建设必须是适应各地特色的道路和模式。

第三，在经济全球化进程中，城市区域化和区域城市化已经成为城镇系统演化的一个基本态势。然而，区域城市化的主要任务是在小城镇。只有小城镇的快速发展，才能真正推动区域城市化的发展，才能支撑经济全球化和区域经济集团化的进程。在这个背景下，我国小城镇系统应该如何应对？这是我国小城镇研究应及时解决探讨的问题之一。

第四，小城镇是一个综合性很强的研究领域，涉及到经济、社会、规划、建设、生态、管理等各个方面，所以，小城镇研究应注意吸收相邻学科的知识，注重中国国情与国际先进经验的结合。

总之，该书的出版，将对今后的小城镇规划研究产生重要的影响，将对我国小城镇发展产生重要的指导意义。但是，这仅仅是我国小城镇规划理论与实践研究探讨的初步成果，希望中国城市规划学会全国小城镇规划学术委员会再接再厉，勇于攀登，继续推出指导全国小城镇规划建设的优秀作品。

中国科学院院士

中国工程院院士

中国城市科学研究会理事长

周干峙

2004年5月8日

序　二

中国城市规划学会小城镇学术委员会成立于1988年,至今已有16年的历史。它集中了全国有关省、自治区、直辖市各条战线的专家学者,他们在理论研究、实践建设和管理等方面作出了贡献。

该专业学术委员会遵照中央“发展小城镇是带动农村经济和社会发展的一个大战略”的精神，勤奋地开展学术活动。20世纪90年代以来，小城镇的发展进入了快速阶段，取得了很大成绩，也出现了许多新情况、新问题，迫切需要进行理论与实践相结合的研究来引导小城镇的健康发展。小城镇学术委员会随形势发展而动，作了大量调研工作，始终坚持不断地探索积累，深入研究。今天，30万字的成果——《中国小城镇规划新视角》与大家见面了。从中不难看出本书的很多成功之处：

一是理论与实践的紧密结合，几乎篇篇文章有所反映，提出的观点、措施具有指导性、可供参考；

二是反映了我国东、中、西部不同经济发展阶段的规划和建设问题；

三是“新”，对“城中村”等问题的研究有新突破；

四是紧跟时代发展，如区域发展中的小城镇问题。

我认为该书的出版对当前小城镇的规划、建设有实用价值和参考作用，也为今后小城镇问题的继续研究打下了良好的基础。

我祝愿小城镇学术委员会珍惜已取得的丰硕成果，紧跟时代、再创辉煌!

中国城市规划学会副理事长

夏宗玕

2004年5月

前　言

我国13亿人口三分之二在农村，解决农业、农村、农民的“三农”问题是国家全面建设小康社会的重要战略问题。中央指出“发展小城镇是带动农村经济与社会发展的一个大战略”，提出“大中小城市和小城镇协调发展，走中国特色城镇化道路”的战略要求。21世纪是城市世纪，发展小城镇不仅是推进城镇化的重要途径，更是统筹城乡发展的必经之路。十六届三中全会提出的统筹城乡发展等五个统筹，充分体现了科学发展观和社会主义社会全面发展的战略构想，也充分证实了发展小城镇的战略重要性。

从20世纪90年代以来，我国小城镇进入了快速发展时期，小城镇的经济与社会、建设与发展包括规划、管理等方面都取得了长足的进步，但是也存在着诸如无序扩张、土地浪费、设施滞后、环境恶化等许多问题，亟待正确处理和解决。随着城镇化进程的加快，又有许多新情况、新问题需要我们去研究。例如，如何改变城乡二元经济结构，统筹城乡经济社会协调发展；如何促进区域协调发展，扭转地区差距扩大的趋势；如何有效节约用地，保护资源和生态环境；如何提高小城镇城市设计水平，改变千镇一面状态，改善人居环境；如何坚持制度创新，提高小城镇建设管理的规范化水平等等。要解决这些问题，必须高度重视小城镇规划，进行理论研究和实践探索，促进其健康发展。

中国城市规划学会小城镇学术委员会成立于我国小城镇规划工作刚起步的1988年，至今已走过16个年头了。学术委员会荟萃着全国各省、市、自治区的众多专家、学者，他们来自大专院校、科研院所、政府部门等各条战线，是我国改革开放以来，特别是小城镇快速发展以来小城镇规划的理论研究者、实践探索者、建设和管理者，在各自的岗位上为小城镇的建设和发展作出了重要的贡献，同时也在小城镇规划和建设管理中积累了众多丰硕的研究成果和宝贵的经验、教训。学术委员会每年举办一次学术年会活动，交流学术成果。近年来更为活跃，充分展示了“青年”的朝气蓬勃。

为了推动小城镇规划的理论和实践研究，小城镇规划学术委员会于今年专门发动委员和学者、专家将历年的学术年会论文及近年来小城镇规划和建设中的研究成果、经验体会撰写专著汇编出版。本书分四大篇计 42 篇文章，30 多万字，涉及小城镇区域空间与产业发展、小城镇发展战略、小城镇规划和村庄规划建设等。地域遍及我国东、中、西及南、北部地区，基本反映出现阶段不同经济发展水平地域的小城镇规划发展特点、建设水平和在管理建设中存在的问题。以宏观、中观和微观等不同层面、不同角度，从理论到实践研究小城镇规划的区域整合协调发展、城乡一体化发展、规划调控和理论方法；欠发达地区小城镇发展和开发；“城中村”和中心村的规划建设以及政府职能转变等论述。

全书观点新颖、内容翔实，作为新世纪我国小城镇大发展时期首次发表的小城镇规划理论与方法的专著，不仅有较强的针对性和实用性，具有一定的参考价值，也不失为一次具有现实意义的工作，现将这本书奉献给大家，以飨读者。小城镇规划学术委员会亦希望能借这次出版的机会，取得各个领域、各个学科小城镇规划理论和实践工作者的支持和帮助。我们相互切磋，共同为建成具有中国特色的现代小城镇努力奋斗。

中国城市规划学会小城镇规划学术委员会主任

王士兰

2004 年春于浙江大学

目　录

第一篇　小城镇区域空间与产业发展研究

第二篇　小城镇发展战略纵论

第三篇　小城镇规划探讨

第四篇　村庄规划建设思考

第一篇

小城镇区域空间与产业发展研究

长江三角洲区域整合协调发展策略研究

王士兰　张　庆　吴德刚

【提要】　通过分析长江三角洲区域的区位条件、经济联系、城市群内部空间关系及发展背景，借鉴国际大都市带的发展经验，指出长江三角洲区域的整体协调发展是其成为国际大都市连绵区的必经之路，并在深入研究长江三角洲区域的发展现状和存在问题的基础上，提出了长江三角洲区域整体协调发展的几项基本对策。

1　长江三角洲区域概况分析

1.1　区位条件及经济联系

长江三角洲位于中国东部沿海开放城市带和沿长江产业密集城市带的结合部，具有得天独厚的江海交汇、南北居中的区位条件。它是中国对内、对外联系的主要节点，是中国走向世界的重要窗口。

从世界城市等级体系来看，长江三角洲被视为接受辐射的一级地区，处在以东京为核心的大都市区的直接辐射范围内，是一个新兴的增长极。上海国际机场的建立和深水港的建设将有力地促进长江三角洲地区与世界经济体系的接轨，成为世界城市等级网络中的一个主要节点。

从中国的城市网络体系来看，长江三角洲所处的区位、经济实力以及发展的机遇，将成为我国经济的最重要的辐射源，我国中、西部乃至整个东亚，都会成为其辐射腹地。

1.2 长江三角洲城市群内部空间关系

长江三角洲城市群的中心城市体系由上海超大城市，南京、杭州 2 个特大城市以及无锡、扬州、苏州、常州、宁波、南通、镇江、湖州、嘉兴、绍兴、泰州、舟山共 15 个大中城市构成。沪宁、沪杭甬高速公路、高速铁路和沿海地带已经成为本区经济发展和城市分布的主要轴线。

目前，长江三角洲已基本形成了由超大城市、特大城市、大城市、中等城市、小城市和建制镇组成的呈“金字塔塔型”的六级城镇体系。城市群内部空间结构可以概括为“一核两翼两主轴”。处于核心地位的上海作为国际大都市已初具框架，成为长江三角洲区域城镇体系的组织者和支撑点。上海城镇体系的进一步发展及城市职能的建设与提升，必将强化其作为中心城市的集聚和辐射效应，从而将整个区域城镇体系组织和带动起来。以杭州为中心的浙北地区城市群和以南京为中心的沿长江地区城市群是长江三角洲城市群的“两翼”。两主轴是沪宁、沪杭甬高速公路，是上海向两翼辐射的主要空间经济轴线，沿海大通道的建成将进一步强化上海的辐射作用，使整个长江三角洲的区域经济格局演化为“反 K 形—网络状”的空间格局。

2 长江三角洲整合协调发展的背景分析

2.1 国际经验——世界大都市连绵区的发展借鉴

法国地理学家戈特曼于 1942 年提出了大都市带（Megalopolis）的概念，发达国家大都市带的演变历程说明了一点，一个城市的发展与周边地域的发展紧密相连。当城市发展到一定阶段，必然要与周边地域连接起来，通过整体地域的相互作用来实现自身的进一步发展。所谓的大都市带，不仅仅是单个都市区的过分膨胀或多个都市区的简单组合，而且有着质的变化的全新有机整体。我国长江三角洲地区虽被列入世界六大都市带之一，但是它并不是真正意义上的都市带，它还处于城市密集带向大都市带过渡的阶段。在这一地区，城市密集分布，城市辐射范围开始出现重叠，各城市间呈现一定的职能分工，主要城市上海脱颖而出，成为城市密集带的核心城市。世界大都市带的发展经验告诉我们，要使长江三角洲发展成为世界级大都市带，成为环太平洋地区的经济核心，地区的整体直辖市发展构筑一体化的有序整体是必经之路。

2.2 经济全球化背景下长江三角洲的发展契机

经济全球化是一场以发达国家为主导，跨国公司为主要动力的世界范围内的产业结构调整。这些产业结构的调整，不单是产业的整体转移，更重要的是同一产业的一部分生产环节的转移。发达国家把劳动和资源密集型的产业向发展中国家转移，特别是把这些产业，包括高科技产业中的劳动密集型产业向发展中国家转移。就全球经济和世界经济格局而言，环太平洋地区是 21 世纪发展的重点，是国际资本和产业转移的重要场所。以上海为中心的长江三角洲具有优越的环太平洋和交通、科技、文化优势，将崛起为环太平洋和远东地区的大都市区，成为我国建设国际大城市的首选地区。

随着经济全球化趋势的发展，全球范围内出现了新的国际劳动分工体系。全球 80% 的制造业在亚洲，其中又有 60% 以上是在中国，这对中国的经济发展来说无疑是一种机遇和挑战。跨国公司将生产部门向发展中国家转移，要考虑产业环境、劳动力成本等要素。对于长江三角洲而言，加快区域性和国际性的基础设施建设，完善金融投资体制，是吸引外资、加快地区经济发展的根本出路。在我国加入 WTO 后，我们更加应该明确自己需要什么，在明晰区域发展目标的前提下，有选择的吸收国外投资，以阻止污染工业和与本区发展关系不大的产业的入驻，避免经济的发展以生态环境的破坏为代价，走可持续发展的道路。

劳动力成本是全球制造业竞争的主要因素之一。由于部分非洲、亚洲国家比较落后，这些落后国家比我们更具有劳动力成本优势，并且随着我国经济的发展，劳动力素质正在逐步提高，劳动力成本也就会相应的提高，因此，制造业势必会向这些地区转移。在这个转移过程中，我们应该抓住现在的机会，发挥产业环境和劳动力成本的综合优势，积极吸引外来投资。

3 长江三角洲自身发展所存在的主要问题

现状长江三角洲城市密集带由5个次级城市群组成，分别为：上海大城市区、以南京为中心的宁镇扬城市群、苏锡常城市群、通泰城市群和以杭州为中心的杭州湾城市群。长江三角洲区域的空间结构和大多数城镇在近现代工业化之前已经形成基础，各城市群及城市群内部存在着较为密切的联系。但由于这一地区包括多个行政主体，存在着诸多协调性矛盾，城市之间、城市群之间的空间和功能整合还未形成。

3.1 核心城市的现代化功能不完善,与国际经济中心城市相差较远

上海作为长江三角洲地区的核心城市，在现代化功能的发挥方面与纽约、伦敦、东京等国际经济中心城市相比较还存在着较大差距：（1）经济以第二产业为支撑，第三产业不发达。2000年，上海的第三产业占GDP的比重为48%，而纽约、伦敦、东京等大城市均在80%以上。（2）在现有体制下，上海既非国家或国际的经济协调中心，更非经济的决策中心，因而在资金筹集与对外贸易领域，上海与一般大城市的地位类似，国家级或跨区域的大银行、大贸易公司数量很少，至今仍未建立离岸金融市场。(3）城市内部交通体系不够发达，城市通行效率不高，影响了城市综合功能的组织。

3.2 产业结构发展滞后同构现象严重，城市职能分工不明重复建设严重

从两省一市的产业结构来看，2000年上海、浙江、江苏三

地的产业结构分别为 1.8∶48.0∶50.2、10.7∶53.1∶36.2、12.0∶51.7∶36.3，这表明三地的产业结构趋同现象十分严重，特别是浙江与江苏的产业结构更是高度趋同。并且，在 15 个地级以上市制定的“九五”计划和 2010 年远景目标纲要中，对支柱产业的确定又有明显的同构化现象。比如，选择汽车、摩托车产业的有 11 个市，选择炼油和石油化工产业的有 8 个市，选择通信产业的有 12 个市，选择家电产业的有 8 个市，选择建筑建材业的有 6 个市。产业结构趋同使得各地区不能发挥自己的比较优势，同时也使得投资和生产分散，降低了地区的整体经济效益。更为严重的是，还形成了大量的重复建设，导致生产能力闲置和资源的浪费。而地区间结构调整的相互接近把地区间的产业竞争带入更大规模、更加激烈的阶段。

3.3 现有经济体制下，行政区划分割导致的一系列矛盾

在市场经济规律的运行下，大型国际性城市群体系正朝着经济与政治关系一体化的方向发展，而目前我国长江三角洲分属二省一市的 15 个城市，行政隶属关系非常复杂，地区之间的协调难度很大，并由此引发出一系列矛盾：

（1）地级市与县级市各自为政。各市在没有统一规划的情况下，各自重复建设，导致土地利用的不合理、不协调。比如一些城市存在“市县同城”的现象。近年，这些县与其他县一样提出了撤县设市的要求。而为了达到这一目的，这些县必须新建自己的城区。更有甚者，一些县级市在经济发展以后，又提出了升格为地级市的设想，其结果必然是市际之间的矛盾愈演愈烈。

（2）区际经济关系矛盾显著。这一地区经济运行典型地表现出一种按地方政府管辖范围来组织地区经济发展的“行政区经济”运行模式。在这种“行政区经济”运行条件下，地方政府作为一级利益主体的地位日趋突出，从而不可避免地形成了一种以行政区域单元的区域经济利益格局。

（3）对污染治理缺乏统一意识，尤其是污水的统一治理。目

前，原本水资源十分丰富的太湖流域出现了普遍的“水质性缺水”，再加上区内都是水网交错的往复水流区，省际、市际边界的水污染必然相互扩散，各城市均在其管辖范围内实施污染治理和水资源保护工作，没有认识到给排水等其他基础设施共建共享的重要性，从而导致区域环境污染日趋严重，省市之间的经济纠纷不断。

3.4 区域交通体系的网络性较差，城市内部的交通轨道化程度低

与发达国家相比，长江三角洲区域间的基础设施系统性较差，在沪宁杭区间，虽有高速公路和铁路干线联系，但是整体通行效率较低。港口建设缺乏基本的协调，出现集装箱码头利用率过高，专用码头货源不足，能力利用率低。区域大型航空港正在建设中，还未达到国际化、现代化水准。各种交通方式（公路、铁路、港口、航空）之间缺乏高速的城际交通。

从长江三角洲地区各主要城市看，现代化设施水平均较低，难以形成以点带面的发展格局。上海、南京、杭州三大城市均无健全的立体交通运输系统，缺乏大运量的地铁与高架轻轨铁路，缺乏轻轨交通系统与各个中小城市的紧密联系，尚未形成快速城市轨道运输系统。

4 长江三角洲整合协调发展的基本策略

借鉴国际大都市带的发展经验，考虑加入 WTO 后的国内外形势与长江三角洲的发展现状和存在问题，提出长江三角洲地区整体协调发展的几项基本对策。

4.1 树立区域—城市发展观

观念创新是事物发展的促进剂，对于长江三角洲区域而言，树立区域—城市发展观是加强观念创新的主要内容，这种发展观的树立要针对政府、企业和家庭三个经济活动主体。政府在促进

区域整合协调发展的过程中起着举足轻重的作用。在区域一体化过程中，政府要摆脱地方保护主义思想，树立长江三角洲整体区域意识；企业是区域经济发展的主动力，区域和城市的产业环境与企业的发展息息相关，因此，企业要加入到城市建设中去，树立经济协作意识和环境保护意识；作为最小组成单元的家庭，则要通过加强自身素质的建设，积极投入到建设城市文明中去，以创造良好的区域和城市形象。

吴良镛院士在长江三角洲区域整合发展国际研讨会上，提出了“上海全球城市”的概念，将整个长江三角洲地区视为一个“大上海”。即通过沪杭甬磁悬浮列车、大小洋山港以及杭州湾大通道的建设，把以杭州和宁波为中心的浙北地区建设，构筑以南通为中心的“北上海”，苏州、无锡、南京地区则成为“西上海”。这一“大上海”的提法，就强调了区域—城市观，将长江三角洲地区 15 个城市真正变为一个具有相同利益的区域—城市发展带，促进整个长江三角洲区域的整合协调发展将会事半功倍。

4.2 构筑整体发展的区域城镇空间体系

一个有效运行的城市群系统，是在一个相对完整的经济区内，由许多经济上、文化上和政治上相互依赖的城市所组成的网络。它是一个开放的系统，体现在各城市间及与区内外的物质流、人流、信息流和金融流不断地有序互动。强化网络和层次关系是构筑这一城市群系统的基础。依据长江三角洲各地区业已形成的不同发展水平和层次，围绕着把上海市建设成国际经济、金融、贸易和航运中心的目标，各城市的功能定位必须在区域整体范围内协调，形成整体功能组合，构筑整体城镇功能网络、城镇空间网络、基础设施网络以及自然开敞空间网络，为以上海为中心的极核网络化模式提供坚实的基础。

为了适应国际经济竞争的发展变化，在坚持极核网络化发展模式的前提下，区域整体城镇空间体系的构建须把握三个方面：

（1）加快建设核心城市上海，使其尽快成为国际经济、金融、贸易、航运中心，通过对周边地区的辐射和带动作用，促进区域整体效益的全面提高。

（2）强调次级核心城市的区域协调发展。杭州和南京分别是长江三角洲南翼、北翼的中心城市，其发展目标应是建设成具有不同功能的国际性大城市，提升长江三角洲在国际经济区域中的地位。杭州是全国重点风景旅游城市和国家级历史文化名城。近几年发展迅速，区域性中心城市的地位日显突出。由于其丰富的旅游资源，将逐步建成为国际风景旅游城市；南京为华东地区仅次于上海的第二大经济中心，具有滨江近海，承东启西，区域经济中心，全国综合实力前5强和综合交通枢纽五大优势，应将其定位为一个与国际接轨的区域性的经济中心与文化中心城市。

（3）在不同空间层次和不同地区形成多中心结构，引导区域空间向形成功能组团形式发展，将大城市和小城市空间扩展相结合。改变原有的行政隶属关系，正确定位城镇在整个空间体系中的网络地位，在城市功能、空间和数量上保持有序状态，以形成特色鲜明的大中小城市多元化的发展格局。

4.3 实现区域空间一体化

空间经济一体化的产生和发展是区域经济利益机制作用的结果。对长江三角洲而言，加速空间经济一体化进程符合区内各地区经济发展的共同利益，其目标模式就是充分发挥地区比较优势，本着相互协作、协调发展、利益共享、共同繁荣的原则，加速实施空间经济一体化战略，实现区际经济关系整合发展，最终把长江三角洲地区建成一个产业结构高度化、经济发展外向化、区际关系协调化、区际差异合理化的经济共同体。如何实现区域空间经济一体化，重点在于：

4.3.1 市场经济体制改革的同步协调发展

尽快实现以行政导向为主向以市场导向为主的转变，是全国亦是长江三角洲地区空间经济一体化的一个主体思路。在国家市场经济体制改革的前提下，长江三角洲两省一市至少应在政府职能转换、价格体制改革、商贸体制三个方面协同运作，以培育有利于区域经济一体化的市场机制，适应国际竞争。

4.3.2 加强区域在产业发展上的协调，构筑合理的地理分工

目前长江三角洲正处于产业结构的剧烈变动时期，需要在有效竞争的基础上加强区域间合作，避免重复建设和过度竞争。加强地区产业发展的协调，首先要加强与国家产业政策的协调，各地区应当根据国家的产业政策，在深入分析本地区经济发展条件的基础上，正确选择主导产业。其次要加强与其他地区的产业协调，统一制定适合本地区特点的区域产业政策，实现合理的地区分工。根据目前的产业现状及发展趋势，长江三角洲地区各城市区域产业分工大致分为四大区域：苏锡常通高新技术产业区和杭嘉湖绍高新技术产业区，是三角洲城市群的创新策源地；宁镇扬重化工基地，成为区域工业基础和产业升级的支持；沪、甬、舟深水枢纽港口群，成为连接国际经济贸易的重要枢纽。通过城市群内部各城市之间的战略角色分工与协作，有利于实现经济与社会资源的合理配置，促进长江三角洲地区的整体协调发展。

4.3.3 建立一个完善的区域共同市场体系

20世纪90年代长江三角洲各个地区基本完成了各自的市场体系建设，但都是在各个政府各自的努力下展开的，其宗旨首先是促进和保护本地经济的发展，呈现出很强的地域特色和区域分割。然而，在市场经济条件下，区域共同市场的充分发育，是空间经济一体化的根本保证。为此，两省一市政府应切实加强市场的组织和制度建设，放弃地方保护主义，扫除各种形式的关卡壁垒，改变地区封锁、市场分割的局面，有选择、有步骤地培育并逐步建立一个完善的区域共同市场体系。而核心城市上海，则要积极构筑具有国际先进水平、完全开放的商贸流通体系、要素市场体系和中介服务体系，并积极整合整个地区各个地区性的要素市场、商贸流通市场和中介服务机构，以一体化的市场和服务加速长江三角洲地区经济的整合发展。

4.3.4 整合组建与现有生产能力相匹配的大企业、企业集团和跨国公司

近年来，当国内竞争国际化、跨国公司压境的情况下，现有企业由于规模小，布局分散，大都没有实力参与有跨国公司参加的国内市场的国际竞争。在加入 WTO 后，国内市场进一步开放，采取灵活机动的战略战术，加快进行战略产业的重组，通过跨地区的强强联合，组成更具规模和竞争力的龙头企业，形成一批立足长江三角洲地区甚至跨国发展的巨型企业集团，带动跨地区的产业发展，是实现区域经济整合，应对国际竞争的重要手段。发达国家的经济发展和在全球经济中的地位的确立，离不开其跨国公司的发展，伴随着企业的国际化，长江三角洲培育和发展跨国公司是必然趋势，也是实现地区空间经济一体化发展的重要内容之一。

4.4 构建基础设施网络化发展

4.4.1 大力完善综合交通网络体系

按照统筹规划、合理布局、联合投资、共同受益原则，建设以上海国际航运中心为核心，多种运输方式互相衔接，协调发展的长江三角洲综合交通运输网络体系。

（1）充分发挥长江“黄金水道”的航运价值，建设上海国际航运中心。首先要加快长江沿岸深水岸线的开发和建设可停靠大型集装箱船的深水港；其次，要发挥上海港的经营组织作用，搞好长江三角洲诸港口之间的分工协作，发挥各港口的优势，以形成以上海港为中心、相互配合、分工合理的长江三角洲巨型港口体系。

（2）完善陆路交通网，加强内外联系。加快沿江高速公路及宁沪杭甬“Z”字形磁悬浮列车的建设，争取早日形成“宁沪杭甬地区一日交通圈”，最大程度地促进区内的经济交流与合作。

（3）加强航空港的建设。长江三角洲地区已建和在建机场共有 10 个，除上海、南京、杭州、宁波 4 个机场外，其余机场大

多处于入不敷出的状态。借鉴国际经验，应规划机场之间的合理分工，采用“干—支线”理念确定枢纽港和支线港，提高营运效率，促进浦东国际机场成为西太平洋地区的枢纽港。

(4) 加强各种交通运输方式之间的有机联系，建立港口、机场与铁路、公路的有效换乘机制，全面提高区域交通运行效率，强化长江三角洲综合交通运输体系的网络化功能。

4.4.2 其他基础设施的统一规划

在长江三角洲经济快速发展的同时，区域环境质量却在不断下降，特别是有江南水乡典型代表之称的太湖流域水环境污染问题已经相当严重。因此区域性的环保、防灾设施的建设、长江沿岸的取水口和排污口的选址、跨区域的供水工程和排涝工程等都急需进行统一规划。环境问题本是一个区域性问题，通过基础设施的共建和统一规划，可以解决区域环境的协调治理，真正实现全区经济、社会、环境的有机协调发展。

4.4.3 建立区域信息网络

信息网络的发展，可以加强区域经济中心和经济腹地的联系，使它更好地在区域经济发展中发挥各自的功能。同时，信息网络的发展能够减少区域内外要素流通的盲目性。因此，在区域基础设施建设发展过程中，首先要充分认识信息网络在促进区域经济发展中的重要作用，确立利用网络为经济发展服务的思想观念，其次应继续加大网络建设投资力度，把网络基础设施建设作为加快欠发达地区发展，缩小地区差异，实现共同富裕的重要举措。

4.5 建立可持续发展的区域生态网络

可持续发展是一切城市和区域发展的根本要求。只有实现整个长江三角洲地区人口、资源、经济、社会和生态环境的协调，实现可持续发展，才是真正意义上的区域整体协调发展。长江三角洲人口密集，土地空间相对短缺，大规模的高强度开发建设，使人地关系矛盾日益突出，城市与城市间的绿地与开敞空间逐步被吞食，严重制约了地区的可持续发展。因此，建立可持续的区域生态网络体系，改善区域生态环境，是促使长江三角洲地区整体协调发展的重要内容之一。首先，为保护本区有限的耕地，不仅要加强土地控制，而且要把耕地视为本区城乡景观的重要组成部分加以规划利用，要在城市之间保持良好的乡村景观，避免城市对乡村的不断侵蚀。其次，应规划建设本区由国家自然保护区、国家森林公园、绿带、主要湖泊和水系组成的区域生态网络体系，加快区域性绿网和蓝网（水系网）工程的建设，以实现长江三角洲地区持续发展的目标。

4.6 建立区域整体发展的规划和协调机制

4.6.1 发挥整体规划协调作用

长江三角洲地区的区域联系已经进入了一个新的阶段，为达到人口、资源、环境的协调发展，在现有规划内容和方法上需进一步体现这种整合性，包括空间、时间和内容上的整合性。

首先是跨行政区的规划协调。由于空间的连续性与行政的相互分隔往往交织在一起，长江三角洲一些城市面临着具体建设项目难以有效界定的问题。以行政范围为主体的规划行为难以在更高层次上考虑城镇空间组织，因此空间层次上的整体性需要在协调现有各级规划的基础上开展跨区的规划。通过在长江三角洲整体区域层次的规划，引导和协调地方层次规划，指导具体的开发实践活动。跨区域的规划包括多个连续的层次，如长江三角洲区域、城镇群地域、城镇内部地域等。

其次是跨部门的规划协调。整体规划的目标是基础设施建设与城镇发展以及与自然环境的结合，要求各部门规划的整体协调，如交通规划、城镇规划、土地规划、环境规划以及产业布局规划等等。这些规划之间本身就是相互影响相互交叉的，但由于分属不同的部门，各种规划缺少相互合作已成为长江三角洲地区较为突出的矛盾。因此区域整体规划的制定需要建立在不同规划相互之间联系、沟通和协商的基础上。

此外，还包括近远期目标的连续性，整体规划时间的连续性要求把解决功能问题与寻找目标的过程联系起来，即远景发展目标与现实条件的关系。

4.6.2 建立区域协调的保障机制

整体规划作用的有效发挥有赖于实施层面的保障，现行的规划管理和其他行政管理体制还缺乏各层次的有效协调。在我国现行的区域经济宏观调控体系下，只有省一级的行政区才有相应的调控权限，而长江三角洲区域却存在着全区性的利益主体和决策主体的缺位。国际上，解决这一问题的普遍做法是建立跨行政区的协调管理机构，如"区域建设委员会"、"城市联合委员会"、"都市同盟"等。从长江三角洲的发展趋势看，有必要建立跨行政区的一体管理机构并赋予相应的调控权，这一管理机构拥有明确的职能和权限，并且所作出的决策可通过立法等形式，对各级地方政府的行为构成有效约束，但也应防止采用行政命令式的管理手段，避免使其演变成新的行政—经济利益实体。在初期，可建立像"长江三角洲地区经济一体化促进委员会"等类似的机构，统筹规划、管理、协调全区在实现区域经济一体化过程中出现的种种问题与重大结构关系。

此外，还需建立政府、部门、行业、企事业和学术界五个层面的合作与协调组织，建立多层次的协调机构，尤其是建立学术性研究机构，如本次在杭州举行的2002年长江三角洲区域发展国际研讨会提议建立的长江三角洲区域发展国际合作咨询研究机构，一方面从理论和实践相结合的角度，对长江三角洲区域的经济、社会、文化、环境、生态等各个层面进行深入研究，为城市政府和区域管理机构的决策提供科学基础，另一方面也为其他城市群的发展提供很好的发展借鉴。

5 结束语

长江三角洲自改革开放以来处于快速发展过程中，特别是自20世纪90年代初，以浦东开发、开放为契机带动全区域后，发展更为迅猛，随着世界经济中心向亚太地区转移，上海正以国际中心城市的形象崛起。中国加入 WTO 后将全面融入世界经济大潮之中，把长江三角洲地区建设成为国际大都市带是我国参与国际竞争的重要战略。加快长江三角洲经济的发展，构筑整体发展的区域城镇空间体系，实现区域空间经济一体化、基础设施网络化发展，建立区域整体发展的规划和协调机构，实现长江三角洲地区整体协调发展，是其成为国际大都市带的必经之路。

【参考文献】

1 朱敏彦等主编．21 世纪初长江三角洲区域发展战略研究．上海：上海人民出版社，2001

2 严冬生，任美锷主编．论长江三角洲可持续发展战略．合肥：安徽教育出版社，1999

3 史育龙，周一星．戈特曼关于大都市带的学术思想评价．经济地理，1996（3）

4 王 振．长江三角洲地区的制造业格局及其区域整合的战略．经济研究参考，2000（8）

5 吴良镛．城市地区的空间秩序与协调发展：以上海及周边地区为例，长江三角洲区域整合协调发展国际研讨会报告，2002

【作者简介】

王士兰，女，浙江大学建筑工程学院副院长，浙江大学城乡规划设计研究院院长，教授。

张 庆，女，浙江大学建筑工程学院，硕士。

吴德刚，男，浙江大学建筑工程学院，硕士。

珠江三角洲小城镇产业经济研讨

李永洁　蔡克光　徐　涵

【提要】　本文在深入调研的基础上，提出了珠江三角洲小城镇产业发展的目标、相应对策及产业发展模式，最后从推进产业“园区化”、设置地区产业“准入门槛”和引导产业空间梯度转移这三方面提出政策指引。

改革开放20多年，珠江三角洲经济社会发展与城乡建设取得举世瞩目的成就。“珠三角”人充分利用改革的政策优势、人缘地缘优势，更新观念，开拓进取，创造了工业发展、经济繁荣的奇迹。回顾珠江三角洲工业发展的历程，可以看出：“外向带动、全面推进、多点突破、多种模式共存、大中小城镇工业并行发展”是珠江三角洲工业化进程的基本特征。

1　珠江三角洲小城镇工业化的历史进程

历史上的珠江三角洲以农业的发展而闻名，工业基础相对薄弱。1978年，珠江三角洲的工业总产值仅为133亿元。

改革开放以后，珠江三角洲进入了良好的发展时期，小城镇的工业异军突起，工业企业数量由少到多、企业规模由小到大，生产技术水平和产业的空间组织由粗放到集约。小城镇工业发展成为推动区域工业化、城市化进程的主要动力。这一时期大致分为4个阶段：

1.1 起步阶段

从1979年至1985年左右，以大力发展“三来一补”企业为主要标志，并成为最初工业起步发展突破口。

从国际环境看，当时世界经济正处于产业结构大调整时期，为珠江三角洲小城镇参与国际分工、加入国际大循环提供了千载难逢的良机。从国内条件来看，中央实施改革开放政策，明确广东在改革开放中先行一步，使珠江三角洲成为改革开放的前沿地区，享有各种对外开放的特殊政策。从地缘关系来看，珠江三角洲具有毗邻港澳的天然地理优势，可充分利用这个国际桥头堡，直接进入国际市场，实现经济国际化。珠江三角洲在海外拥有的众多的华侨与港澳同胞，更是珠江三角洲加强与海外联系的“活桥梁”。

1.2 扩张（腾飞）阶段

从1985年至1994年，以加快利用外资、确立工业在国民经济中的主导地位为标志，工业成为推动地方经济社会发展的根本动力。

与工业（及其他的社会事业）发展相对应，这一时期的小城镇规划建设开始起步并迅速趋于高潮，城镇规划建设中开始注重对功能分区的明确划分，尤其是注重工业、居住、商业功能分区的划定，以规划理论为基础指导工业区布局与建设的特点十分突出，工业在各地的城镇的空间布局上逐步从零散走向集聚。

1.3 调整发展阶段

1995年至2000年，以宏观调控背景下的优胜劣汰、部分企业的停滞和调整重组为标志，总体上以关注市场需求、重视科技进步、产业结构调整升级为基本特征，珠江三角洲各镇工业在调整中稳步发展。

从产业发展的空间布局方面看，“工业进园”的发展思路起到明显的指导作用，各镇大力兴建工业园区。据抽样调查情况估算，该时期珠江三角洲每个镇兴建的工业区平均达3~5个。这么多的工业区由市、县、镇、村等不同行政级别自主设置，绝大部分未经相关的国土和城乡建设主管部门审批。

1.4 整合与结构优化阶段

2001年至今，以产业结构的继续调整升级和产业空间布局调整、产业园区设置与规划建设为标志。

国家和各地第十个五年计划的相继制订和实施，“工业化、城市化、信息化、生态化”成为各地发展建设的主题和决策依据，并在实际的发展建设实践中的发挥作用。各镇在继续提倡工业化战略的基础上纷纷提出集约化、园区化的发展建设道路，园区等大量涌现，在提高区域投资和区域综合竞争优势方面起到较好的推动作用。产业建设用地在走向集中化规模化建设和统一规划、集中配套的同时，又将演变为一种新的“圈地运动”。区域内部协调、区域各地分工发展又将面临新的挑战。

2 小城镇工业进程的基本特征与作用机制

2.1 以“三来一补”为出发点，逐步扩大外资引进

改革开放以前，“珠三角”小城镇工业基础薄弱，一无资金，二无技术，三无人才。在这种情况下，推动地方工业和经济的发展惟一出路就是依靠外向发展，依靠发展“三来一补”企业。“三来一补”首先使外商的资金技术优势与珠江三角洲劳动力价格低廉的优势直接结合，既引进了外资、技术和必要的生产资料，又吸纳了大量农村剩余劳动力。其次，“三来一补”具有投资少、风险小、见效快的特点。

随着工业基础和经济实力的加强，珠江三角洲各镇适时地调整利用外资形式向多样化发展，允许继续发展效益高、技术水平高的“三来一补”企业，并使部分有条件的“三来一补”

企业向合营企业和自营企业过渡。这一战略转变有效地解决了过去引进外资规模小、技术水平低、缺乏发展后劲等问题，加快了技术改造和更新的步伐，提高了工业产品的附加值，增强了产品竞争力，发展了一批规模较大、技术先进的骨干企业和拳头产品。

2.2 依托国内国际两个市场，从筑巢引凤、借船出海到自立门户

珠江三角洲各镇在工业外向发展过程中，结合本镇、本地区和我国的具体实际、以国内市场为依托和国际市场为导向有机结合。一方面，利用自己的优势，积极参与国际分工和交换，使出口贸易迅速发展，另一方面，通过进口替代产业的发展，使产品销售遍布祖国的大江南北。目前，珠江三角洲工业产品市场的流向已三分天下：1/3 销往国外；1/3 销往内地；1/3 供广东本省消费。

2.3 乡镇工业、民营企业崛起，多种经营模式共存

在改革开改的大好形势下，珠江三角洲的乡镇企业以勇于开拓的精神，艰苦创业，成为工业发展中的一支劲旅。据统计，20 世纪 90 年代以来，除深圳、珠海外，珠江三角洲各市县乡镇工业产值占全部工业产值的比重都在 50%～70%之间。1990 年到 1996 年间，乡镇企业总收入由 495.02 亿元上升到 3058.43 亿元。

珠江三角洲乡镇企业的发展都与外向型经济发展紧密结合。东莞市发展“三来一补”作为工业化的基本形式，使自身经济与国际经济对接，逐步把有条件的“三来一补”企业转变为合营或自营的外向型生产企业。顺德乡镇企业的发展重视规模经济，靠科学技术进步拓展国际市场，推行国际化集团，推动工业外向发展，20 世纪 90 年代全国十大乡镇企业，仅顺德市就占了 6 家。南海工业发展以“六个轮子一齐转”（市、镇、管理区、经济社、

联合体、私营经济）为特色，推动各种类型乡镇工业共同发展，外向型工业的发展是其工业化过程的重要组成部分。中山乡镇企业在地方国营企业的带动下，逐渐成为工业发展的生力军，它们通过集团化经营发展高科技，开发拳头产品，使工业技术水平迅速提高，经济实力不断增强，目前这些乡镇企业已成为开拓国际市场，实行国际化经营的排头兵。

3　小城镇工业继续发展中存在的问题及面临的挑战

珠江三角洲小城镇工业发展实行外向发展战略，取得巨大成就，但在发展过程中，由于原有经济基础差，各地急于求成，地方利益主导以及区域发展与城镇（村）总体规划引导控制不力等原因，工业发展也突出地表现为二重性，即在工业高速增长的同时，暴露出经济效益不高，结构失衡、布局分散、对区域环境生态压力大等各种问题。在新的形势下，工业发展还面临着优势减弱、竞争激烈等新的挑战。主要表现在以下几个方面：

3.1　工业生产方式以粗放型为主，实际经济效益不高

珠江三角洲小城镇以往工业发展主要是靠高强度的资金投入，大量的能源、原材料投入和大量廉价的劳动力投入来实现工业经济增长的。在外向工业发展中表现为引进外资企业规模小、技术水平偏低、产品类同、重复引进、能力过剩。珠江三角洲工业发展虽然速度高，但是产出低、效益低。此外，工业粗放式经营还带来了自然生态地表（耕地等）破坏、环境污染严重、生态环境恶化等严重问题。粗放式经营的最明显情况是对大量投入的土地的非集约化利用，在20多年的工业化进程中，尤其是在数次大规模的开发热潮中，城镇的迅猛扩展和开发区的圈地建设占用大量耕地，使得珠三角小城镇的耕地面积锐减。大面积耕地减少的直接后果是区域原来保持平衡的自然生态地表格局受到破坏。

3.2 技术结构偏低，劳动密集型产业仍占主体，高新技术产业相对滞后

珠江三角洲的工业主要是靠大规模利用外资、发展乡镇企业崛起的，大多数企业属于劳动密集型企业，技术水平较低。20世纪90年代以后，珠江三角洲发达小城镇开始注意到结构升级调整和提高技术水平问题，适当开始把部分劳动密集型产品转移出去，加快原有企业的技术改造。部分劳动密集型产业外迁，但高新技术产业没有及时弥补这一短缺。

3.3 各城镇之间缺乏必要的协调，竞争多于合作

随着国内外市场的发展，很多工业产品由卖方市场转向买方市场，转向名优特产品。“珠三角”小城镇工业产业结构的不合理造成工业产品结构调整滞后，适应不了需求结构的要求，造成库存增加，这种现象在纺织、机械产品、化工产品和电器行业更为严重。有些工业产品的生产能力明显超过了国内市场需求和可能出口量，造成设备闲置。

4 未来产业发展环境分析

4.1 宏观时空背景

4.1.1 经济发展的全球化和网络化对“珠三角”小城镇产业发展的机遇与挑战

(1) 全球化给“珠三角”小城镇产业发展带来的机遇与挑战

全球化时代外部动力的重要性日益突出，城市经济腹地不再局限于传统意义的区域，这为“珠三角”小城镇的产业带来了新的发展契机：国际贸易更趋自由化，为小城镇更广泛参与国际贸易带来了可能；以信息技术运用为特征的网络经济为“珠三角”小城镇发展亦提供了良好的契机。

然而，跨国公司投资的全球化趋势也给“珠三角”小城镇产

业发展带来了挑战：跨国公司、金融网络构架全球经济系统，相对大城市，小城镇的现代化基础设施和经济集聚力不足，其产业发展存在区位竞争的劣势。因此，在经济全球化的浪潮中，“珠三角”小城镇必须优化经济发展环境，才能有更大的生存空间，否则会被排斥在经济全球化浪潮之外。

（2）以信息技术运用为特征的网络经济发展的影响

作为经济发达的先进地区，“珠三角”小城镇产业发展的软硬条件相对较好，体现出一定的产业结构服务和信息化趋向。但由于“珠三角”小城镇的工业社会产业结构特征明显，信息化指数相对较低，信息社会产业结构特征尚嫌不足，需要实施赶超战略，大力提高信息化水平，才能赶上世界先进地区的步伐。

4.1.2　新经济时代的经济发展趋势的影响

新经济主要表现为产业结构服务化和以信息产业等为先导的高科技产业迅速发展，由此导致产业发展的高附加值化。新经济发展趋势给“珠三角”小城镇的产业结构优化提出新的要求。“珠三角”小城镇目前的产业发展存在结构上的障碍。很多小城镇尚还停留在“三来一补”的阶段，附加值低，产业发展的社会和经济效益不高，劳动密集型特征明显，产业结构知识化缺失，高新技术产业发展滞后，产业发展的可持续性不强。顺应新经济发展趋势，优化产业结构是“珠三角”小城镇今后发展的必然选择。

4.1.3　外向工业企业对国际环境依赖性强，亚洲金融风暴的影响不容忽视

珠江三角洲外向投资企业和来料加工、进料加工企业的投资者大部分来自于亚洲地区，东南亚金融动荡对这些企业造成两方面重大影响。一方面，经营成本增加，造成部分企业资金紧张，生产经营困难增大。另一方面，由于整个东南亚经济衰退和增长放缓，生产总量下降；而且由于全球经济增长速度放慢，亚洲经济滑坡，出口总额需求相应减少，造成外向型工业企业的收益下降。

4.2　产业发展中新的企业集群化趋势的影响

“珠三角”很多小城镇都已形成相当规模的企业集群或者是“准企业集群”，如东莞、中山等市的各类专业镇的产业集聚一定意义上就是企业集群化的典型表现。产业发展中新的企业集群化趋势，为“珠三角”小城镇企业集群的发展提供了新的策略框架。一方面，在企业集群未形成的城镇，应顺应新的集群化趋势，在有条件的城镇培育有国际竞争力的特色企业集群；另一方面，在企业集群初具雏形的地区，要从技术、文化诸多层面创造产业进一步发展的环境，提高产业区的国际竞争力。

4.3　中国加入 WTO 的影响

加入 WTO,一方面能使我国的企业迅速开拓出更广阔的国际市场,参与国际竞争;另一方面,由于我国企业失去关税和非关税的保护,将受到国外企业产品的冲击。面对机遇与挑战,“珠三角”的小城镇产业发展一方面要根据现有的发展水平、结构特点,扬长避短,继续扩大具有比较优势的纺织服装、食品加工等劳动密集型产业的出口,提高其竞争优势,另一方面,合理引导外资的流向,适应产业高级化趋势,把外资引向优先发展的高科技领域,大力培育电子等具有国际战略性竞争优势的支柱产业。

4.4　国内经济格局的演化影响

随着改革开放的不断深入，沿海地区和内陆部分地区相继加入到开放行列，这就使得依靠优惠政策先行一步发展起来的珠江三角洲地区面临着巨大的挑战。对于珠江三角洲而言，最大的挑战莫过于来自迅速崛起的长江三角洲地区；近年来，“珠三角”小城镇的招商引资跟“长三角”小城镇相比存在一定差距，外资企业特别是台资企业“北上”现象愈演愈烈。这其中的原因是多方面的：

(1) 从硬件设施来看“长三角”地区小城镇工业园区化较

早，城镇建设和各类配套设施较为完善，投资硬环境优于“珠三角”各镇。

（2）从人力资源来看“长三角”地区拥有100多所大学，数百个科技机构，数万名高级人才和管理人才，人口总体素质较高，这使得“长三角”地区小城镇在高素质人力资源方面具备了较大的优势。

（3）从辐射范围来看，以上海为中心的“长三角”可以辐射到的地区包括两翼和整个长江中下游地区，人口超过四亿，如此大的市场规模是外资“北上”又一重要因素。

面对竞争压力，珠江三角洲意识到缺乏战略纵深或发展腹地是制约其经济发展的重大“瓶颈”，“珠三角”的未来发展要两条腿走路，既要靠出口拉动增长，更要将目光转向内地。为此广东省提出构建“泛珠三角”经济圈概念，并得到了广西、湖南、海南、福建、江西、四川、云南、贵州等相邻八省和港澳地区的积极回应。这一概念的提出，不仅策应了国家开发大西南战略的实施，同时也推动“珠三角”乃至广东省在更深、更广的层面实现加快发展、率先发展和协调发展。

4.5 珠港澳一体化的影响

随着珠港澳经济一体化进程的加快，可望对“珠三角”小城镇的投资发展带来积极的影响。一是巩固原有的投资合作基础，由于全国的全面开放和“长三角”等经济区的竞争，投资流向有了更多的区位选择空间，但珠港澳经济一体化的形成使珠港澳产业分工协作体系不断深化，并不断投向房地产等服务业，从而减少了投资的外流。二是促成了投资结构的调整，珠港澳一体化的加深，将使得港资投资结构由原有的劳动密集型的经济加工业投资向基础产业和高科技术领域、新兴服务业转化，以提升本地区的竞争力。这些对小城镇产业发展也是良好的机遇。

香港拥有第三产业及管理人才方面的优势，珠江三角洲拥有科研人才的相对优势，两者今后的合作趋势将更为明显，人才资源开发的领域将不断拓宽，从而有利于改善珠三角小城镇的人力资源总体水平。

随着珠港澳经济一体化发展，珠港澳使用层次的提升必然是共同的主题，港资的投资结构，投资规模等方面存在的弊端有望缓解，知识产业的合作有望得到加强，这些都为小城镇产业发展提供了良好的环境。

5 发展目标与对策

5.1 小城镇产业发展的总体态势

珠江三角小城镇产业进一步发展的水平、结构趋向都离不开各种环境的影响和制约。考虑“珠三角”小城镇的发展背景特征，“珠三角”小城镇的产业发展将呈现下列发展态势：

（1）产业结构由轻型加工业为主向深加工工业、高技术化、服务化转化。

（2）产业布局由分散化向集群化发展。

（3）产业协作由横向、纵向一体化向复合型发展，产业链得到拓展。

（4）产品结构由低端化向高端化、高附加值化转化。

5.2 “珠三角”城镇群小城镇产业协调发展的目标

5.2.1 “珠三角”城镇群小城镇产业协调发展的总目标

把握信息社会的经济发展规律，以产业素质提升和总量扩大为核心，着力培育各类特色产业区，形成多样化的地方特色产业群，提升产品、企业、产业、城镇等四个层面的核心竞争力，将珠三角城镇群的小城镇有机融入全球城镇体系的产业发展网络中去，实现珠三角小城镇产业发展的信息化、服务化，实现珠三角各圈层、各市、各镇之间产业的协调发展。

5.2.2 “珠三角”小城镇产业协调发展的阶段性目标

2003～2005年：启动阶段

大力进行产业环境的配套建设，重点进行交通、电力、电信等基础设施建设，扶持新兴工业和服务业的发展，增强城镇产业发展良性循环的能力。

2006~2010年：调整阶段

继续完善城镇产业发展的基础设施、制度政策等软硬件环境，重点扶持信息技术产业和以信息技术为基础的第三产业的发展，实行工业园区化，园区科技化，提高城镇产业的区域竞争力。

2011~2020年：优化阶段

形成对外联系便捷、内部结构合理的交通运输网络，与国际联系密切的信息通信网络，形成产业发展良好的制度环境和产业创新环境，企业产品具有较强的国际竞争力，城镇经济实现可持续发展。

5.3 小城镇产业发展对策

"珠三角"小城镇的产业发展应建立在"珠三角"城镇群合理的产业分工的基础上。一是"珠三角"城镇群各市域城镇产业发展的分工，二是各市市区、乡镇产业发展的分工。在各市市区、城镇产业分工的基础上，从"珠三角"各镇的产业发展条件和所处的阶段出发，广州、深圳、珠海等市的小城镇重点发展与中心区第三产业关联的制造业，适当发展配套服务业；东莞、佛山、中山等的小城镇工业基础较好，重点发展高层次制造业；江门、惠州、肇庆部分地区的小城镇在巩固发展创汇型农业，大力发展各类乡镇企业，壮大产业规模。

核心圈层小城镇（指广州、深圳下属小城镇）

这一圈层的小城镇经济发展很大程度上取决于它所依附的中心城市，为大城市服务成为小城镇经济建设的最重要的生产目的，围绕这一目的而形成的产业结构具有单一性和局限性的特点。因此核心圈层小城镇产业协调发展对策需要与这一特点相适应。

外圈层小城镇（指东莞、中山、珠海等下属小城镇）

外圈层是目前“珠三角”地区经济发展最好，经济规模最大，人口产业最集中的地区，也是珠三角地区小城镇产业结构研究的重点所在，在整个研究体系中具有举足轻重的地位。这一圈层包括了广东“四小虎”以及珠海经济特区，由于各地区经济发展模式差异的存在，使得小城镇产业协调发展对策更具复杂性和多样性。该圈层小城镇今后在制定经济发展战略和产业结构调整时，应以扩大产业规模，提高产业效益，加强产业协同为重点。

边缘圈层小城镇（指肇庆、惠州部分小城镇）

这一圈层小城镇处在珠江三角洲经济区的边缘，产业结构具有明显的特色，如肇庆的旅游业，惠州的电子信息产业。该圈层小城镇产业发展对策应重点从科技兴农、强化第二产业和利用旅游资源，发展第三产业几方面来考虑。

6 健全推进小城镇产业发展的政策指引

6.1 设置地区产业“准入门槛”

6.1.1 门槛的定义

由于经济增长过度依靠土地规模的扩张，“珠三角”小城镇土地效益不高，而且引进的企业规模和标准参差不齐，甚至对环境污染严重。“珠三角”的小城镇要想再度创造辉煌，增强国际竞争力，就要加快产业结构战略性调整。这就需要各镇优化投资环境，增加土地附加值，变单纯的“土地成本低地”为“综合成本低地”，以此吸引高档次企业的进入，从而构建“产业高地”。在这场革命中，首要的就是产业“准入门槛”的设定。各镇应根据各自的具体条件建立起一套产业引进标准，根据准入标准的高低将企业分类定级，有选择、有重点地引进产业。

6.1.2 产业“准入门槛”的设定

无论是外资企业还是民营企业在进行投资区位选择的时候，已由过去看中投资政策的优劣、基础设施的好坏转向更多地关注以综合成本最低为根本目标的生产和生活环境。“珠三角”的小城镇也应顺应这一发展变化，努力营造高等级的投资环境，从过去的以发展传统产业为主逐渐转向发展高科技含量、高附加值产业主，从以港澳台投资为主转向港澳台和欧美发达国家投资并重，重点吸引跨国公司、大财团投资，并扶持发展一批有市场竞争力的高新技术民营企业，打造“产业高地。”鉴于“综合成本低地”和“产业高地”对于小城镇竞争力的重大影响，地方政府应利用政策工具进行一定干预、扶持，为本地投资环境的化提供有利的政策环境。

6.2 引导产业空间梯度转移

6.2.1 “珠三角”小城镇产业转移

根据梯度转移理论，国与国或地区与地区之间客观上存在着一定的经济技术梯度。随着经济的一定发展，在内部因素和外部环境的要求下，生产力必然要从高梯度发达地区向低梯度欠发达地区转移，以期获得局部利益和整体利益的增进。“珠三角”经过多年来的发展，核心发达地区各镇在经济技术发展水平上高于欠发达地区的小城镇，而欠发达地区在自然资源、劳动力等资源上比核心发达地区丰富，这种双向梯度差异的存在，使产业梯度空间转移成为可能。

对于“珠三角”核心发达地区小城镇而言，其产业结构急待升级。移出产业结构相对较低的或衰退的产业，将为新型产业和第三产业提供新的发展空间，同时也促进环境的改善；对于“珠三角”欠发达地区小城镇而言，移入的产业投资不仅将导致乘数效应，带动其他产业的发展，而且有助于提高移入地区的科技总水平，培养更多的人力资源；对于企业而言，虽然企业选择迁移的原因很多，发达地区小城镇技术密集型和资金密集型产业的快速发展使传统产业的生存空间越来越狭小，土地、劳动动力等资源价格优势的逐步丧失也使这些企业的比较利益越来越低。总体而言，在进行转移区位的选择时企业都是以成本的节约为导向，最终结果是为企业带来新的竞争优势。

产业空间梯度转移的前提是多方共赢，无论是转移主体小城镇，还是产业移出区和移入区，都可以求得自身的进一步发展。因此，应发挥发达地区小城镇基础设施好、产业规模大、辐射带动能力强的优势，进一步提升产业集群竞争力，推动高新技术产业和传统产业上新水平，并逐步向欠发达地区转移部分产业。

6.2.2 政策引导

6.2.2.1 省、市层面的宏观协调

（1）从宏观层面上制定产业转移的重点行业、转移区域以及相应措施。

在广东省政府制定的《工业产业结构调整实施方案》中，针对产业的区域结构调整明确提出了鼓励珠三角向山区转移的产品目录（75种）以及相应的政策措施，推动珠江三角洲向山区和东西两翼进行产业转移。

（2）由省市政府协调组织小城镇道路交通、基础设施、文化教育等大型公共设施的建设。

（3）加大对欠发达小城镇的扶持力度。

政府直接投入改善欠发达地区小城镇投资环境；向欠发达镇提供一定的扶贫专项资金或贷款额度的贴息；允许欠发达地区的建设项目向社会发行债券，由当地政府担保向社会各界集资，然后给企业长期低息贷款等。

（4）在一定时期内欠发达地区的投资实行收入免征或减征所得税。

加强政策上的扶持。在土地出租、出租土地的使用年限、外商企业的经营范围和厂房的使用等方面，给予政策上的优惠；在土地开发与利用、项目审批等方面给予优惠的倾斜政策。

加强管理上的扶持。帮助欠发达地区小城镇健全制度，提高地方政府整体素质。

加强人才和技术的扶持力度。除了重点培养、使用好本地人才外，同时要采取措施，广揽天下人才，重金聘用能人，奖励有

为之人，充分调动他们的积极性。

适当放宽后发地区小城镇集约工业园区的用地指标。

6.2.2.2 镇与镇、地区与地区之间的分工协调

（1）改革现行的干部考核制度，制定科学的地方领导绩效评价体系。针对不同经济发展水平的镇制定不同指标考核体系。对于发达地区小城镇，不但要考核该区短期的经济增长速度，更应该考核该区长远的经济增长潜力，考核重点应落在反映经济增长质量的指标上（如绿色 GDP）。

（2）推行产权分税制度，从财税上使先发地区获得实际转移利益。

（3）推行中、小企业扶持政策。在筹建过程中，对中小企业提供贷款、投资补贴、参与投资或担保金等多种形式的资助；成立帮扶公司针对中小企业优惠出售先进技术和生产流水线；培育同行业企业之间的专业分工协作体系，形成功能各异的较为松散的企业网络或企业联合体，构建地方产业群。

（4）打破行政界线共建产业园区，带动区域整合，联动发展。从市一级对此类工业园区的进行管理，实行统一规划，统一建设，统一招商；园区重大基础设施的建设应由市一级进行组织，对占用的土地在地价之外追加一定的补偿；推行镇区之间项目的有偿转让，通过税收分配等形式。

【参考文献】

1 钱江晚报新民生．长三角：下一个淘金地．杭州：浙江人民出版社，2003

2 赵建春等．支持高新技术产业发展的公共政策．郑州：河南人民出版社，2002

3 陈建安等．产业结构调整与政府的经济政策．上海：上海财经大学出版社，2002

4 陈计旺．地域分工与区域经济协调发展．北京：经济管理出版社，2001

5 厉无畏，王振．中国沿海地区产业升级．上海：上海财经大学出版社，2001
6 王据．广东专业镇经济的类型与演进．广东商学院学报，2001.4
7 黄月玲．产业群的区域经济效应探讨．华中师范大学硕士学位论文，2002
8 颜蔚兰．产业整合与区际协作．广西师范大学硕士学位论文，2002
9 沈福喜．开发区投资环境建设研究．华中师范大学硕士学位论文，2001
10 伍长南．四大外商投资区利用外资与产业升级研究．亚太经济，2002.5

【作者简介】

李永洁，女，广东省城乡规划设计研究院、教授级高级规划师、副总规划师。

蔡克光，男，广东省城乡规划设计研究院，高级规划师，副所长。

徐　涵，女，广东省城乡规划设计研究院，城市规划师。

珠江三角洲小城镇规划中若干问题的思考

肖大威

【提要】 本文讨论了珠江三角洲地区小城镇建设规划编制中的几个关键问题，即人口与用地规模的确定，以控制为核心的规划理念，以及如何编制近期建设规划。

珠三角洲是改革开放的前沿，城镇建设发展迅速，尤其令人瞩目的是小城镇的发展，走出了多元化的发展模式。其规划设计也呈现出丰富多彩的局面，为小城镇发展保驾护航，起到了引导与控制的积极作用。珠江三角洲小城镇自 20 世纪 80 年代中期起步，在近 20 年的发展中，一般都经历了三次左右的规划设计或重大的修编，每次都有明显的进步，产生鲜明的地域特色，许多的问题都在实践中得到较好的解决。以下就小城镇规划中的几个关键问题以及尝试解决这些问题的方法作一介绍。

一、镇区如何确定人口规模与用地规模

珠江三角洲是改革开放的前沿，小城镇工业发展迅猛，外来劳工众多。如何设置“超比例”的工业和暂住劳工的用地就是小城镇规划中确定镇区规模的一个难题。在 20 世纪 90 年代初期，规划按常住居民户口来测定镇区的用地规模，确定的范围多在两平方公里左右，许多工业无法发展，必要的城区公共设施无法配套，阻碍了小城镇的发展。

如何确定小城镇的镇区规模，是规划的关键问题之一，通过调查研究，我们是这样认识的，城镇的发展，首先是要发展经

济，引资的结果一般是项目的引入，这就需要土地（除风景旅游区的项目外，一般是在镇区），这就要求加大镇区的用地规模。由此，项目正常生产就必须有相应的员工，而且多数是外来工，一旦项目中的生产岗位确定，城区的暂住人口也相应确定。个体员工虽有流动性，但岗位设置具有固定性，形成相对稳定的暂住人口。暂住人口其实就是人口城市化的第一步。

暂住人口在镇区的生活和工作需要用地（居住区和工厂）。如何确定其用地规模和标准暂时尚无法规依据，这只有根据调查和统计，从实践中总结分析（表1）。珠江三角洲小城镇镇区用地中的暂住人口用地经历过按常住城镇居民用地的20%、50%、60%、70%~90%设置的多个阶段。暂住人口的结构也有较大的变化，原先的年青人，现在有的在当地置业、成家、诞育后代。暂住人口的城市服务配套与常住人口的要求趋于一致，据此暂住人口的城镇用地已接近常住人口的城镇用地。

暂住人口和常住人口使用土地状况比较 **表1**

项目 / 类别	生产	教育	居住	医疗	娱乐	卫生	绿地	体育	服务	行政管理
常住人口用地	√	√	√	√	√	√	√	√	√	√
暂住人口用地	√	○	√	√	√	○	√	○	√	√

注：必须用地√，非必须用地○。

其实，从以上调查可以看出具有中国特色的城市化已经在初步展开。中国人口众多，农村劳动力的转移，城镇工业和三产的发展就是城市化的初级阶段。实际上，有的珠江三角洲发达小城镇的外来暂住人口已经成为该地区城镇人口的主要部分，无论暂住人口如何流动，由于项目岗位的相对确定性，就决定了城镇人口的稳定性。

珠江三角洲地区小城镇的规划，普遍把暂住人口作为城镇人口计入人口规模，从而用地规模的确定因素就比较多。目前，规划中一般导致镇区用地规模偏大的原因有：

1. 工业园的开发和招商引资的需要。

2. 对人口扩张的预测、推算（计算方法尚不统一，相对模糊、综合）。

3. 土地权属分散。镇中村及其用地方式，决定了许多项目及其配套设施都存在重复浪费的现象。小城镇尚无力把各村的土地集中统一使用。

4. 房地产开发性项目的引入及其对周边大城市人口的吸引。

5. 开放市场的发展，有的是国际性市场，如大型会展项目的兴建。招开国际博览会，配套大宾馆等。

总之，珠江三角洲小城镇发展迅速，规划往往滞后，但是规划在发展过程中的引导和控制方面仍起到了重要作用，尤其是用地规模的研究，对于正确理解中国城市化进程和将来的国际小都市的建设都有一定的意义。

二、以控制为核心的规划编制

珠江三角洲小城镇发展快，但环境污染也非常严重，重复建设很多。这就促使我们去思考，如何以优化生态环境和节约土地资源为核心，开展规划编制研究，并且着手治理环境。

以往的小城镇规划是以促进发展为核心目标，曾经出现过一系列的偏向，往往是以牺牲环境、浪费土地资源为代价，建设性破坏也很多。随着科学的发展和学科交叉的增强，人们逐渐认识到生态环境的重要性和土地资源的不可再生性，从而引出了如何控制污染、保护生态环境的规划。为了不与发展、招商引资产生矛盾，在规划中，我们编制了控制条文，对许多地段和位置提出明确的控制内容：

1. 生态敏感区，如滨水区、山区，不可发展工业项目。

2. 在工业用地中明确不可建项目，不可建内容。

3. 在城区中心开辟永久性绿地公园，划定不可建设用地范围。

4. 鼓励居民居住公寓楼房，减少或控制宅基地审批。

5. 土地交易中心统一管理土地，每宗土地都要挂牌或拍买，提高土地使用的门槛。

以控制为核心的规划，有利于生态环境和节约土地是明显的目标，其实，也对功能分区和多功能交叉发展有利，土地兼容性较好，只要是不在控制范围的项目都有可能综合开发。

珠江三角洲小城镇大多在建设中都走了先污染后治理的弯路。目前许多城镇都在设计滨水区，打造生态环境优美的滨江绿岸和山水城镇。以前的规划对生态环境的研究不够深入，文本和图则中都未对该项内容给予充分的阐述和有力的控制，近期的规划，对生态环境有了专篇和专项图则，有利于建设。

许多发展到一定程度的城镇对于节约土地就有深刻的认识，有的镇开始到邻镇征买土地。在大量鼓励招商引资的发展初期，许多小城镇都为了引进项目，在使用土地上作出了较大的牺牲和让步，而如今，大家都意识到土地的稀缺。为了缓解土地紧张，在规划中，有意引导有居住性质的土地可以建高层，加大一些容积率，其目的是为了节约土地，许多珠江三角的小城镇建 12 层或更高的住宅，在市场销售也不错。尤其是许多镇开发了房地产项目，在吸引大城市居民的同时对当地居民住进楼房的促进更大。

提高土地使用的门槛，是节约土地、提高土地使用效率的根本方法之一。因为这样才能体现土地的价值，开发商才能意识到节约土地、提高土地使用效率的意义。但是，这又跟创造优美的城镇环境相矛盾，因此规划的任务就是控制，既有效地减少甚至消除浪费，又控制土地的开发强度，保护生态环境。目前在珠江三角洲的城镇规划中，工业园地也属于开发性质之一。

三、近期建设规划

本次小城镇规划特别强调了近期建设规划。前几次规划编制中也有近期规划的内容，一般都是简单的一张图，圈出规划区内的一个小范围，含糊地控制近期建设的范围和时间期限，因而也就无法真正实施。

近期建设规划应在深入调研的基础上，根据总体长远规划进行编制，重点地区应划分出来进行控制性详细规划和城市设计。这是因为近期建设的重点地区，土地使用功能相对明确，拟建项目和形成实施条件比较成熟，容易形成规模，不易造成土地闲置。以下就我们刚完成的中山市古镇为例，探讨如何进行近期建设规划编制。

我们在中山古镇的规划中，近期建设就分出三块重点地区进行控制性详细规划与城市设计，即中心区、滨江改造区、工业园区。中心区三点五平方公里中有一半土地是现有建设和近三年拟建项目用地，除去规划的千亩绿心用地，所剩不明确使用项目的土地就不多了，根据总规的功能划分与服务配套，基本上就能相对详细准确地把中心区控制性详规和城市设计做出来，有了控规，明确项目后就便于操作。使近期规划落到实处，确实指导建设（图 1、图 2、图 3）。

滨江改造是政府工作的重点内容之一，控制与迁移工厂已经开始，改造与规划设计的地段已经确定，改造开发的模式与项目都已经明确，这就基本具备了进行控制性详细规划和城市设计的条件。滨水是大多数珠江三角洲地区的小城镇的一大特色，以往陆路交通不发达时，临水建厂是发展的一个重要条件，现在公路四通八达，水运交通退居次要地位，滨水区的工厂、码头逐渐遭废弃，改造、美化、优化滨水区的生态景观环境就成了历史的必然。在引进市场竞争机制的条件下，滨水区近期改造的实施具有较大的可行性。因此，该项近期建设的规划设计就很有现实意义。

工业园的建设在我们进行总规前就已划定，许多项目都在筹办之中，这次工业园的建设既是配合城区老厂的搬迁，又是一次工贸业的优化发展的有力举措，而且，现代工业园是城市化的前期，规划建设要求高起点，并且要招商引资。古镇是中国的灯都，灯具的生产在全国第一，十里长街是全国的灯具厂家都设有

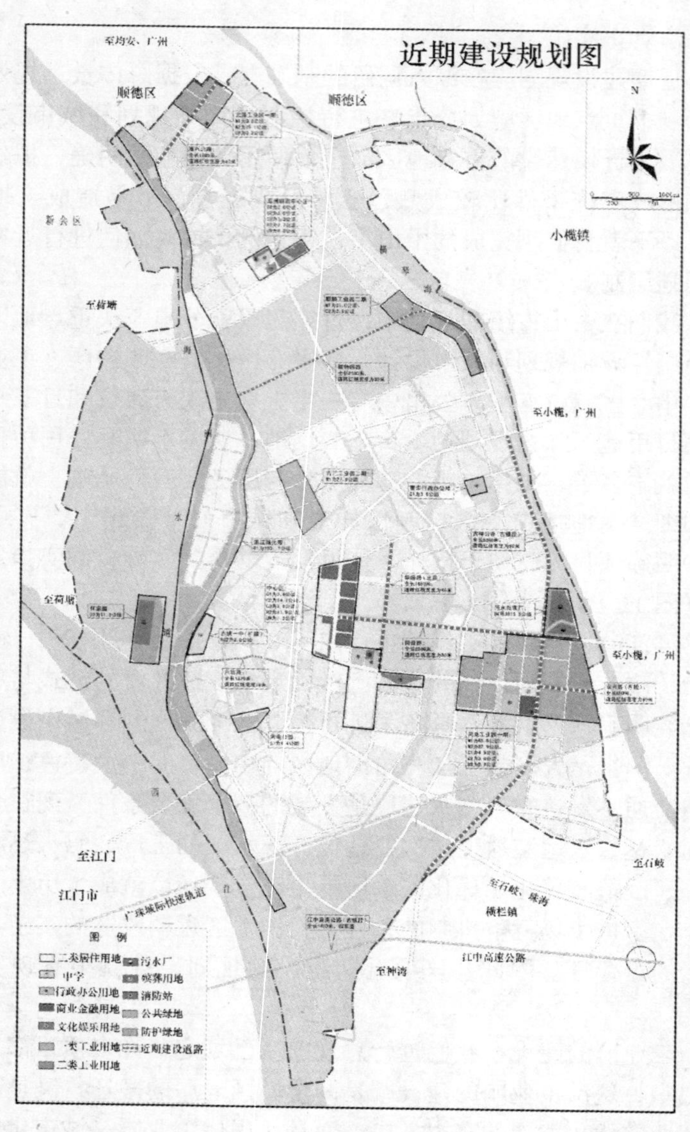

图 1　中山市古镇镇总体规划（2003 ~ 2015）

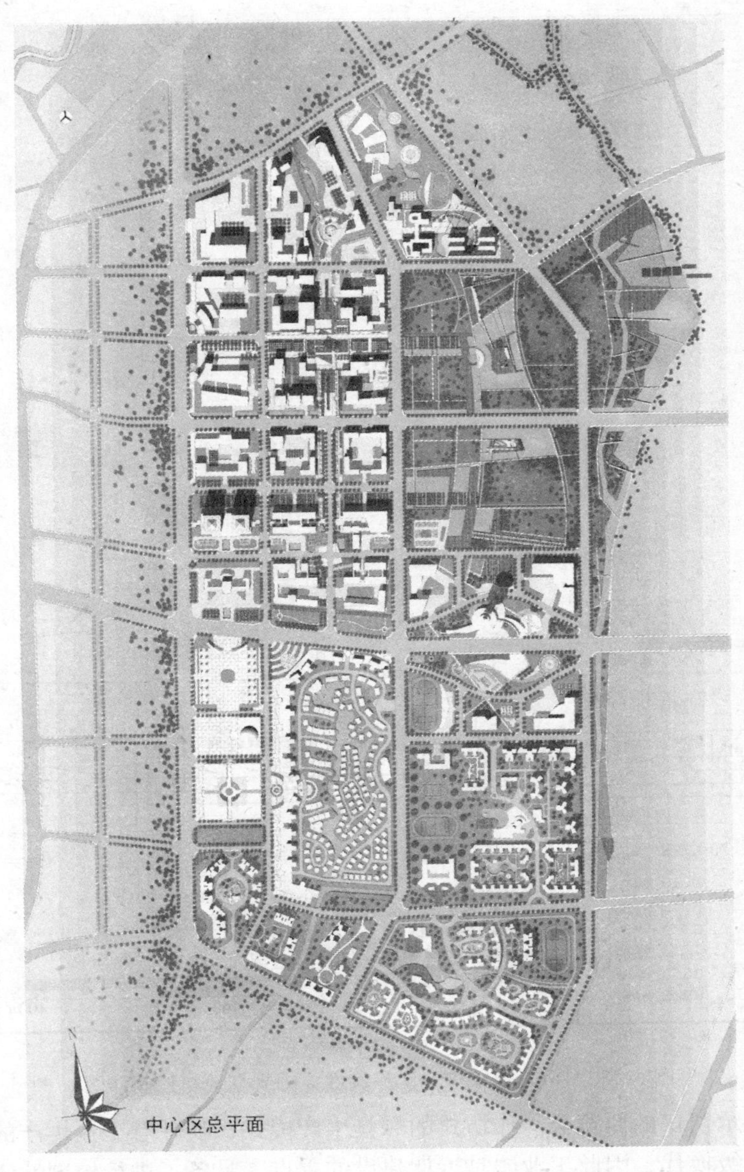

图 2　中山市古镇镇中心区控制性详细规划总平面图

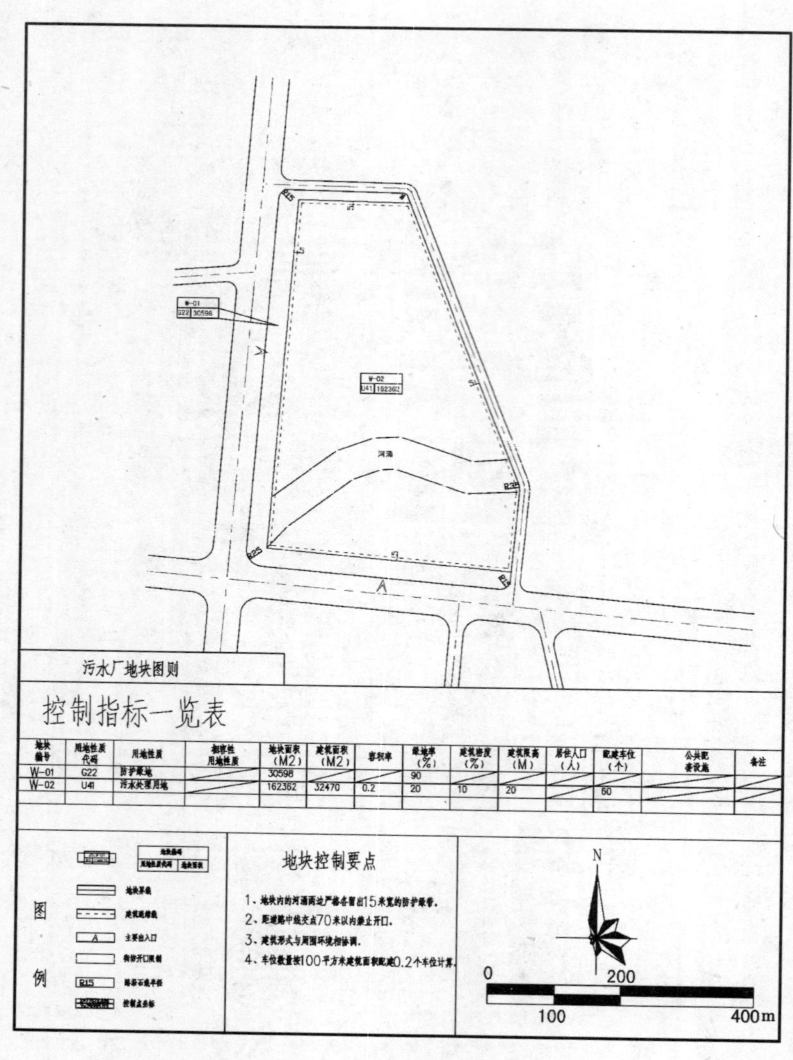

控制指标一览表

地块编号	用地性质代码	用地性质	相容性用地性质	地块面积（M2）	建筑面积（M2）	容积率	绿地率（%）	建筑密度（%）	建筑限高（M）	居住人口（人）	配建车位（个）	公共配套设施	备注
W-01	G22	防护绿地		30598			90						
W-02	U41	污水处理用地		162362	32470	0.2	20	10	20		60		

图 3　中山市古镇镇中心区控制性详细规划地块控制详图

展示窗口的博览会。作坊式的灯具生产模式，唤呼着工业生产的升级换代，因此工业园是近期建设的重点，具备了进行控制性详细规划的条件。

近期建设还有一批重点项目不处于近期成片建设的区域范围内，这些项目需要逐项落实，如污水处理厂的用地，我们就专门列出，编制详细的用地图则以便控制管理，一般 3 ~ 5 年能预计的大项目都有可能相对明确。规划中除总规图系中近期建设分布图明确位置外，对具体用地都作出控制性图则。

其实，近期建设规划是一种开放式规划，以后几年的新增拟建项目都可以用这种方式在近期建设分布图中加进去，并且对具体地块进行控规图则的设计，便于操作管理又不违反总规的原则。

总之，近期建设规划的具体化是一个新的探索，珠江三角洲地区的城镇都认真地进行了编制，近期不只是建筑项目，而且有许多基础市政项目，但方式方法有共通性，这就是调查研究、分类设计，使其落到实处。

新一轮珠江三角洲小城镇的规划出现了许多新情况，如小城镇的合并、工业用地的扩张、突破行政界限到相邻镇买地、暂住人口常期化等。在新的规划中如何解决这些新问题，协调好各种矛盾正在探索之中，这都要求我们深入调研有所创新，把规划做好。

【作者简介】

肖大威，男，华南理工大学建筑学院，教授。

论“乡村城镇化、城乡一体化”发展战略

——浅析合肥地区乡村城镇化发展模式

夏有才

【提要】 本文就我国城镇化发展，从当前乡村城镇化进程中存在问题的调查研究入手，论述“乡村城镇化、城乡一体化”是我国社会经济发展的必然趋势和21世纪发展战略，并成为我国城乡发展一种基本理念。本文还结合分析了合肥地区乡村城镇化的发展模式。

当前，我国城镇化正以蓬勃之势向前发展，在社会主义市场经济体制初步建立的今天，城乡之间、地域之间、产业之间以及所有制之间相互融合，汇成势不可挡的浩浩洪流。中国城镇化道路向何处去？已成为全社会关注的焦点。《中共中央关于农业和农村工作若干问题的决定》明确提出将“乡村城镇化、城乡一体化”作为我国农业工作21世纪发展目标和战略方针之一。

乡村城镇化，是指乡村地区的城市过程。作为一种社会发展过程中的现象，是经济、政治、文化和人口、资源等社会要素综合作用的结果。城镇化道路需从本质上去把握城镇的发展机制，与国民经济和社会发展相协调。中国的城镇化道路只有在深刻把握中国社会经济结构的本质特征，深入研究我国地域差异性的基础上，才能作出正确的选择。

城乡一体化，首先是表现为地域社会经济过程，它是一定范围内城市空间与乡村空间经济、文化、行政管理、环境以及空间等要素上的交融、协同发展的过程，这一过程是朝着地域内城

市、乡村在各要素上日益优化组合的方向迈进的。其次，城乡一体化作为对城乡关系的一种叙述，并作为城乡关系发展的终极目标和理想。因此，城乡一体化是城市发展到高级阶段的区域组织形式。

1 我国乡村城镇化进程中的若干问题

推动乡村城镇化目的是为促进国民经济持续、快速发展，实现城乡居民共同富裕，城乡经济共同繁荣。在我国乡村城镇化进程中，由于历史原因和客观的现实情况，还存在以下几个方面的问题。

1.1 我国的乡村城镇化水平还比较低

我国是一个农业大国，广阔的国土面积，东、西、南、北不同区域的自然气候条件，给传统的农业提供了得天独厚的条件。由于农业生产的特殊性，长期以来，农业生产力水平低下，人口分布不均衡，大部分区域，城市人口聚集度不高，与同期国外相比，我国乡村城镇化水平远低于发达国家的城镇化水平。同时，我国城镇发展比较缓慢，还表现在农业高科技产业的滞后，城市社会经济缺乏中坚基础。城镇区域农业耕植处于粗放状态，广大乡村居住着全国绝大部分的人口，而城乡互动发展速度不快。

1.2 城市和乡村存在分割的管理体制

首先，表现在土地权和用地标准的不统一。城市市区的土地所有权属于国家，而乡村的土地权一般为集体所有。城市市区和乡村土地由不同的部门按不同的标准分别进行管理。其次，乡镇企业和城市工业用地指标悬殊。据统计分析，每个乡镇企业职工占用耕地达 $100m^2$，而城市工业人均用地则控制在 $10\sim25m^2$。乡村城镇化是连续、渐进的过程，乡镇企业的发展是城镇化的起步，非农业用地指导标准的不合理性，必然增加城市用地管理的难度。再次，土地管理权分割现象严重。实行土地有偿使用是国家经济体制改革的重大举措，但是由于措施不配套、政企不分，在一定程度上助长了各部门为自身利益分割土地管理权的现象。

1.3 低水平建设和盲目开发现象普遍

改革开放促进了我国乡村城镇化发展取得丰硕的成果，安徽省凤阳县的“土地联户承包”一度驰名全国，广大农民尝到党的政策甜头，巨大的生产积极性得到释放，许多地区出现乡村剩余劳动力的现象。党号召广大农民解放思想，搞活经济，进城“务工经商”，“离土不离乡”，积极发展乡镇企业，发展当地的小城镇，作为城乡商品交流的纽带和发展商品生产的依据和构成城镇体系网络的坚实基础。但是，乡村城镇化初期，在人们的思想认识上还没有完全把建设小城镇提高到大规模发展商品生产的高度来认识，缺乏综合性的长远的区域规划指导，工贸协调机制不完善，乡镇企业设备落后，以致相当部分城镇处于管理混乱、低水平建设和盲目开发的状态，乱圈地、乱盖房的现象普遍，造成土地浪费，环境恶化。

1.4 农业产业化进程相对滞后

农业作为国民经济基础的地位还没有得到应有的加强。农业和乡村还面临着不少问题。主要是：随着农业产业结构的调整，有限的可开发耕地日益减少，而农业劳动力的比重长期居高不下，人地比例失调的因素制约农业持续、健康发展；现阶段由于农业资金投入不足，导致农业科技含量低，影响农业科技成果的转化；农业生产流通领域的市场不健全、调节能力差、产生小农经济与大流通、大市场之间的矛盾，影响农民的生产积极性；长期以来形成对粮食产量的片面追求，许多地域的农业生态环境在不断地恶化，土壤质量下降，水质污染，沙化面积增加，已对农业生态运行构成严重威胁。

1.5　农业人口无序流动带来的社会问题

进入20世纪90年代，乡村富余劳动力深感小城镇就业的“容纳力”有限。借改革开放之际远出家乡，到大中城市中生活就业，成为流动人口，补充城市中大量的第二、三产业岗位，为城市市场繁荣，经济振兴注入活力。同时也伴生无序的盲流，给城市带来许多负面影响，诸如：城市就业岗位、城市社会治安、城市环境卫生、流动人口的计划生育等问题，反映了我国社会转型的“阵痛”、成为我国长期推行城乡二元结构的传统体制的后遗症，也是我国城镇化、工业化与现代化步伐滞后的结果。

2　我国乡村城镇化、城乡一体化的发展战略

“乡村城镇化、城乡一体化”已经成为我国城乡发展的一种基本理念。城乡一体是一个区域社会经济过程，它涉及到城市与乡村组成自然——社会——经济复合生态区域系统。城乡一体化是生产力发展到一定水平，把二元的城市与乡村结构融为一体，形成相互依存、相互促进的统一体，城乡资源合理配置，使整个城乡持续、稳定、协调发展。因此，应改变城乡分割，城乡分治的做法，把城市和乡村纳入统一的社会经济发展的大系统，建立新型城乡一体化协调关系，改善城乡功能和结构，推进现代化进程，逐步消除城乡二元不平衡结构，缩小城乡差别。

乡村城镇化是一种社会经济运动过程，即传统农业转化为现代农业产业，乡村人口转变为城市人口动态过程。它包括城镇的性质和职能的变化；人口职业构成的变化；人口居住地的相对集中化；居民生活方式的现代化；居民的物质收入和文化、教育、生活在城乡之间的对立消失。因此，乡村城镇化的过程是和社会经济的发展相同步的，是一个客观存在的历史过程。

我国乡村城镇化的发展战略就是首先要巩固社会主义制度、消灭旧社会和旧制度遗留的城市与乡村的对立和差别，达

到乡村和城市互相融合，相互促进和发展，建立一个具有高度物质文明和精神文明的社会主义国家；其次，要明确社会进步的观念，应当明白乡村城镇化运动，使人民有充分的条件参与社会决策，具有历史的社会化；第三，制定城乡一体化的方针，即严格控制大城市规模，合理发展中等城市，积极发展小城镇，综合建设广大乡村，要以小城镇作为连结各种规模的城市与广大乡村的纽带，形成城乡一体化的合理经济网络，使原来城乡之间的无序状态转变为一种在时间与空间和功能上的有序结构，让城市与乡村在人才、科技、物质、能量、信息等方面相互开放，广为对流与交换的动态结构。以缩小城乡之间的对立与差别，走出一条城乡结合，大中小城镇结合，多途径的乡村城镇化发展的道路。

3 合肥地区乡村城镇化发展模式

合肥地处安徽省中部，位于我国东部沿海向中部过渡的前沿地区，跨长江与淮河两大水系。合肥市是安徽省省会，具有承东启西、贯通南北、联系沿海、发展中原的功能。但是，由于历史和政策原因，合肥地区没有充分发挥其沟通南北的枢纽作用。随着我国内地经济开放形成高潮，这种状况必将会得到根本的改变。

合肥市行政辖区在 2002 年 3 月 6 日前含合肥市区、郊区(蜀山镇)、肥西、肥东、长丰三县，土地总面积 7266km^2，市域总人口达 450 万人、共有 109 个乡镇。其中，有 42 个建制镇，占乡镇总数约 39.2%。2001 年以来，合肥市为落实“加快发展、富民强市、整体推进现代化大城市建设”的战略决策，对合肥市行政区划进行调整，按照“有利发展、便于管理、不增机构、保持稳定”的原则提出行政区划调整方案，报省和国务院审批。今年，经过批准的方案撤销郊区，划入肥东县磨店乡，形成 4 个市区带乡村的新的行政市区。即瑶海、庐阳、蜀山、包河市区，合肥市区总面积由过去的 458km^2 扩大到 596km^2，总人口达 142.57

万人。

3.1 合肥地区乡村城镇化进程

从合肥地区乡村城镇化发展的进程现状分析，有以下几个特征。

(1) 城镇化进程的滞后性。到2001年，合肥市域城镇化水平仅40%左右。主要是合肥市中心城市的作用，而市辖三县城镇化水平均低于安徽省城镇化的平均水平。

(2) 合肥市域城镇体系等级特征。等级规模体现合肥市区首位度高，中间层次城镇规模小的特征，全市非农业人口均集中在合肥市区内，此种空间分布表明人口城镇化正处于高度集中状态。

(3) 城镇体系空间分布不均匀。建制镇主要分布在合肥市周围，主要交通线和边界地区，低水平的城镇化与不完善的城镇体系互为因果。

(4) 合肥市小城镇发展特点。小城镇由单一功能向综合功能转化，逐步建成多元化的综合经营基地；小城镇由单一经济成分向多种经济成分转化；乡镇企业由“船小好调头”开始向规模经济发展；小城镇由临时的集市贸易向大型的市场转化，由封闭的自然经济向开放型商品经济转化；小城镇形成混合型的人口结构；城乡两种文化的小城镇交汇、融合；小城镇初具基础设施和公共服务设施规模；小城镇由农业型向城市型模式转化；小城镇由低层次向高标准的城市卫星镇迈进。

3.2 合肥地区乡村城镇化过程中存在的主要问题

主要有农业人口的就业转换滞后于产业转换，现有建制镇人口规模过小，对乡村人口的吸引集聚力较弱；乡镇企业布局分散、规模效益差；小城镇基础设施建设水平不高，城镇化的质量较低；小城镇的人口素质较低，影响乡村城镇化的推进。

3.3 合肥地区乡村城镇化发展模式

合肥地区的乡村城镇化在合肥市政府的“城乡一体、共同发展”的战略方针指导下，按照“可持续发展”及“城乡一体奔小康”的指示精神，依据合肥市社会经济发展条件，构筑良好的市域城镇体系，形成以合肥市区为核心，卫星城镇为支撑，小城镇为基础的城镇网络，逐步提高合肥地区乡村城镇化的整体水平，实现合肥地区乡村城镇化总体协调发展。

合肥属江淮地区，地域广阔，各地区域位置和资源条件差异较大，即有平原水乡区，也有山地丘陵区。因此，农业、工业和城镇的发展条件，发展水平都有差异。经过调查分析，合肥地区的乡村城镇化发展模式按产业发展方向不同可归纳为两种，即乡村农业发展型和产业多元化型。

乡村农业发展型模式是自城市出现以来形成的城乡分工，这种模式的建立要有三个条件，即要有大量的可供集中使用的土地，进行专业化生产；要有高科技的技术，提供高水平的服务设施和高素质的农业工人；要有充足的资金投入和完善的社会保障体系。因此，这种模式只适合在人均土地较多，人员素质较高和投资充裕的地区推行。

乡村产业多元化型模式是一种新型的城乡关系，城市把技术层次低、劳动密集型产业转移到乡村，集中发展技术密集产业和第三产业，实现功能的不断更新；乡村则通过农业企业的发展，消化农业富余劳动力；积累资金进行公共事业建设和农田基本建设，使乡村和农业逐步实现现代化。

合肥地区城乡一体化的整体推进与城市的发展密切相关，应从区域经济整体发展的要求出发，建立一个相互分工、相互协作的城市职能分工体系。同时提高城市产业档次，实现城市功能更新。合肥市区通过行政区划调整，撤消郊区，实现市区城乡一体，共同发展格局，应侧重发展第三产业和高新技术产业，各县和中心城镇应重点发展技术密集型产业，小城镇则发展劳动密集型产业，为发展乡村经济创造条件。这将形成一个垂直功能的分工体系：第三产业与高新技术产业，技术密集型产业和劳动密集型产业。

为进一步加快合肥地区的小城镇建设发展步伐，因地制宜地运用农业发展型和产业多元化型的模式，逐步走向城乡一体化。到 2010 年合肥地区小城镇建设的目标是：在城关镇、建制镇、小集镇、中心村四个层面上同步推进，城镇建设和村庄改造有机结合；高标准地编制和修订小城镇规划，合理确定小城镇的性质、功能和规模；加快小城镇建设方式的改革，大力推行综合开发、连片建设，合理使用城镇建设用地；逐步实现多元化的建设资金投入机制；实行经济、社会、环境的全方位，全程式的管理模式。

总之，“乡村城镇化”是我国社会经济发展的必然趋势和客观要求，在未来数十年内，中国社会经济综合水平要步入中等发达国家行列，必然会加快乡村城镇化的进程。我国的乡村城镇化，必须走城乡一体化协调发展的道路，在确立乡村城镇化主流理念前提下，结合我国的具体国情，在积极培植、壮大城市经济的同时，必须大力发展域镇经济，城市应从技术，资金、人才等方面支持乡村，乡村向城市提供必需的生活资料，进而实现城乡互为依托，相互促进的有机整体。

合肥地区乡村城镇化发展模式应结合自身实际，重点发展中心城镇，逐步形成以小城镇为依托的格局。因此，围绕建设小城镇，发展第二、第三产业，城乡一体化是合肥地区乃至安徽省乡村城镇化的特征所在。加快“乡村城镇化、城乡一体化”是合肥地区在 21 世纪发展的关键。

【参考文献】

1　周一星．城市地理学

2　赵　同．论快速城市化时期城市土地使用的有效规划与管理．城市规划汇刊，1997（6）

3　马武定．城镇化与农业现代化，城市规划，1997（6）
4　叶小群，夏有才等．乡村城镇化、城市一体化．发展战略的研究，1999（6）

【作者简介】

夏有才，男，中国城市规划学会小城镇规划学术委员会副主任委员，合肥市规划学会秘书长。

我国县（市）域城镇群规划探析

郭　亮　白明华

【提要】　本文以城市群为引导，探讨了我国县（市）域城镇群规划的可能性、必要性及优越性。并在对当前城镇群规划的几种类型的分析评价基础上，推导县（市）域城镇群的统一内涵。

1　城市群基本概念的启示

姚士谋先生归纳，“城市群”的基本概念——是在特定的地域范围内具有相当数量的不同性质、类型和等级规模的城市，依托一定的自然环境条件，以一个或两个特大或大城市作为地区经济的核心，借助于综合运输网的通达性，发生与发展着城市个体之间的内在联系，共同构成一个相对完整的城市“集合体”。这一概念的内涵，完全符合我国经济比较发达的县、市域城镇分布状况，惟一的区别是，县、市域没有特大城市和大城市（必须说明，这里所指的市是指量大面广的县级市）。

在我国的以县和县级市行政所辖的地域范围内，通常的情况是，紧邻中心城市和县城镇的区域存在着数个直接受其辐射和带动的综合经济实力较强的建制镇或乡集镇。虽然它们之间没有大城市之间那样强劲的相互吸引力，但长期发展所形成的内在联系和交通、经济流通方面的通达性是客观存在的。而且由于城镇个体之间的距离较近，一般要比大城市之间近十几倍到几十倍。按照相互引力的大小与距离成反比的规律，它们之间的联系仍是相当紧密的。随着改革开放以来经济流通领域的大发展，这种联系正在继续加强。

与城市群的形成发展相比较，县、市域的城镇群体化发展趋势还具有以下优势：

(1) 由于城镇个体均在一个行政管理地域内，人为的行政与财政体制所造成的阻碍比较小，且容易克服；

(2) 由于这种城镇群体的空间地域范围不大，相互之间的物质流、商业流、交通流和信息流在数量和程序上远比大城市之间小，因此更容易组织建设流通网络，以形成相对完整的集合体；

(3) 由于这种城镇集合体处于一个城镇体系之内，而不像城市群的个体相互之间跨体系存在，因此城市群规划基本理论的应用更具实效性及可操作性。

综上所述，足以证明确立"城镇群"的概念，决不是对"城市群"的牵强附会，而是在"城市群"的有益启示下的理论延伸和发展。

2 我国县（市）域建设发展城镇群的可能性和必要性

(1) 县、市域城镇体系规划的开展，改变了城镇群传统的思维定势，突破了单维的进化型思维，而发展了系统思维、综合思维。在此基础上，城镇群理论的产生与形成就有了可能。

随着城镇体系规划理论的发展，"中心地理论"存在的静态、纯理论的缺点早已被后人弥补。并肯定了城镇体系也像城市一样，是一个不断动态发生着的、开放的结构。"中心地理论"所明确划分的行政区位、商业区位（市场区位）随着交通运输技术的发展和经济流通领域的大发展而被突破。尤其在市场经济发达的国家，经济流通的高度发展，使现代城市均成为经济流通网络中的节点，而不再是封闭的、画地为牢的传统城市概念。现代城市必须依赖经济流通网络而生存发展，这就是行政区划与经济区划不一定完全契合的原由，从而人们开始更加重视经济流通网络的研究。于是，人们抓住了作为经济流通中的枢纽——大城市、特大城市地域来进行研究，并从中发现了此类枢纽的形成确实与行政归属关系不大，而可以由相邻的几个城市共同组成一个“经济中心”，即经济网络中的枢纽，从而形成城市群。因此城市群的概念并不是纯粹的地理位置概念，而更侧重于其经济区位概念。

(2) 应该明确指出，在我国县（市）域内普遍存在的情况是：城镇规模小，分布零散且不均匀，中心城镇的首位度较高，相互之间联系不紧密，但不可以不认它们之间存在或强或弱的联系。如：

——有共同的产业和产品结构上的联系，从而形成一个整体性强的产业结构和产品“产品一条龙”；

——有共同的外向功能；

——有联合保护生态环境的必要性；

——有生产、生活社会化服务上的互补性和优劣；

——有通过联合、扬长补短的优越性等。

因此，县（市）域内城镇分布同样存在着如城市群形成的基本条件。从单个城镇来看吸引力、引力场的范围不大，但由于城镇之间的距离要比城市群内的城市之间的距离小，这就弥补了吸引力较弱的劣势。

(3) 城镇体系规划的编制均在分析上述实际情况的基础上，力求通过 10 年乃至 20 年的发展，以强化城镇之间的联系为目标，以形成“合理匹配、功能互补、有机联系、动态相关、整体有序的体系”，创造体系的合力，并带来新的效益。但当前城镇体系规划由于开展编制时间不长，缺少实际经验，普遍地存在种种缺点。

①编制规划的理论和方法不尽完善，尤其是存在编制方法一般化现象。编制的内容局限于构成体系的三个结构研究（即功能结构、规模等级结构和网络的空间结构）。这与我国各省市经济发展水平上存在着的明显差异不相符合，也与我国商品经济的发展以及经济流通领域的迅速发展不相适应，同我们在正在进行的经济和政治体制改革的深入发展不相适应。

②现行的县（市）域一般化的城镇体系规划仍然局限在现行的行政与财政体制上做文章。一个县（市）域内各镇、各乡均有分成包干，分灶吃饭的财政体制，促进各镇、乡政府强烈保护自身的经济发展，从而在客观上导致了城镇建设发展的无序性。如功能结构（职能结构）本应解决产业同构、重复建设的问题，但由于规划未考虑解决实施管理上的行政干预问题，因此产业同构、重复建设的问题并未切实得以解决。如在相邻县、市之间，甚至乡、镇之间，相同市场乃至相同工业企业的重复建设，比比皆是。

③传统的城镇体系研究习惯于将城镇作为点状要素考虑来模拟整个群体的组织结构，但并未考虑各城镇之间相互吸引力对空间结构发展变化的影响，因此往往导致城镇布局各自为政的局面。特别是对相邻乡、镇之间的工业布局等方面，由于未考虑风向等相互因素而形成“交叉污染”。从这一意义上来讲，城镇体系规划对各城镇总体规划的指导作用也有所减弱。

针对这些缺点，人们已经开始了新的探索，城镇群规划由此而产生。“城市群”的理论，避开了我国行政体制上的障碍，较顺利地在县（市）域城镇体系规划上得到了广泛应用。我们通过城镇体系规划近十年来的实践，加上“城市群”理论的启发，开始认识到：

——一个相对完整稳定的体系必须有一个较强大的核心，以将各城镇串联起来，并带动整个体系的发展。作为一个县域一个市域，没有一个较强辐射力和带动力的规模较大的城市是不行的，正如人们常说的，“小马拉大车”不堪负荷，不可能带动全县、市的经济和社会发展。但如果学习西方国家的发展经验，使全市农业富余劳动力向一个城市集中，这不但影响各乡镇发展经济的积极性，势必也会造成人口和生产力分布上的不合理，尤其是对承担着巨大农业生产任务的市、县这一基本的经济单元来说，是与农业的现代化进程不相适应的。

——县（市）域城镇体系虽然是国家城镇体系中的基层子体

系，但它可以由几个更小的单元体系构成，城镇群就是一例。在一个体系漫长的健全和完善过程中，总是以中心集聚——离心疏解发展阶段的循环与外延——内涵发展的方式分步聚、分阶段地进行的。规划要求结合不同阶段经济技术发展的条件，提出与经济和社会发展相适应的并促进其持续、快速、健康发展的空间规划抉择，如发挥城镇的集聚效益、规模经济效益和区位优势。在增强城镇间联系上采取“发扬优势、扬长补短”，实现“强强联合”、一致对外，以壮大市场的竞争力等等，这些势必促使人们去考虑、去研究建设发展城镇群的现实意义。

因此，发展城镇群既可以落实城镇体系规划的目标并协调各城镇总体规划布局，同时也可以在县、市域建立一个强大的由几个城镇联合组成的发展极以带动整体经济的发展，这对我国市、县域中心城市的长远发展来说，无疑是一种明智的选择。

（4）县、市域范围内经济体制与经营体制的深化改革以及户籍管理制度的放宽，改变了和正在改变城乡分割的二元经济格局和以行政区划为基础的、“画地为牢”、相互封闭的发展经济的模式，并正在削弱和消除城乡之间、城镇之间经济流通的人为障碍。随着跨行政地域的产业结构互补，产品结构“一条龙”以及“小生产大规模、小企业大公司、小商品大市场”等等联合经营方式的出现，它们对增强城镇之间的联系起到了十分重要的促进作用，这也是规划建设城镇群的有力的政策支撑。

3 城镇群空间布局的优越性

我国当代的城镇化进程中，即有依赖现有城市据点式外延拓展的方式，又有依靠乡村经济的发展，小城镇呈网络型铺展的方式。前者由于越来越受地理条件、环境容量的制约，加上自身劳动力自然增长和对劳动力素质要求的提高，吸纳农业富余劳动力的能力开始锐减。因此，后者成了“推进我国城镇化”的重要途径。

1999 年 11 月江泽民总书记在中央经济工作会议上也指出；

“发展小城镇是一个大战略，小城镇建设要合理布局、抓紧规划、规模适当、注重实效，要注意运用市场机制，更多地发挥民间投资的作用，走出一条在政府领导下主要通过市场机制建设小城镇的路子”。在县、市域内有条件地规划建设城镇群的根本途径正是政府引导与市场机制相结合。它与单个城镇的空间布局相比较有以下鲜明的优越性：

3.1 有利于增强县、市域中心城镇的吸纳农业富余劳力的能力

县城或县级市的城区，由于地点近，方言通，风俗习惯相同，应该是本市、县富余劳动力进城务工、经商、办服务行业的首选之地，但是因为受经济发展水平、环境容量的严重制约，这些城镇的建设发展远远不能适应乡村富余劳力转移的需要。规划建设城镇群，使它们改变了“摊大饼”式的单个发展模式，转向与邻近城镇、乡镇联合的整体发展模式，在较短时间内就能形成较大的规模，增大了吸引力，拓宽了吸纳空间，因而增强了吸纳能力。

3.2 有利于基础设施统一规划、共建共享

城镇群规划对区内各城镇的市政基础设施和社会基础设施进行协调统一的规划，杜绝了重复建设、相互竞争，甚至以邻为壑现象发生，同时提高了各类设施的规模经济效益。

3.3 有利于保护基本农田，节约建设用地

城镇群的规划从群体统一布局出发，具有防止单个城镇“摊大饼”式拓展而侵占基本农田的优越性，变被动保护基本农田为主动保护，将基本农田纳入规划，作为城市的生态绿地，构筑“田园城市”美好环境。

城镇群的规划发挥了群内各城镇土地潜力综合利用、优势互补的长处，并可杜绝重复建设，因此为节约建设用地提供了更大的可能性。

3.4 有利于生态环境的保护

城镇群规划对群内各城镇的给水、排水、垃圾、污水、粪便处理以及工业企业的分布作出统一的规划，可以有效地防止大气、水、噪声的交叉污染，妥善地解决因此而存在的城镇之间的矛盾。并且因为群内空间结构以规模不大的、有开阔生态绿地分隔的城镇组成，具有发挥利用自然自净能力的优越性。

3.5 有利于中心功能的发挥

过去单个城镇办不成的大市场、现代化企业以及标准较高的医疗、教育、体育、文化娱乐设施，由于城镇群内各个城镇经济实力的联合，就有可能办成；过去政治、经济、科技、文化、信息、交通等等全县、市服务中心的功能都集聚在一个不大的建成区，随着全市、县经济和社会的快速发展，这些中心功能的相应发展地受到了发展用地限制，而且经济是不同中心功能设施之间相互掣肘。现在，这可以将各类中心功能在城镇群的空间范围内作出合理的疏散，确保它们合理发展的需要。

4 当前有关城镇群规划的几种类型

虽然目前对城镇群的理论研究尚显不足，但在实践已经有了一定的进步，目前已有不少规划设计单位对此用了初步的理论探讨并在此基础上作了一些实践工作。例如：

(1) 中国城市规划设计研究院在《湖州市区城镇群规划》(1996) 的编制过程中对城镇群的形成、发展、规划目标、原则、依据及发展战略等都进行了初步研究，在此基础上对市区所辖44个乡（镇）进行了整体规划，强调各城镇的职能分工、优势互补，以减少内耗；同时要求基础设施统建共享，以减少重复建设。在此规划中，因为湖州市是一个地区中心城市，城镇群是相对整个市带县的地域范围而言的，城镇群与市区城镇体系是一个整体。

（2）南京大学城市规划设计研究院在编制《温岭市城镇体系规划》（1999）中，提出县域城镇体系功能结构是在区域分工基础上对各个城镇群体的功能定位和主要城镇职能的确认。因此，此规划中对城镇群的划分实际上是在综合考虑中心城镇吸引力的大小、合理的联系范围、历史和自然因素的影响以及行政区划的完整性的基础上，结合经济协作区划分而形成的，强调了各城镇、乡镇在经济协作区内的联合。

（3）广东省城乡规划设计研究院编制的《江门市域城镇体系规划》，在原有市域范围的中心城镇（即江门-新会和其下属四个县域）基础上，结合各中心城镇周围相关城镇，从而形成了市域范围的五大城镇群。这里的城镇群除了在各县、市域扮演核心功能以外，其内部各城镇之间也存在诸如功能结构、基础设施等方面的互补及协调。

（4）顺德市城乡规划设计研究院编制的《顺德市城乡一体化规划》，在全市范围内规划了28个城镇组团，并在此基础上形成了三大城镇群。在这里，城镇实际上最主要的表现就是城镇间距很近，城镇分布密度较大而在空间地域上所呈现出的一种分布状态。

当然，近几年也有更多的相关城镇群的规划相继出台，这里不一一阐述。但从整体来看，目前有关城镇群的规划在内容、方法及定性、定量等方面都存在较大的差异，因此，需要我们更加深入的研究城镇群的本质，找出其内在特点和规律。

5　县（市）域城镇群的内涵及定义

通过比较，我们发现在上述差异之外，仍然可以找到一些共同点。对于县、市域城镇群而言，更需要从以下一些方面来加深对其内涵的理解：

（1）它是一种相对独立的稳定的空间结构。之所以说是一种相对稳定的结构，是因为这种空间结构建立的基础是相互间在城镇职能上的密切协作，而这种协作关系在市场经济的条件下会变得更加牢固。

(2) 它应由几个相应分担着县、市域中心功能的城镇组成，各城镇也存在相对的独立性，是城镇而非城市的专门化地区，分担着一个或几个本县、市的中心功能或共同一致的外向功能。如浙江台州市市区即由黄岩、椒江、路桥三镇组合而成。这三大城镇间各自相距十几千米，但却共同组成了市域中心。

(3) 它们之间必然是由一个具有较强吸引力的城镇作为核心，凝聚在一起的，这是形成一个相对独立的整体的必要条件。

(4) 它们之间必然存在一条或几条相互联系的“带”，即不断发展的联系渠道。

因此，从以上对县、市域城镇群内涵的解析，我们可以得到城镇群的定义——我国县市域范围内，由一定数量的具有密切的社会、经济、生态联系的相对独立的城镇所构成，可以是分担县、市中心功能的相对稳定的城镇体系核心组成部分或体系整体。

6 小结

城镇群因顺应我国城市建设方针的贯彻、小城镇的快速发展以及城镇发展机制的改变而引起重视，更由于城镇体系规划的普遍实施促使人们寻求新的城镇体系空间结构布局。

城镇群规划在现实存在城市群的优势的启发之下，正在发展着自己的理论与方法。总体而言，对城镇群的研究，其战略效益体现为：有助于加强县、市域发展，加强县、市域的对农业富余劳力的整体吸纳能力，有助于提升县、市域在国民经济和社会发展中的地位和作用。在此基础上，带来一系列实际效益，如解决产业同构、重复建设、争夺资源等矛盾。

值得指出的是，目前全国很多地方（尤其是经济发达地区）正进行着新一轮的行政区划调整。随着更多乡镇被撤并，必将为城镇群的进一步发展创造有利条件。

【参考文献】

1 姚士谋等. 中国的城市群, 合肥: 中国科学技术大学出版社, 1992 年 8 月
2 赵和生. 城市规划和城市发展, 东南大学出版社, 1999 年 5 月
3 白明华. 我国县(市)域城镇化与城镇体系理论模式研究. 1999 年 12 月
4 [波] B. 马利士著, 白明华译. 城市总体规划的弹性与现实性. 武汉城市建设学院学报, 1986 年
5 张京祥. 城镇群体空间组合. 东南大学出版社, 2000 年 1 月

【作者简介】

郭　亮, 男, 同济大学建筑与城市规划学院, 博士研究生。
白明华, 男, 华中科技大学建筑与城市规划学院, 教授。

经济发达地区小城镇群发展初探

——浙江省小城镇群规划示例

龚松青　厉华笑

【提要】　区域化发展是当今世界城市化发展的重要特征。“城市群”、“城市连绵区”已成为全球经济发达地区的重要空间形态。进入快速城市化阶段后，中国的城市（镇）发展正在经历着重大的变革，尤其在沿海一些经济发达的小城镇密集地区，城镇的空间形态正在发生重组和优化。本文以浙江省小城镇群发展为例，探讨经济发达地区的小城镇群发展。

1　浙江省城镇空间分布和小城镇密集区

1.1　城镇空间分布

浙江省是我国人口和城镇密度最高的省份之一，2000 年末人口密度 422 人/km^2，城镇密度 9.5 个/1000km^2。但在地域分布上受地形、经济发展水平和交通网络布局影响，呈现明显的不平衡状态。在杭嘉湖、甬绍和温黄、温瑞等沿海平原以及金衢盆地，城镇密度高达 20 个/1000km^2 以上，而内陆山区及沿海岛屿仅为 2～6 个/1000km^2。

1.2　四大城镇空间类型

与当前浙江省经济、社会发展的工业化阶段（中期阶段）和城市化阶段（快速发展阶段）相对应，城镇发展处于空间集聚时期。其空间变化特征表现为城镇作为区域经济增长点的数量与规模扩张。具体表现为：（1）时空距离相近的城镇有可能形成以一点或多点为中心的城镇群的拓展；（2）依托区域经济主流向的交通走廊分布的城镇点或群形成区域城镇发展轴带；（3）具有多重交通网络和城镇相对密集的平原地区正逐步发展成城镇连绵区；（4）在城镇连绵区中具有省域中心功能和区际意义的中心城市与其发展十分密切的周边地区将形成大都市区；（5）在内陆山区和相对独立的海岛则仍有一定点状城镇发布。

根据城镇空间分布及变化趋势，《浙江省城镇体系规划》将浙江省城镇空间类型界定为大都市区、城镇连绵区、城镇点轴发展区、城镇点状区等四种。即全省形成杭州、宁波、温州三大都市区；杭州湾两岸“V”型和温台沿海“I”型两大城镇连绵区；浙赣沿线和金温沿线“T”型城镇点状发展区；浙江西北山地、浙南山地、浙江丘陵和沿海岛屿四个城镇点状发展区的四种城镇空间类型。

1.3 小城镇群密集区

在浙江省特殊的经济产业发展机制作用下，浙江省的城镇体系结构明显表现为以发展小城镇为主。在全省 972 个城市（镇）中，特大城市:大城市:中等城市:小城市:小城镇的数量之比为 1:2:6:40:923，小城镇数量占全省城市（镇）总数的 95%，其中人口在 0.5 万以下的小城镇占据半数以上。小城镇主要分布于大都市区以外的城镇连绵区、城镇点轴发展区中。

在浙江省的城镇连绵区和城镇点轴发展区，乡镇经济发达，小城镇星罗棋布，城镇密度高达 15～20 个/1000km^2 以上，城镇之间平均距离不到 10km。由于人口密集、经济发达、城镇密度高，且分布相对均匀，小城镇在空间上已形成连绵发展雏形。在县（市）域城镇体系规划引导下，该区域的小城镇群正在逐步形成和发展。

2 浙江省小城镇群现象及其成因分析

2.1 小城镇群现象

总体上，浙江省的小城镇发展呈现多核发散而又密集分布的空间特征，即在经济发达地区，小城镇密集分布，但又呈各自为政、独立发展的状况。

2.2 成因分析

2.2.1 经济发展因素

经济是城镇发展的原动力，经济发展的阶段、规模和质量决定了城镇的发展水平和空间特征。改革开放以来，浙江省以乡镇工业为主体、个体私营经济为特色的工业化迅速发展，有力地推动了以小城镇为主体的农村地域城镇化进程。但由于长期的计划经济体制和切块财政体制，导致地域城镇之间组织松散，虽然各市县以较快速度推进了工业化进程，但产业“小而全”、“大而全”导致生产要素在狭小空间集聚，造成小城镇量多质低、产业同构现象严重、区域经济整体效益不高、以及区域性基础设施和城镇建设之间缺少统一规划与区域协调等问题。

2.2.2 乡土观念与政策因素

长期的农耕生活使农村居民形成对土地较强的依赖性，但经济的窘迫迫使农民离开土地，寻求收益较高的非农就业机会。但农村地区仍然是其最终消费地，购房置业是主要的消费途径。传统的“落叶归根”思想是大量小城镇在广大农村地区存在并继续发展的理由之一。

同时乡镇企业的蓬勃发展在实现农民“离土不离乡”，控制农村剩余劳动力流向大中城市的同时，也造成了小城镇在沿海经济发达区“遍地开发”的景象。

2.2.3 特殊的人文环境因素

浙江省为全国陆域小省，且以丘陵山地为主，素有“七山二水一分田”之称。但人口密集，因而人地矛盾突出，人均耕地仅0.56亩，为全国人均水平的46.2%，且集中分布于沿海平原和河谷盆地。耕地的空间分布特征决定了人口在沿海平原和河谷盆地密集分布，为该区域的小城镇发展提供了可能。

此外，由于浙江省地处东南沿海，历来为我国的国防前哨、军事要地，改革开放以前很少有国有大型工业企业。改革开放后，相对于山东等沿海省份，得到的国家投资和政策倾斜也较少。

自然地理环境因素与国家政策的共同作用，是客观上造成浙江省大中城市发展迟缓、小城镇在狭小地域密集分布的重要原因之一。

3 小城镇群规划初探

在竞争日趋激烈的市场经济条件下，群体组合已成为增强区域竞争力和地域综合实力的必然选择。同时也是有效利用区域资源，促进城镇体系结构优化，推进城镇化进程的有效途径。

3.1 定义

综观浙江省小城镇群现象，本文所述的城镇群可以概括为：在经济发达、城镇密集的特定地域范围内，以一些中心城镇作为地区经济发展的核心，借助于区域交通快速通道的通达性，城镇个体之间在社会、经济和生态环境等方面发生和发展着紧密的内在有机联系，共同组成相对完整和空间上集聚分布的城镇“集合体”。通过有效的空间组织、城镇群体空间内的各个城镇能够彼此分工协作、相互促进、形成合力。

城镇群规划是在把握城镇群体空间自我演化规律的基础上，通过一定的人为干预手段（空间组织、职能分工、产业布局等），引导城镇群体朝良性方向有序发展。

3.2 特征

3.2.1 单个或者多个的群体核心

城镇“集合体”或者由于单个地域中心城镇的核力吸引，或者由于实力相当的多个城镇强强联合而形成，由此城镇群内部出现相应地功能结构——单个或者多个核心。

3.2.2 功能分工与互补

城镇群内的各组成部分（城镇或组团）既紧密联系，又相对独立，根据各自的发展特点和优势特长，有明确的职能分工。职能分工体现扬长避短、优势互补的特点，以利于最大限度发挥城镇群的整体效能。

3.2.3 便捷的交通联系

城镇群内在联系的紧密性要求城镇间必须要有快速便捷的交通系统，缩短相互间的时空距离。正由于快速交通系统的出现，使得城镇之间各种要素流通和相互作用进一步加强。

3.2.4 资源与设施共享

城镇群组合重视区域资源的集约利用，区域内统一进行资源开发和基础设施与社会设施布局。不仅使有限的资金集中投入，提高设施建设标准，而且使资源和设施的利用率大大提高。

3.2.5 绿色开放空间

城镇群充分利用各组成部分之间山体、河流、地形等自然条件和现有的空间形态。划出一定的“绿心”、绿化走廊、生态农业等开放空间，使城镇群具有良好的生活环境及优美的空间形态。

3.3 现实意义

城镇群规划是区域性规划的一种，其目的在于通过规划干预促使一定区域范围内的城镇空间优化组合，实现空间资源的合理分配与区域设施的联建共享，从而促进地域社会经济共同发展，提高整体综合实力。

3.3.1 有利于加快城市化进程

城市化过程是各种生产要素在城镇集聚，并创造大量二、三产业就业机会的过程。人口集聚是要素集聚的结果。城镇群规划通过城镇空间结构和用地组织，直接或间接地促进和引导人口及各种生产要素在城镇集聚，从而加快城市化进程。

3.3.2 有利于形成规模经济

空间集聚理论认为，当城镇的人口、产业和各种经济活动在空间上的集聚达到一定临界度时，即产生集聚经济效应。相应的临界度（通常以人口规模来衡量），经济学上将称之为规模经济，它反映了城镇社会经济成本与总体效益比小城市平均高出 2 倍。

城镇群组合规划在引导空间要素集聚的同时，将创造出更多的就业机会，从而更加快了人口的集聚，使城镇群达到合理的规模，由此获取更大的经济效益。

3.3.3 有利于资源集约利用

城镇作为独立的行政实体，无论规模大小，均自成系统，每个乡镇均建有一套独立的市场设施和社会公用设施。此外，一些城镇为了提高自己的区域地位，盲目追求基础设施和公共设施的自成体系，不惜代价建设一些本应属区域性的大型基础设施，造成大量的布局不合理、重复建设以及土地、资金等资源浪费。并且由于设施利用率不高，难以发挥应有的社会、环境效益。城镇群规划从区域角度，从资源、设施的可持续发展和区域的实际需要出发，合理开发，统一布局，实现区域资源利用效率最大化。

3.3.4 有利于解决区域问题

传统的城市（镇）规划往往视行政区划单元为一个相对封闭的自运行系统，着眼于本系统内要素的均衡配置及良性运作的探讨。而当今区域、城镇发展的事实表明，许多发展的现象和机理是远远超过行政区划所圈定的这个狭隘系统。区域化、一体化发展的倾向愈来愈明显。与此同时也带来了跨区域诸多相关事务（如水资源利用、环境治理等），需要城镇之间协商解决。城镇群规划正是基于解决区域共同问题的目的，实现群体高效管理。

3.4 组合类型

根据城镇之间的分布与组合特点，城镇群可以概括为二种类型：一是以某一城镇为核心，周围伴以若干小城镇的单核（极化型）城镇群；二是由若干规模、实力相当的小城镇组成的多核（均衡型或者混合型）城镇群。

3.4.1 单核——极化型城镇群

根据非平衡发展理论，城镇空间的发展首先开始于发达的生长点，然后形成生长点之间的发展轴，轴与生产点共同组成点——轴体系，并以此为框架逐渐向周围地区推进，达到带动整个地区空间快速增长的目的。

由于地域核心城镇的发展并导致城镇建设用地迅速外扩蔓延，逐渐缩小与周边城镇的距离，同时在核心城镇的极化过程中，其对周边城镇的辐射力不断增加，从而使得地域城镇之间的相互联系更为紧密，最终形成群体组合。城镇群内的绝大多数功能集中于核心城镇，其他城镇多处于从属地位，以居住功能和必要的社会服务功能为主。

3.4.2 多核——均衡型或混合型城镇群

一定地域范围内的若干小城镇规模相当，且均具有一定的发展历史以及一定的经济和城镇建设基础，城镇功能和形态已初具雏形。由于城镇的各自扩张，使得镇区之间边缘距离不断缩小，在地域空间上不断接近，甚至连为一体。同时，市场经济条件下的竞争机制，以及区域设施建设的成本核算最小化原则，也迫使城镇之间的联合，提高整体竞争优势或者优化城镇空间形态，从而形成城镇群组合。群体内部形成多个功能核心。根据群体内部功能分工程度，多核型城镇群又可分为均衡型和混合型两种。

均衡型：群体内部有功能的分工协作和资源、设施的共享联建，但城镇功能和层次划分不明确，几乎无主次之分。

混合型：或者由于人为因素的干扰，“重点扶植”、“政策倾斜”等等使得原先城镇之间均衡发展的状态被打破，其中之一成为地域政治或文化中心，使城镇之间在功能和层次上有主次之分。

4 规划实施—管理体制与运行机制的创新

城镇群是社会、经济集约化发展的产物，它从属于经济区划而非行政区划。城镇群规划旨在经济发达的城镇密集地区，形成具有共同的贸易市场、共享的自然资源和区域基础设施以及城镇空间实体。但由于涉及不同的行政主体，城镇群规划最后在空间上落实的难度较大，需要相应的行政管理体制创新和必要的政策配套执行，才能确保规划的顺利实施。

4.1 行政管理体制创新

本世纪初以来，欧美发达国家的城市化程度发达，随着“城市群”、“都市连绵区”等大都市区日益增多，城市之间的区域性问题也相应出现并不断加剧。一是行政区划过小，城市发展空间受阻；二是地方政府组织机构，无力解决交通等需要从区域范围考虑的大型设施建设问题；三是城市之间各自为政，矛盾日渐突出，却缺少有力的协调机构和途径。为了协调城市之间的共同问题与相关事务，大都市区双重结构的行政管理体制应运而生。即在各地方政府自治基础上，在更大范围内建立大都市联合政府或协调机构，对某些需要从大都市区角度进行规划建设管理的项目实施统筹管理。

借鉴西方大都市区发展经验，建议在浙江省小城镇群地区尝试构建新型管理机构。即在现有镇政府主持城镇日常事务的基础上，组建城镇群建设协调机构，通过协商，统一解决区域内城建、交通、环保、资源等共同问题，减轻或消除城镇之间的矛盾，达到共同发展的目的。该管理模式可在总体上保持现有行政区域的相对稳定，但行政区划的适当、适时调整，将是促进城镇群发展的最直接和有效的途径之一。

4.2 配套制度创新

4.2.1 户籍管理制度

城镇群的出现和发展客观上要求打破传统上囿于行政区划的户籍管理制度，人口流动性的增强也使得人口各自在特定区划范围内实现增减平衡。在城镇群的发展过程中，人口规模的集聚度和城镇化水平高低，很大程度上取决于地域人口迁移管理政策的宽松程度。

改革现行户籍管理制度，逐步消解城乡二元户籍结构，促进区域人口的自由流动，并通过合理分配就业空间和居住空间，引导人口在城镇群内的合理布局。此外，户籍制度改革必须严格执行公安部《关于推进小城镇户籍管理制度改革的意见》，允许部分符合条件的外来人口转变为本地常住人口。

4.2.2 用地管理制度

土地保护政策是小城镇发展的主要障碍之一，建设用地指标的硬性限定使得小城镇的用地拓展没有商量余地，由此产生不少现实问题。一方面是一些经济发达城镇或地域中心城镇由于某类用地（工业、公建）超标而导致综合用地指标的长期“超标”现象，合理的用地指标仅仅出现在规划期：另一方面是经济发展滞后的城镇用地指标大量“剩余”，并由此造成用地的粗放型利用和隐性浪费。

在城镇群范围建立土地的集中管理制度，旨在实现区域范围内的建设用地平衡，以利于建设用地指标的相互调剂。区域内各城镇根据各自功能和层次定位，重新分配用地指标。比如，工业城镇（或区域的工业基地）可以允许工业及相应的生产设施用地超标；旅游城镇、组群中心城镇可以允许公建等服务设施用地以及广场适当超标；交通枢纽城镇可以允许交通用地超标等。城镇群内用地指标的相互调剂，大大增加了小城镇发展的灵活性，有利于促进小城镇经济发展良性循环。

4.2.3 投融资制度

资金匮乏是小城镇发展的主要瓶颈，但同时由于小城镇各自为政、分头建设，使得有限的资金分散投资，导致效益低下。并造成同一地域内设施不必要的重复建设和大量浪费。

城镇群投资制度改革，可以从以下几方面入手。一是通过城镇群协调机构的建立，争取部分财政管理权；二是通过财政、税收等手段，在城镇群内建立协调发展的共同基金，统一支配有限建设资金，避免各城镇重复和盲目建设；三是引入市场机制，按照“谁投资、谁经营、谁受益”的思路，鼓励民间资金参与城镇基础设施建设。城镇群内部的财政金融政策应体现“扶优扶强”的不平衡特点，保证区域性重点项目的优先权。

4.3 立法与监督

立法与监督机制的完善是城镇群规划顺利实施的有力保障。江泽民总书记指出：“实行和坚持依法治国，就是使国家各项工作逐步走上法制化和规范化”。城镇群规划一经批准即产生法律效力，要求相关人民政府的城镇建设、管理工作严格按照规划实施。

但当前，由于缺乏完善的管理制度和法治观念，致使规划的权威性受到质疑。乡镇基层曾流传：“规划规划、图上画画、墙上挂挂”、“规划规划不如领导一句话”，小城镇规划更多的是被当作领导政绩的体现。要使规划的权威性重新得以树立，首先必须做到“有法可依”，而后是“执法必严”，两者缺一不可。

提高公众对城市规划、建设的参与和监督意识，是小城镇法制化建设的关键。长期以来，规划由于仅仅被作为一种政府行为，而脱离群众，难以体现民众的意愿和实际需要。其结果：一是导致规划无法得到公众的支持，使规划实施难度加大；二是导致腐败，给权力部门提供黑箱操作的可能，由此直接损害公众利益。监督机制健全的关键是改变目前“自上而下”的管理体制为“自上而上”的管理体制，真正体现“人本”的理念。

【参考文献】

1 张京祥. 城镇群体空间组合. 南京：南京大学出版社，2000年

2 肖敦余，胡德瑞. 小城镇规划与景观构成. 天津：天津科技出版社，1992

3 龚松青. 浙江省城市群规划初探. 中国建设科技文库，2000年

4 广东省建设委员会. 珠江三角洲经济区城市群规划. 北京：中国建筑工业出版社，2000

5 浙江省城乡规划设计研究院. 浙江省城镇体系规划（1996～2010年），1999

6 浙江大学城乡规划设计研究院. 永康市副中心城镇总体规划（2000～2020年），2000

7 浙江省城乡规划设计研究院. 萧山市城镇体系规划（1998～2020年），1999

8 浙江省城乡规划设计研究院. 鄞县集士港中心城镇组群规划（2001～2020年）. 2001

9 浙江省统计局. 浙江省统计年鉴（2001年）

【作者简介】

龚松青，男，硕士，浙江省城乡规划设计研究院主任，教授级高级城市规划师，中国城市规划学会·小城镇规划学术委员会委员。

厉华笑，女，硕士，浙江省城乡规划设计研究院，城市规划师。

县（市）域城镇体系规划的认识与探索

——以浙江省诸暨市的实践为例

赵水苗　陈行上

【提要】 县（市）域城镇体系规划是县（市）人民政府指导县（市）域城镇化和城镇发展，调控城乡建设整体空间的重要依据和手段。本文以浙江省诸暨市市域城镇体系规划编制实践为例，对县（市）域城镇体系规划的作用和空间布局等核心内容进行探讨。

县（市）域城镇体系规划是县（市）级人民政府指导县（市）域城镇化和城镇发展，调控城乡建设整体空间的重要依据和手段。为适应县（市）城市化进程和加快城市化，促进城镇健康、快速、有序发展，20世纪90年代后期以来，浙江省加强了县（市）城镇体系规划的编制和实施工作，使县（市）域城镇体系规划成为统领县（市）域经济社会发展的纲领性政策文件，有力地推动着浙江县域经济社会的快速发展。其中，如何正确认识县（市）域城镇体系规划的作用目的与规划的核心内容是编制这一层次规划的关键。本文以浙江省诸暨市城镇体系规划（2000～2020）为例，探索县（市）域城镇体系规划的主要作用与空间布局这一核心内容。

1 对诸暨市市域城镇体系规划重要性的认识

1.1 接轨大城市，提高诸暨市在区域中的地位

诸暨地处长江三角洲南翼和上海—杭州—宁波的经济“金三角”地带，属上海经济区范畴。区域位置十分优越。接轨大城市，提高诸暨市在区域的地位十分重要。首先，上海作为国际性经济、金融、贸易中心，随着浦东开发和中心地位的进一步确立，其产业转移和信息、技术的辐射将进一步增强。诸暨市作为上海经济区的一个新兴城市，应认清形势，创造条件，主动接轨上海，服务上海，争取上海对诸暨市在经济、信息、技术和市场等方面的更大辐射，为诸暨市经济社会发展提供强劲的推动力。其次，杭州作为国际性旅游城市和浙江省省会城市，在已编制的《浙江省城镇体系规划》中，其在省域内的核心地位已经确立。诸暨距杭州 78km，经由杭金衢高速公路，诸暨与杭州的 45min 交通可达空间已经形成，区际间交通日益畅通，与杭州的联系将进一步密切，诸暨成为杭州的卫星城市的外部条件日趋成熟。再次，从区域发展看，诸暨北有萧山，东有绍兴，南有义乌，其综合实力和发展势头都咄咄逼人。如不抓住机遇、加快发展就会丧失作为人口大市应有的强市地位。《诸暨市市域城镇体系规划》的编制，一方面加强与省域城镇体系规划的协调、衔接。另一方面，通过对诸暨市城镇发展条件的综合评价，调整市域经济社会发展战略，明确发展重点，优化要素配置，重组发展优势，更好地接受核心大城市的辐射，发挥诸暨市在省域城镇体系中的重要地位，增强诸暨城市对周边地区的集聚、辐射功能。

1.2 合理布局，构筑体系，促进城镇建设有序推进

诸暨市的城镇发展由于缺乏市域体系规划的宏观指导，一直处于自发、无序状态。虽然各建制镇都编制了相应的城镇总体规划，但由于与市域城镇体系规划相脱节，区域的整体发展缺乏科

学的规划、引导和调控机制，未能形成布局合理，结构完善，功能、等级明确，发展时序清晰的城镇规划网络体系，影响整体功能和最佳城镇效益的发挥。诸暨市域城镇体系规划基于对市域内各城镇发展现状、优势及发展前景的分析预测，从而规划形成规模不一、性质各异，各具功能和个性特色的不同类型、不同等级城镇组成的、布局合理的城镇体系。这对有序组织城镇建设，采取针对性的政策措施，促进城镇一体化的梯度推进，有着十分重要的意义。

1.3 突出重点，加快中心城镇培育

加快培育中心城镇，是城镇化发展的有效途径，是优化生产力布局，促进区域经济快速发展的重要举措。但长期以来，由于缺乏城镇体系规划的宏观指导和行政体制上的分割，各建制镇在小城镇建设中各自为政，偏面追求把自己的城镇搞得越大越好，相互攀比，盲目建设，造成各城镇功能重叠，结构雷同，分工不明，缺乏特色，基础设施档次不高，重复建设，共享性差，影响优势互补和区域中心城市综合效益的发挥，制约城镇建设水平的提高和块状经济升级。诸暨市域城镇体系规划通过对城镇组群的划分和组群中心的确立，有利于中心城镇的培育和发展，有利于生产要素向中心城镇集聚，强化中心城镇为产业服务的机能，为诸暨市的块状经济升级营造良好的有机载体。

2 诸暨市市域城镇体系规划的实践探索

2.1 综合评价区域与城镇的发展和开发建设条件，进行功能定位

城镇功能定位是基于城镇发展建设条件的深刻分析的基础上作出的综合评价，是编制县（市）域城镇体系规划编制中的核心内容之一。诸暨市地处经济高速发展的长江三角洲南部，又扼沪-杭-甬“V”型城市密集带及浙赣铁路沿线交通走廊结合部，兼

收大城市带的吸引与辐射作用以及浙江省由北而南的中线通道区位优势。诸暨自古以来，水陆交通便利，素有“婺越通衢”之称。而今诸暨又成为浙江省“WIT区域发展战略”中的一个重要环节。浙赣铁路纵贯诸暨市域南北，市域内长度为56.7km，自北而南有湄池等8个停靠站；省道杭金线、绍大线、诸东线将市域内部空间紧紧联系起来；已经建成的杭金衢高速公路和浙赣铁路一起构成沿线经济发展轴，有力推动“两线”沿途镇乡经济社会的发展，同时辐射带动其他镇乡的发展。便捷快速交通干线的发展，使诸暨融入“省内两小时经济圈”的大交通格局中，使诸暨与上海、杭州、宁波、温州、绍兴等国际性的、在国内、省内具有重要地位的中心城市的交通联系更加紧密，使诸暨市取得更多有利于发展壮大的良好机会。另一方面，诸暨城区通过多年的建设发展，已具一定规模和实力，在市域中的集聚和辐射功能日益凸现，城区作为市域中心的基本条件已经成熟。

2.2 确定市域的城镇发展战略，制定城镇体系的空间布局

诸暨市城镇体系规划所提出的发展目标是强化人口和生产要素的集聚，优化资源配置，形成与诸暨中心城市经济发展水平相符合的、分工合理、层次清晰的中心城市—组群中心城镇——般城镇—集镇四级体系。为此确定的城镇体系发展战略是“强化中心，优化结构，轴向发展，十字交叉”。

“强化中心”，即大力发展中心城市诸暨市，重点培养其中心职能，引导人口与产业向中心城市集聚，加强主城作为整个诸暨市城镇体系中首位城市的凝聚力。诸暨市通过行政区划调整，将周边部分乡镇用地划入市区，更利于诸暨市自身的良性发展，从而确立诸暨市区域性中心城市的地位。

“优化结构”即优化城镇体系的结构，对诸暨市结构不合理、层次不明晰的结构进行调整，通过重点培养店口、枫桥、牌头、五泄、璜山、次坞六片区中心城镇，使分布更趋合理，并使其成为承上启下的必要环节，提高作为整体系统的运作效率。

“轴向发展”即时指形成南北轴和东西轴的主轴线城镇群重点培育带。

“十字交叉”指两轴在中心城市交叉，更进一步强化中心地位。

2.3 提出城镇体系的功能结构和城镇分工，确定城镇体系的等级结构

市域空间结构表现为城区内各种经济社会活动在地域上互相依存的组合关系，体现了市域生产力布局的特征。确定空间结构形态是市域城镇规划中心工作之一，合理的空间结构将会推动区域经济社会发展。为此，规划的中心任务必须研究市域空间演变的动力机制，选择和产业结构相适应的地域开发模式，建立点、线、面有机结合的空间结构。

2.4 诸暨市城镇体系规划的总体框架

根据市域城镇发展的历史基础、现状和交通干线对产业与城镇布局的重大影响，结合本市市域的城镇发展现状，本次城镇体系规划的总体布局将按“一个中心，两条轴线、四级结构、六大组群”的基本框架发展。

2.4.1 一个中心

即现代化的中等规模的中心城市。城关镇与大唐镇、三都镇组成中心城区，并组合街亭、双桥、王家井、直埠、五一、江藻、草塔等镇。中心城市的发展，今后要重点抓好以下几个方面：

根据城市化、现代化的要求和我市经济社会发展现状，科学、合理地调整《诸暨市城市总体规划》，适当扩大中心城市规模，调整发展重点和方向，合理组织城市各项建设。同时，通过市域行政管理中枢作用的发挥，积极发展管理、金融、信息、技术、科技、文化等服务性行业，强化人口、产业要素的凝聚力和集中度，为扩大城市规模创造物质基础。

充分利用中心城区与各城镇间既彼此分离又密切联系的有机条件，通过合理布局、明确分工，形成大集中、小分散的单中心多核城市空间结构，既体现出块状经济的工业化布局要求和城市化、现代化发展趋势，又体现出各城镇的个性特征。各城镇既接受中心城区的辐射服务，又为中心城区提供配套服务，从而形成一个相互间有机融合，互补互动，具有一定空间弹性的中心城市。

充分利用绍大线（城关—大唐）、诸三线（诸暨—三都）和杭金衢高速公路构成的“城关—大唐—三都”的“经济大三角”区位，依托城西工业区现有的工业基础和基础设施及大唐、三都现有的发展优势，做好城区西延，大唐、三都连接，东拓的文章，要尽快搞好规划，引进项目，加快建设，到规划期末，使“城区—大唐—三都”连成一片，成为中心城市区的有机组成部分和诸暨市经济发展的重要一极。

2.4.2 两条轴线

根据本市区际间交通干线走向和市域形态特征，城镇的轴向发展—南北向发展轴与东西向发展轴非常明显。两条发展轴线在中心城区交汇，形成一个“十”字型空间布局形态。

(1) 南北轴

由“一江三线”组成，即浦阳江、浙赣线、杭金线和杭金衢高速公路，贯穿市域南北，沿线城镇密集，呈“葡萄串”式分布于该发展轴上。

(2) 东西轴

以绍大线及支线、合马线、诸东线为纽带，横贯市域东西。

2.4.3 四级结构

为了有组织地推进市域城市化和空间发展有序化。根据“科学规划，合理布局，分类指导，有序推进”的原则和对各城镇发展基础及前景的预测分析，规划建立四个层次城镇等级结构。

第一级：中心城市

即以现有城市总体规划的规划建成区为基础，通过规划调整，融合大唐、三都两镇的部分区域，组成中心城区，并组合周边有关镇而成。城市人口规模为35万，城市性质为诸暨市域内的政治、经济、金融、信息和科教文卫中心，以轻工、贸易为主，旅游为特色的综合发展的新兴现代化中等城市。

第二级：组群中心城镇

包括湄池—店口、枫桥、璜山、牌头、次坞和五泄风景管理区。规划人口1.5～8万人不等。功能为片区内政治、经济、金融、信息及服务中心。

第三级：一般城镇

包括其他25个镇乡。现有6个乡在规划期内，规划或合并、或撤乡设镇，规划人口规模0.5～2.2万人不等。它们是所在镇域的政治、经济、文化和交通中心。为了使城镇发展保持一定的人口规模，要规划配套建设各种具有一定质量的生活服务设施，形成良好的生产、生活环境。同时，加快发展适合这些城镇的工商产业和农业龙头企业，扩大经济集中度和辐射力，既为片区中心提供配套服务，又辐射镇域内集镇、中心村，形成自身的特色。

第四级：集镇

包括“撤扩并”以前的原乡政府所在地及由历史上形成的传统的集市贸易地。功能为农村集市贸易和农副产品集散地，为农民的生产、生活提供基本服务。

2.4.4 六大组群

(1) 以湄池—店口为中心的湄池、店口、山下湖、阮市组群；

(2) 以枫桥为中心的枫桥、全堂、赵家、东一、东和、西岩组群；

(3) 以璜山为中心的璜山、浬浦、陈蔡、斯宅、岭北、陈宅、化泉组群；

(4) 以牌头为中心的牌头、安华、同山组群；

(5) 以五泄风景管理区为中心的五泄风景管理区、草塔、五泄、青山、马剑组群；

（6）以次坞为中心的次坞、应店街组群。

【作者简介】

赵水苗，男，浙江省诸暨市规划局局长，高级工程师，注册城市规划师。

陈行上，男，浙江省诸暨市规划局村镇规划科科长，工程师，注册城市规划师。

探索有地域特色的小城镇产业发展模式

——对诸暨市大唐特色袜业园区规划建设思考

陈钢炎

【提要】 本文通过诸暨市大唐镇袜业产业的发展历程的回顾和经验总结，探讨小城镇地域特色的产业发展模式和特色工业园区的规划建设问题。

1 产业发展模式的回顾与总结

浙江省诸暨市大唐镇从十年前一个人口不满一千人、经济总量不超7000万元、年市场交易额仅为数万元的两个小村庄，发展到现在人口7万人、经济68.97亿元、年市场交易额70亿元，年税收4209万元的经济重镇，走过了一条极不寻常的发展道路。如今，大唐是闻名遐迩的“袜业之乡”。全镇70%的行政村从事织袜生产，织袜企业达4471多家，袜机总量6.5万台，其中从国外进口织袜机械5800台及织袜生产前、后道机械2500台，从业人员达2万多人。拥有三大市场，“大唐轻纺原料市场”辐射全国，已跃身于“全国文明集贸市场”和“全国百强市场”行列。“浙江大唐袜子业市场”是全国最大的袜子一级批发市场，荟萃全国袜子精品，种类达250多种。与专业市场相配套的“诸暨市联托运市场”开设50多条线路，联接全国近百个大、中城市，已成为诸暨市地方产品转运窗口。大唐也是著名的“弹簧之乡”。目前全镇共有弹簧制造厂138家。“浙江金城弹簧集团”年产值超2亿元，是全国第二弹簧生产基地。大唐是建设部确定的全国小城镇建设试点镇，也是浙江省小城镇综合改革试点镇。

回顾创业历程，根据产业发展的空间组织模式，大唐袜业的发展大致可分为三个阶段。

1.1 家庭作坊经济

这是一种半自然经济形式，从原材料供应、加工、到销售集于一体，空间上非常分散，这是大唐袜业的初创期，大致时间：1989～1992。

1.2 沿线经济阶段

其特征为：前店后厂上住人，工商住一条街，产业和空间出现集聚趋势。这是大唐袜业的积累期，大致时间：1993～2001。

1.3 园区经济阶段

表现为三大市场的出现和大型袜业园区的形成，标志着大唐产业发展一个崭新阶段的到来。专业化、规模化与空间上的集聚已成为这一时期最显著的产业发展特征，这是一个快速发展期，从现在开始并持续相当长一段时间。

总结大唐的发家史，主要有以下几个“秘技”：

1.3.1 尊重市场，重视调控，认真处理好政府与企业的关系。

大唐袜业发展的主导力量是民间企业，初创时期政府投入的资金很少，这一时期政府主要靠提供各种优惠政策，营造良好软环境引导企业活动；随着财政收入的增加，政府开始投入资金建设公共产品（基础设施和公共设施），主要依靠营造硬环境吸引企业投资聚集；城镇规模的扩大和功能的日趋综合化，导致城镇各项活动复杂化，不同经济行为之间的摩擦和个体行为的负外部性不断出现，程度也日趋激烈，政府只有积极地介入市场，通过提供更多的公共产品以及不断完善市场体系与制订游戏规则，加强调控力度，实施“两手都要硬”战略（软环境和硬环境），才能确保大唐袜业在全国乃至全球的竞争力。

1.3.2 尊重规划，重视规划，强化规划的引导、调控与监督职能

可以说，大唐袜业的发展同健全的城镇规划管理体制、严格的规划审报制度以及完善的规划职能体系是密不可分的。大唐总共经历三轮总体规划，每轮规划都经过充分思考、科学分析以及严密的评审鉴定，并最终由一个民主的决策体系加以落实，使规划真正起到对土地市场进行有效调节、引导和干预的作用，起到引导政府决策回归到维护大多数人的公共利益目标上去，规划的权威性、严肃性得到充分的体现和维护。

1.3.3 尊重他人，重视自己，倡导一种既竞争又合作的区域城镇体系

大唐袜业要想做大做强，必须加强两方面的工作；一是从纵向而言，要进一步完善自己的产业链，拓宽自己的发展腹地，强化内部的职能整合，进一步提高自己的区域竞争能力；二是从横向看，要加强区域联合与协作，与周边的发达城市，如义乌、绍兴、宁波、温州、杭州等开展商贸、技术、资金与人才往来，融入整个区域网络，不断增强自己的国际竞争能力。

2 特色产业园区规划建设探讨

特色园区是提升原有特色优势，增强区域竞争力的有效载体。特色工业园区建设有利于资金项目等生产要素的集聚，进而壮大工业企业，提升企业上规模、上档次、上水平；特色工业园区最大的吸引力在于软硬环境的改善上，园区建设有利于提高园区品位，改善小城镇形象，提高小城镇建设的品位：有利于发挥工业园区的辐射作用，促进农村剩余劳动力向小城镇和乡镇企业转移，繁荣和促进二、三产业的发展，提高城市化水平，推动城市化进程；有利于经济的发展和农民收入的提高。

为大力推进园区的现代化建设，进一步增强园区的竞争力，在园区的规划、建设和管理中必须坚持五大原则，实现六大突

破。

2.1 特色园区规划建设的五大原则

大唐袜业特色工业园区规划建设中，首先坚持从现有的特色优势出发，因势利导、超前规划、项目支撑、有序推进，不搞凭空想象、一哄而上或者跑马占地、徒具躯壳。其次是着眼于竞争力，推进入园企业的技术创新和制度创新，不搞易地搬迁、复制古董，或者穿新鞋，走老路。三是通过园区强化生产要素的规模化集聚，深化专业分工协作，优化产前、产中、产后的社会化服务，从而为区域特色经济的培育和发展，谋求更好的社会效益和外部效益。四是正确处理好“市场主导”和“政府推动”的关系，政府的作用主要体现在规划、政策、秩序和环境等方面。特色工业园区真正的开发主体，应是市场化的项目法人，同时其开发方式也应是市场化运作的。五是处理好“提升工业化”和“推进城市化”的关系。合理规划特色工业园区，以产业特色优势作为突出的区块布局，并成为小城镇经济的有机组成部分。

2.2 特色园区建设的六大突破

2.2.1 认识上有突破

工业的大发展，要依赖于载体的大开发。作为工业突破的重要载体，特色工业园区建设是发挥投资的规模效应、形成外商的集聚效应的有效途径，也是推动城市化进程的重要支撑。我们要充分认识到，加快园区建设，对深化改革、扩大开放、产业集聚、优化环境以及对加快工业化、城市化进程等方面所具有的十分重要的意义，统一思想，形成共识，全力以赴抓好各项工作的落实。

2.2.2 规划布局上有突破

（1）规划的指导思想：以大唐镇总体规划为依据，遵循体现21世纪新兴工业园区特征，建筑形象体现“超前、创新、大手笔突出环境设计”原则，建成一个具有功能完善、设施配套、综合适应能力超前，绿树成阴、花草遍地、生态环境优化，空间层次丰富、形象超前，具有21世纪现代工业园区的景观风范。

(2) 规划布局原则：1）认真贯彻国家的有关方针、政策、法令、法规，在满足工艺生产要求的前提下，力求降低工程造价，节约建设用地，减少工程土石方量，同时为生产及货物运输创造有利条件。2）总平面布置力求做到功能分区明确，工程管线顺捷，人货分流，环境安全卫生，生活管理方便，符合规划建设和消防安全要求。3）建（构）筑物布置尽量结合地形、地质、工艺生产条件及园区自然环境条件进行总平面布置，力求布置紧凑合理。4）力求绿化配置得当，美化园区园貌，并使之具有良好的生产生态环境。

(3) 总体规划布局：大唐袜业特色工业园区总占地47.3公顷，位于杭金衢高速公路东侧，31省道（绍大线）南面，园区内主要道路1条，形成顺畅的道路网。主要建筑有厂房、仓库、科研管理中心、宿舍、食堂等。建筑密度35.17%，容积率0.642，绿地率31.6%。园区内给排水、供电、通信、环保、消防、安全与工业卫生等设施配套。

根据园区的生产特点和进园企业实力大小，划分成9个区块，采用统一规划、统一设计、统一建设、统一管理（物业），把过去分散的小厂的动力设施、科技开发、设计及职工宿舍等相对集中起来，但各厂生产规模、产品管理相对独立、互不干扰，这样既节约土地、节省投资，也利于管理和科技发展，新产品的开发，有利于提高产品质量，从而更能适应市场经济和时代的发展。

2.2.3 管理体制上有突破

要学习借鉴外地开发区建设的成功经验，大力推进园区管理体制创新，走“政企合一、特区模式、封闭运作、自立自强”的路子。要大力推进各方面的改革创新，大胆采取更加特殊灵活的政策措施，以改革促开发、促开放、促发展，力求在改革上先行一步、快人一拍、高人一招，形成“特中之特、佳中之佳”的效应。对园区建设要做到政策最大限度地优惠到位，权力最大限度地下放到位，部门最大限度地服务到位，真正做到高效率、少环节、快节奏。

2.2.4 投资环境上有突破

要按照统一规划、合理布局、综合开发、配套建设的原则，通过财政支持、土地出让、吸引民间资本参与、企业改革置换等多种形式，多渠道筹措资金，搞好“六通一平”等基础设施建设，吸引投资者进区落户。要坚持“小机构，大服务”和精简、统一、效能的原则，按照企业化运作的要求，建立激励机制，拉大分配档次，打破各种界限，不拘一格用人才。牢固树立投资者至上的理念，实行“一张报告，全程服务”的承诺；对重点投资项目实行“专人服务，跟踪管理”；外资企业有要求，可进行公开承诺，要坚持以项目为生命，大力搞好招商引资，实现经济跨越式发展。

2.2.5 联体联动上有突破

要按照市委的要求，在园区开发上建设上实行“一区多元，二级联动”。一区多元，就是以市经济开发区为龙头，镇特色工业园区作为分区，享受有关政策。二级联动，就是实行市、镇乡二级齐上，各展所长，优势互补，错位发展，调动各方面加强园区建设和积极性，提升工业化，推进城市化。

2.2.6 产业上有突破

大唐袜业经过几年的发展，已显示出一定的优势。因此，首先要从量的扩张到质的提高。目前，大唐袜业在国内市场占据了65%的份额，在国外市场约占30%，而且随着产品技术含量的提高和WTO的加入，市场应不断拓展，以质取胜。其次，从机制优势到规模效应。本地企业完全的个私经营，使经营机制较为灵活，能及时应对市场的瞬息变化，但特色园区产业的集聚也将起到积极的作用。第三，从产业链优势中进一步提升，对已具有相对完善的产业链，原料生产、印染、原料销售、袜子生产后整理、成品销售，均由相应的专业企业来完成，在袜业发展过程中不断完善产业链。第四，建立数字化市场，实行网上交易，促进人流、物流、信息流，加速经济的发展。

【参考文献】

1 大唐镇三轮总体规划说明书
2 大唐镇2001年政府工作报告
3 《诸暨城乡建设志》
4 陈前虎．浙江小城镇工业用地形态结构演化研究．城市规划汇刊 2000.6

【作者简介】

陈钢炎，男，浙江省诸暨市城镇规划设计研究所所长，高级工程师，国家注册城市规划师。

城市次区域小城镇的规划模式与理念探析

——以苏州西部次区域发展战略研究为例

汤铭潭

【提要】 本文以苏州西部次区域发展战略研究为例，通过对次区域小城镇居住与工业用地集聚等的规划建设现状问题分析，从区域发展战略研究和区域规划入手，提出小城镇规划模式和发展格局的不同选择，重点论述小城镇田园城镇规划模式、特色塑造和标准技术指标，对城市次区域小城镇规划模式与理念进行探析。

1 苏州西部次区域小城镇规划建设现状分析

本文所称苏州西部次区域是指苏州西部的沿太湖地区。在该区域700多平方千米范围内，除苏州新区国家级高新技术开发区（含枫桥镇）和太湖度假区外，有望亭、浒墅关、通安、镇湖、东诸、光福、藏书、木渎、横圹、胥口、浦庄、横泾、渡村、东山、西山和越溪（并入长桥镇）等16个小城镇。

近些年，苏州已成为我国实现现代化的先导地区。经济要素与市场流通出现区域化、全球化的趋势，其西部次区域小城镇因其得天独厚的区位优势，经济发展水平普遍较高，人均GDP达到2万元以上，三次产业结构比例为12.69:47.59:39.62。据推算，西部次区域就业人口中已至少有70%以上从事二、三产业。

但是，目前传统的、相对封闭、数量多、分布散的小城镇各自为政的规划建设和发展格局已无法适应城市次区域社会经济的发展。

苏州西部次区域大部分地区原属苏州下辖的吴县市。2001年，吴县撤市设区后，西部次区域环太湖地区作为城市发展潜力所在的后备用地，在苏州城市可持续发展中呈现出越来越重要的作用，次区域发展战略研究提到了政府议事日程，城市次区域小城镇出路及其规划建设问题也就成为西部次区域发展战略研究的一个重要命题。现状调查中小城镇规划建设的主要问题：

(1) 缺乏区域规划指导和协调，区域内小城镇布点过多，城镇体系不合理，传统的行政分割导致规划建设模式各自为政，区域空间布局混乱。

(2) 区域内分布过多的小城镇规模和腹地小，服务人口少，(平均每个镇镇域人口不到5万人)，集聚和辐射功能不强，在经济、社会发展中暴露出诸多问题：如许多已建设施不能充分发挥效能；行政管理费用大；建设可用财力少，投入不足，发展不快；重点中心镇优势不能充分发挥等。

(3) 规划建设缺乏特色，千篇一律。许多镇居住、工业及公共服务设施布局与规划建设类同，缺乏特色。特别是在国家生态环境重点保护、景色十分秀丽的太湖湾地区的小城镇建小水泥厂，西山岛开山采石，不仅污染优美的环境，也给山体植被和自然景观带来严重破坏，同时加之镇上散乱、缺乏特色的民居建筑和其他建设，与邻近高水准别墅度假区开发，形成很不协调的景观反差。

(4) 基础设施重复建设，资源共享性差。由于缺乏区域、分区规划的统筹安排与协调，各小城镇基础设施都是单独考虑，搞小而全，每镇都单独规划建设水厂与污水处理厂，重复建设，规模小、效率低、投资与运行费用大，不利实行片区基础设施的联合建设与资源共享。

2 从区域发展战略研究和区域规划入手，选择小城镇不同规划模式和发展格局

从区域发展战略研究和区域规划入手，选择小城镇不同规划

模式和发展格局。

2.1 按区域功能定位，组织区域空间分工

结合长江三角洲经济区和苏锡常都市圈的区域发展战略研究，苏州西部次区域发展战略研究确定其在苏州市、长江三角洲和全国中的功能定位为：苏州未来中心城区结构拓展的战略要地，长江三角洲地区高新技术生产研发中心、江南水乡和太湖风光为特色的休闲、人居中心和旅游胜地。

按区域功能定位，产业分工，结构、结合自然条件和区位特征，组织区域空间分工，主要划分以下几个区域：高新技术产业区；318国道沿线综合产业区；国际科研教育区；环太湖旅游观光、生态农业和休闲居区。

2.2 区域城镇体系合理布局和小城镇建设模式选择

从发展战略研究入手，应用点轴开发和空间结构等理论，西部次区域城镇体系布局，确定三个不同层次，选择相应的城镇规划模式和发展格局。

（1）中心城区：次区域中心城区是苏州中心城区的拓展，包括新区和往北延伸的浒安组团。

新区并合并附近枫桥镇，横圹镇与木渎镇（部分地区）。上述小城镇选择按中心城区一并规划的模式和发展格局。新区为高新技术产品制造基地和技术创新基地，远景期规划人口50万人左右。

浒安组团是沿318国道，京沪铁路和京杭运河产业聚集轴，整合浒墅关、通安、胥口及横泾四镇的工业基础，以现代制造业和高新技术产业为主的带状新城。上述浒墅关、通安按中心城区一并规划的模式和发展格局，远景期规划人口15万人左右。

（2）卫星城：主要由镇湖，东诸及光福、藏书镇（部分地区）撤并形成的以科研、教育、会展、居住为主的太湖组团。原四镇选择按山水格局、生态环境考虑的城市组团规划模式和卫星

城的发展格局。远景期规划人口25万左右。

(3) 小城镇：撤并后，保留北边的望亭镇和西南的西山、东山、渡村、浦庄、胥口镇。望亭镇（规划5万人）在浒望城镇轴线上，与浒安组团联系紧密，选择工贸型小城镇的规模模式；西山镇（规划3万人）和东山镇（规划4~5万人）选择田园城镇的规划模式与发展格局，东山镇宜重点培育为中心镇，带动和辐射周围4镇。渡村、浦庄、胥口（规划各3万人左右）选择旅游型小城镇规划模式与发展格局，上述西南部小城镇与太湖国家度假区形成环绕太湖湾观光、休闲、度假、疗养人居的风景旅游胜地和田园城镇群落。

(4) 农村居民点：通过规划合理布局，主要为保留山水格局、田园风光次区域范围的中心村。远景期人口控制在35万人左右。

2.3 遵循集聚、辐射和协调、持续发展的空间布局原则

2.3.1 集聚与辐射

西部次区域发展战略研究采取区域空间统一布局，从根本上改变目前小城镇布点过多及其非农产业和居民点无序分散布局的空间形态；中心城区和卫星城范围，撤镇改建街道办事处；整治各级开发区和工业小区环太湖各镇工业区向新区、浒安、旺山工业园区集聚；控制农村和小城镇宅基地审批，引导农村居民点适当集中和向中心城区（新区）、卫星城和小城镇的居住区，居住小区集聚，以强化次区域城镇集聚与辐射功能。

2.3.2 协调与可持续发展

打破西部次区域范围地域行政隶属关系，城镇统一规划，在功能上与区域发展战略统一、协调，既在开放型经济条件下，强调空间利用的开放性，又侧重于生态环境不断改善和保护，以清洁生产和生态农业为战略目标，统筹安排产业与生产要素的空间布局，减少低水平重复建设，促进资源的集约、合理利用和优化配置，确保区域城镇经济可持续发展。

2.4 基础设施联合建设与资源共享

打破行政地域界线，区域协调，统筹规划，联合建设，资源共享；

总体优化，合理布局，因地制宜，节约用地，为不同等级、不同类型的城镇提供不同需求的基础设施服务条件；

克服小城镇基础设施各自为政、重复建设、资源投资浪费，以及规模小、运行成本高、效益低的弊病，促进可持续发展。

【说明】

本文涉及次区域发展战略研究主要参考依据本院承担的《苏州西部次区域发展战略研究》项目总报告及项目收集的相关资料。项目负责人系王朝晖博士，项目组主要成员还有李秋实、张莉、孔彦红、汤铭潭等。

【参考文献】

中国城市规划设计研究院等．小城镇规划标准研究．北京：中国建筑工业出版社，2002

【作者简介】

汤铭潭，男，中国城市规划设计研究院，教授级高级规划师。

第 二 篇

小城镇发展战略纵论

对我国小城镇总体发展战略的思考

晏　群

【提要】　了解我国小城镇的现状、特点、存在的问题，是研究制定小城镇发展战略的前提。通过对小城镇发展前景的展望，对不同经济发展地区的小城镇发展提出不同的对策。

1　我国小城镇的现状、特点、存在问题

2000年，我国有建制镇近20000个，其中县城镇1586个。从全国小城镇的整体分析，我国小城镇的特点是：数量上“东多西少”，增长速度上，“东快西慢”，平均规模上，“东大西小”“南北接近”，分布上，“东密西疏”、“南密北疏”。一般而言，沿海发达地区小城镇的建设质量好于内陆地区小城镇。这种状况是与地区间经济发展水平和人口分布密度的差异密切相关的，也是在相当一个时期内不会发生根本改变的。

我国幅员辽阔，自然环境复杂多样，地域差异极大。因此，即使同在一个地带内（东部或中部、西部），甚至同在一个省内或市、县内，不同地区的小城镇在自然、社会、经济诸方面也都差异极大，这一点是我们研究与认识我国小城镇总体发展战略的前提。

从全国宏观角度看，我国小城镇的发展主要存在三方面问题。

一是小城镇的发展普遍滞后于农村工业化、非农化的发展。表现在随着农村非农产业比重的大大提高，农村剩余劳动力的职

业转换相对提高较快，但相对而言农民真正易地转移、真正进城镇落户的却还不够多。

二是小城镇的发展总体上显得较为无序，有效引导不够。表现在小城镇的设置上以数量扩张为主，城镇建设质量不高。20 世纪 80 年代以来，我国小城镇的发展明显的表现出以“数量扩张”为主的特征，相当多的小城镇只是“行政建制”与“称谓”变更的结果，各地小城镇在数量剧增的同时，城镇的面貌、功能与人口素质并没有实质性的变化，城镇建设严重滞后，相当多的小城镇与农村居民点几乎没有太大差别。如果严格地执行设镇标准，则会发现有相当数量的现状小城镇实际上并不够设镇标准。在小城镇的布局上，小城镇呈现出全局“散”、局部“乱”的局面。一方面小城镇的发展与乡镇企业“工业园区”的建设结合不够紧密，乡镇企业“村村点火、户户冒烟”；另一方面小城镇沿路建设、追路发展现象比较严重，许多地方把沿路、追路发展作为小城镇发展的指导思想，过分屈从于现实和眼前利益，搞所谓“马路经济”，沿路两张皮。在小城镇的建设上，则普遍重形态建设而轻功能建设，有的把盖楼修路当成小城镇发展建设的惟一工作和惟一目的，有的不顾需要和现实条件，“急功近利”地做了一些华而不实的表面文章，建大广场、修宽马路、铺大草坪，但真正在营造能让农民“进得来，留得住，富得了”的进镇和务工经商条件方面却重视不够，对促进产业形成、发展小城镇经济方面重视不够。在小城镇的规划与管理上，城建部门存在着“重建设、轻管理，重规划、轻落实”的倾向。

三是小城镇人均城镇建设用地普遍偏高。小城镇中土地利用不够充分，有一定数量的闲置地和低效地。

2 对我国小城镇发展前景的分析

对小城镇发展前景的分析判断是制定小城镇发展战略的基础，对我国小城镇的整体发展有两个基本判断。

2.1 从我国的实际情况出发，农村剩余劳动力进城镇应以进入小城镇为主

首先，是因为我国大多数大、中等规模城市容量有限，普遍产生严重的“城市病”，同时自身又都面临着新增人口的就业压力和因城市产业结构调整大量富余人员下岗再就业的巨大压力，容纳巨量农村剩余劳动力勉为其难，而平地起家新建若干个大规模的农民新城也是极不现实的，因此不可能完全放任农村剩余劳动力的绝对主体盲目流入大中城市。其次，是面对人口城市化的压力与城市产业结构高级化严重冲突的矛盾，不同规模等级的城市（镇）只能是有所分工，各有所为而有所不为。农村剩余劳动力的非农化进程，必须同宏观上的这种产业结构变革相一致，小城镇处于城镇体系的尾部，具有承上启下、联系城乡的作用，在不同等级、规模的各类城镇中，应以重点发展劳动密集性产业、吸收大量农村人口为己任。另一方面乡镇企业“二次创业”、实行规模经济的趋势也为小城镇的发展提供了新机遇。同时从血缘关系、农业劳动力素质水平等多方面分析，进入小城镇及小城市也比较容易被农民接受。因此只有点多面广的小城镇才是真正发挥截留、容纳巨量农村剩余劳动力主战场。

2.2 农村剩余劳动力不可能全部被小城镇及各级城市所吸纳

据农业部专家估计到2015年全国农村剩余劳动力将达到2.5亿人，这是一个庞大的数字。即使在20世纪80年代乡镇企业发展的鼎盛时期，乡镇企业最多也只吸纳了1亿多农村劳动力（目前也只有1.3亿）更何况内外环境已今非昔比，乡镇企业发展空间已远远不及过去宽松的今天？乡镇企业未来的发展受到越来越多的条件约束，吸纳剩余农业劳动力的能力不容过于乐观，2.5~3亿农村剩余劳动力的就业去向是一个相当严峻的问题。同时，全国城镇化水平每提高一个百分点，就要新增1000多万城镇人口，每年仅解决这1000多万新增城镇人口的就业与住房问题，

以及城镇相应配套的基础设施建设问题，就是一笔庞大的开支。据专家估算，仅改造现有的近2万个建制镇，就需要投资近4万个亿（包括基础设施和公用设施建设及厂、店铺居民住房建设），而这笔庞大的开支主要要靠农民自己来承担。因此，国民经济的承受能力也是我们所不能不考虑的。此外，小城镇发展滞后于工业化、非农化，既有农民"不能进城"的一面（主要是政策、制度障碍），同时也有农民"不愿进城"的一面：比如，城乡差距的缩小，已使得"进城"对农民的吸引力大为减小，保留农民身份可以使农民享受许多城里人没有的"好处"，现有的土地使用使得中国的农民没有进城的紧迫感，农民进城、向城区集中的搬迁成本太大，使欲进城农民望而却步，城市存在的种种现实问题对农民产生有负面影响；农民想进的大中城市进不去，而能进的小城市、小城镇，农民又不愿意进以及促进农民进城和乡镇企业向镇区集中政策的制定具有滞后性等等。农民"不愿进城"的现象恰恰多发生在那些经济实力强、具备小城镇发展条件的发达地区。因此，农村剩余劳动力不可能100%的转化进城。

上述判断说明，发展小城镇确实是个大战略，意义重大。但如何发展小城镇，我们应该保持头脑清醒。首先，应认识到使大量农民进城在我国是一项异常艰巨的任务，在主要是依靠小城镇的数量扩张而达到现状城镇化水平的情况下，今后为提高相同幅度的城镇化水平，肯定需要比以往付出更大、更多的努力。因此，在我们确定城镇化目标时，在对小城镇作用与发展前景的认识上，一定要实事求是，不能盲目乐观。其次，尽管我们大力提倡并采取多种政策鼓励农村剩余劳动力异地转移的"完整城镇化"形式与就地转移的"非完整城镇化"形式还将会同时存在。农村剩余劳动力从"离土不离村"到"离土离村不离乡"再到"离土离村又离乡"是农村城镇化过程中不可避免的阶段。根据中国的实际情况，确切地说，我们应更多地鼓励农民"离土（职业转换）离村（居住地域转换）"，但不一定非要强调离"乡"（籍贯所在地）。设想在较短时期内农村剩余劳动力全都能"离土离乡”是不切实际的。再次，根据我国区域差异极大的特点，我们在制定小城镇的发展战略时，必须根据不同地区的不同特点、不同发展阶段，实事求是、因地制宜地采取对策。“小城镇、大战略”是就全国整体而言提出的，但并不是全国任何一个地区都要或都能实现小城镇的大发展。不可能全国政策“一刀切”，全国小城镇采取一个发展模式、一个发展套路。

3 对我国小城镇发展总体战略的认识

3.1 我国小城镇的发展趋势与总体政策

我国小城镇“数量扩张”的高峰期已过，今后小城镇的发展将更趋于理性化，建制镇数量虽会有一定程度的增加，但增加速度将会趋缓。经济特别发达、城镇特别密集地区的小城镇将会出现集中合并的趋向。小城镇尤其是那些区位条件好、具有发展潜力的重点镇的城镇建设质量和经济实力会有较大提高，凝聚力将进一步增加。城镇人口的绝对数量会有较大增长。

我国小城镇发展的总体政策应是：总体控制小城镇数量、积极扩大小城镇规模、努力提高小城镇质量。小城镇发展要坚持“因地制宜、分类指导；量力而行、重点扶持；注重实效、突出特色”的原则，把乡镇企业园区建设、农业产业化龙头企业建设、专业市场建设与小城镇建设紧密地结合起来，从以数量扩张为主转到重在提高镇区质量、扩大镇区经济与人口规模为主上来，要考虑市场需求与真正发展的可能性，从遍地开花、整体推进转到以发展县城镇和有发展潜力的重点镇为主的轨道上来。

3.2 不同经济发达地区的小城镇发展战略

不同经济发达地区的经济发展水平、所处工业化阶段、非农化程度、人口迁出入状况、资金投入的主体与渠道、农村剩余劳动力的转移形式等等都有所不同，不同经济发展水平地区的小城镇应采取不同的发展策略。

3.2.1 经济发达地区

包括东部沿海的大部分地区，沿江、沿河、沿路城镇密集地区，大中城市周边地区。伴随着乡镇企业布局由分散向集中转化的过程，该类地区的农村剩余劳动力在职业转移上要实现由兼业型向分离型、由主要为工业吸收到主要由第三产业吸收的转化；在继续提高非农化程度、实现“职业转移”的同时，要不断提高“居住地域转移”的比重，由“就地转移”（离土不离村）向“就近转移”（离土不离乡—附近城镇）转化。同时要创造条件使“异地转移”而来的外来劳动力能落户于小城镇。该类地区的小城镇将以内涵集约式发展为主，控制小城镇数量，引导过密过近的相邻镇区合并，统一规划与建设，形成中心镇。要加大提高镇区经济实力与人口规模的力度，促进企业与人口向镇区的集中。小城镇的发展应重在提高基础设施建设水平上，重在小城镇的“建成”和管理上，重在区域内城镇网络的配置与完善上，提高小城镇作为一片地区“中心”的凝聚力。要注意区域内城镇间的分工协作，加强地区性基础设施建设的规划与协调。以网络布局为主，以网带面，形成有机合理的县、乡域城镇体系。

3.2.2 经济中等发达地区

包括东部沿海地带内的经济低谷地区，沿江、沿河、沿路经济隆起带的边缘地区，城市远郊区及中西部地带的平原地区。该类地区在一个较长时期内，农村剩余劳动力的转移仍将处于以兼业型、工业吸收为主的阶段。在大力提高非农化程度的同时，要积极促进农村剩余劳动力由兼业型向分离型的转化，促进农村剩余劳动力“职业转移”与“居住地域转移”的同时进行。该类地区很有可能是规划期内小城镇（数量）发展的重点地区。小城镇的发展将采取内涵集约式发展与适度外延扩张式发展相结合的方式，小城镇的轴向带状发展与据点式发展并重。在保障小城镇有一定程度的数量扩张的同时，要注意发展县城镇和重点镇，扩大规模，提高质量，切实建成，使之成为带动地区发展的中心和示范点。要提高小城镇的规划水平和规划标准，加强对小城镇规划的落实、监督与指导，使之在蓬勃发展之初就走上一条健康发展的道路。

3.2.3 经济欠发达地区

主要分布在西部地带以及中部地带的部分经济落后区域，以山地、丘陵、高原为主，多属林区、牧区、半林半牧区。外出异地转移（离土离乡）仍将是该类地区农村剩余劳动力为改变自身生活、居住状况的一条重要途径，要鼓励并引导外出回流的农村剩余劳动力，利用其技术与资金在城镇落户，创办实业。该类地区自然条件差、经济基础薄弱，要优先发展县城镇，同时选择条件具备、较有潜力的小城镇采取“据点式”的发展方式培养，使之成为地区经济发展的“增长极”。发展经济、提高地区经济实力是该类地区的重点。

3.3 不同空间类型的小城镇应采取不同的发展策略

小城镇按在区域中所处的空间位置可划分为“城市周边型”、“带状发展趋势型”、“独立发展型”几种类型，不同空间类型的小城镇应有不同的发展策略。

“城市周边型”的小城镇受中心镇影响较大，发展应与中心镇统筹考虑，纳入所邻中心镇的总体规划范畴。其职能应变全能型为功能型，应以组团式布局形态与中心城合理分工、协调发展，城镇建设的标准要高起点。关键是不能给中心城的未来发展造成障碍。

“带状发展趋势型”的小城镇一般经济较发达、主要沿交通干线分布，具有较明显的区位优势，最具经济发展的潜能，其与周边相近小城镇有连成带状发展的趋势。这类小城镇应加强彼此间的协调与联系，避免在发展方向和产业结构上的雷同。应注意引导城镇向公路一侧的纵深方向集聚发展，以保障过境公路的畅通。小城镇之间必须保持大片的农田绿地，沿线城镇应形成“瓜蔓状”或“葡萄串状”而不是“串珠状”或“实心带状”。相距较近的城镇应尽可能实现基础设施的共建共享。

"独立型小城镇"布局分散、远离城市，且不大具有连片发展的可能性。除其中小部分实力较强、具有一定发展潜力外，其余大部分城镇经济实力较弱，城镇面貌多年改变不大，以为本地农村、农业、农民服务为主，对外吸引力不大，人口主要靠自然增长。对这后一部分小城镇关键是要积极促进它们发展经济、增长实力并引导它们按规划进行建设。

3.4 对不同等级的小城镇采取不同的发展政策

建制镇中的县城镇较县城以外的建制镇一般更具城市形态，更有发展潜力和基础，应在建制镇中优先发展，经济欠发达地区尤应如此。

鉴于我国国民经济的支撑能力有限，不可能平均使用力量，因此绝大部分地区应采取非均衡发展的小城镇战略，即在县城以外的建制镇中只选择若干区位条件好、具有发展潜力的建制镇作为"重点镇"优先发展，主要是应给以政策上的适当优惠和扶持，使之尽快"建成"，起到典型带动作用。

【参考文献】

1 中华人民共和国标准地名图集
2 全国设市城市及其人口统计资料，建设部
3 村镇建设统计年报，建设部
4 江苏省城镇体系规划
5 青岛市第一次全市农业普查汇总结果公报
6 中国21世纪议程
7 湖南等省统计年鉴
8 宁越敏．新城市化进程——90年代中国城市化动力机制和特点探讨．地理学报，1998.5
9 辜胜阻等．中国自下而上的城镇化发展研究．中国人口科学，1998.3
10 赵洪才．关于中国城市化问题的思考．城市发展研究，

1997.6

11 贾绍凤．人口城镇化不是农村工业化、乡村城镇化．人文地理，1998.6

12 马武定．城市化与城市现代化．城市规划，1999.6

13 汤茂林等．江苏城市化特征及发展趋势研究．城市规划，1999.6

14 小城镇大战略——小城镇建设资料摘编．村镇建设，1999.5

15 邹兵．我国小城镇产业发展中的困境与展望．城市规划汇刊，1999.3

16 黄富国．小城镇与大中城市乡村的规划比较及认识．城市规划，1999.2

17 严善平．中国九十年代地区人口迁移的实态及其机制．人口与经济，1998.3

18 蔡仿．转轨时期劳动力迁移的区域特征．中国人口科学，1998.5

19 李玉江等．农业剩余劳动力转移动力及区域类型研究．人口研究，1999.7

20 朱英明等．长江经济带农业劳动力转移的特征研究．中国人口科学，1999.2

21 顾朝林等．中国大中城市流动人口迁移规律研究．地理学报，1999.5

22 尹文耀．浙江省人口城市化的现状、未来与对策．中国人口科学，1998.4

【作者简介】

晏群，男，中国城市规划设计研究院，高级城市规划师、国家注册城市规划师。

论当代小城镇规划背景和理念

王士兰　刘立耘

【提要】　本文通过对小城镇发展历史背景的分析，阐明了小城镇在我国社会主义现代化建设进程中的重大作用和重要地位，并结合对当代小城镇规划背景的深入分析，提出了指导当前小城镇建设的规划理念。

从1980年代初费孝通先生提出的“小城镇、大问题”到《中共中央关于农业和农村工作若干重大问题的决定》中提出的“小城镇、大战略”，小城镇一直是关系到我国现代化建设成败的一项重要内容。当前随着全球经济一体化进程的加快，小城镇在拥有更多发展机遇的同时也面临着更大的挑战。城市规划作为指导小城镇建设的龙头，应当在借鉴其发展经验和深入分析当前国际、国内背景的基础上，从战略高度出发提出当代小城镇规划理念，以指导小城镇建设。

1　我国小城镇发展的历史背景

1.1　计划经济体制和城乡二元经济社会结构

新中国成立之初，我国面临着极其复杂而严峻的国际国内形势。对外以美国为代表的西方国家对新中国持敌视态度，政治上孤立，经济上封锁。对内经济建设刚刚起步，百业待兴，同时面临着肃清敌伪残余，巩固新中国政权的艰巨任务。在这种背景下，中国要获得真正的独立，就必须加快发展国民经济，建立独立完整的工业体系。正是在这种背景下，我国选择了城市偏向的赶超工业化道路，即以工业尤其是重工业建设为核心，以城市为重点进行经济建设。

为了最大限度地动员国内资源以贯彻赶超战略，尽快建立一个门类齐全的工业体系，以高速实现国家工业化，我国借鉴前苏联的经济管理模式，建立了一个中央集权的计划管理体制，利用集权制的力量，通过压低农产品价格，人为造成农产品与工业制成品之间的价格差（城乡“剪刀差”），对农村征收高额赋税、低投资等办法，将农业剩余强制转化为现有大、中城市的原始积累，以保证工业和城市的优先高速增长。与此相配套，我国独创性地在农村实现了人民公社和统购包销、分级管理等制度，以保证农业剩余的强制转移。同时，在城市实行低工资、低利率、低价格和高福利制度，以维持高积累和城市居民的稳定。此外，政府还通过严格的户籍管理制度将农村居民排斥在城市和工业化进程之外，以稳定城市居民的生活水准和保证其就业机会。

在这种发展战略的指导下进行了以忽略农村为代价的经济建设，一方面大大促进了我国重工业的迅速发展，使我国在较短的时间内建立了比较完整的重化工业体系，大大增加了我国的综合实力。这一时期中国的经济增长速度在世界上名列前茅。但是另一方面，这种以现有大中城市为基地、以重工业为核心的工业化战略，忽视了农业和轻工业的发展，企业通过重工业自我循环，自我服务的封闭式发展来实现整个国家的工业化，其结果是为了保证重工业优先发展，不可避免地使除重工业以外的农业、轻工业和第三产业发展受到了严重限制，进而造成人民生活水平长期得不到改善，国民难以享受到经济发展的成果。而围绕这一战略制定的一系列政策，人为地取消了任何形式的市场，阻碍了生产要素的自由流通，使城市与乡村差距不断扩大，二元经济社会结构日益呈现刚性，客观上强化了旧中国遗留下来的城乡二元经济社会结构，在国内形成了两个完全不同性质的相对独立运行的产业主体子系统和社会子系统。

二元经济社会结构是造成农村地区相对贫困的重要原因之一。首先，从经济社会结构方面来看，计划经济体制的人为限制，使农村基本局限于农业，越来越多的农民拥挤在越来越少的耕地上，从事在国民经济份额中越来越少的农业生产，农业的技术水平、商品化程度和专业化水平很难提高，农业产业化和农村工业化进程被抑制，农民不得不在非常有限的经济空间求生存，农村的相对贫困就难以避免。其次，从社会结构方面来看，户籍制度在城乡之间筑起了一道屏障，二元社会福利制度又规定了城乡居民享有不同的权益，这就一方面人为地规定了城乡差别，另一方面保护了城市居民对城市既得利益和城市文明的垄断，剥夺了农村居民分享现代工业文明、现代城市文明和国家福利待遇的权利，进一步扩大城乡差别。此外，以户籍制度为核心的城乡隔离制度，还固化了二元经济结构，使“农村农业、城市工业”的不合理模式得以维持，阻碍了农村剩余劳动力的正常转移，抑制了农村经济有机体的正常发育，挡住了农村现代化的通道。

中国是一个传统的农业大国，农民在数量上占有绝对的优势，据第五次全国人口普查资料显示，我国目前居住在城镇的人口有 45594 万人，占总人口的 36.09%；而居住在乡村的人口 80739 万人，占总人口的 63.91%。这一特殊的国情决定了没有农村的现代化就没有中国的现代化，要实现中国的现代化，不能单纯依靠城市工业的发展，因此以城市为基础，重化工业为核心的城市偏向的赶超工业化战略及其配套政策措施不能从根上解决中国的现代化问题，随着城市和乡村差距的不断扩大，城市经济社会二元结构的弊端日益明显，这一切都呼唤中国重新思考经济发展的道路选择，彻底改革经济管理体制。为此，1978 年改革开放就成为历史的必然。

1.2 乡镇企业的崛起和小城镇的发展

1980 年代初，以联产承包责任制为主的农村第一步改革开放实行以后，农村的生产积极性有了很大提高，人多地少的矛盾日益暴露出来。随着开放搞活政策的逐步实施，在一些历史上工商业比较发达而农民又有搞手工业传统的地区，农民自发地开始投资进行副业项目的生产，一些乡镇、村集体也在原人民公社农机厂、红炉、砖厂等原始工业的基础上投资进行工业开发，生产那些国营企业不生产而又为日常生活所必需的工业产品。从此，乡镇开发企业开始起步，中国开始进入以发展乡镇企业为主的农村工业化进程。

乡镇企业的发展，使传统乡镇功能、镇区范围和产业结构都发生了根本性变化，非农就业人口相对集聚、工业小区的形成，镇区的扩大、商业服务业的繁荣及与之配套的各类基础设施的建设，从根本上打破了计划经济体制下形成的"农村农业、城市工业"发展模式，客观上导致了以现代工商业活动为中心的新型小城镇的发展。实践已经证明，乡镇企业的发展是小城镇发展的最主要动力，它为城镇建设提供资金与产业支持，带动商业、建筑业、交通运输业和现代服务业的长足进步，有力地推动了小城镇的建设与发展。

随着乡镇企业的迅猛发展，小城镇的重要性也越来越突出。这是因为小城镇是"城市之末，农村之首"，与农村有着天然的千丝万缕联系，也就使小城镇成为发展农村经济的重要推动器。首先，小城镇作为市场经济在农村的载体，成为连接城乡经济的桥梁和纽带；其次，小城镇的发展改变了农村原有的人口结构，小城镇作为农村人口向城市转移的"蓄水池"，吸纳了大量的农村人口，而小城镇自身的发展也需要农村人口在空间上的集中；此外，小城镇的发展加速了农村劳动力向非农产业转移，促进生产要素在城乡间流动和优化组合的同时，也优化了农村的产业结构。另一方面，小城镇又在某种程度上替代了大中城市执行了产业组织、加深分工、促进专业化等方面的功能，将城市输出的经济能量加以吸引并扩大，使城乡产业结构运行不再是各自封闭的独立体系，开始在多方相互融合，相互补充，从而构成有机的统一整体，打破了原有城乡间存在的简单分工格局，使资源得到更有效的配置，形成优势互补的态势。小城镇通过与大中城市之间的相互影响和有机联系，形成了我国城市化发展的新型格局，并从根本上改变了我国城市化水平低的状况。改革开放以后伴随着乡镇企业的崛起，小城镇如雨后春笋般迅速发展起来，乡镇企业和小城镇形成了一个完整的有机统一体，其中乡镇企业是小城镇建设的物质基础和强大动力，小城镇则成为乡镇企业发展的载体和基地，两者相辅相成，共同促进，共同发展，为推进农村工业化作出了巨大的贡献，这就从根本上打破了"农村农业、城市工业"的僵化模式，解放了蕴藏在农村的巨大生产力，开辟了一条具有中国特色的农村城市化（城镇化）道路，即以发展乡镇企业为核心，以小城镇建设为载体，加快农村工业化进程，从而推动农村城市化（城镇化）进程，进而加速整个国家现代化进程的发展道路。

2　我国小城镇发展的当代背景

2.1　国际背景

21世纪初，经济全球化、新科技革命和相应的经济结构调整，这三大基本趋势将会进一步加强，并对世界经济发展产生决定性影响。随着世界科技进步突飞猛进，科技创新能力成为增强综合国力的关键性因素。新科技革命已经成为新世纪显著特征，正在促进世界经济步入以高科技为基础的知识经济时代。为了应对经济全球化和科技竞争带来的挑战，世界各国正在进行深刻的经济调整，其基本内容包括发展战略、经济结构、经济制度和国际协调等多个层面，核心是产业结构调整。调整的目标是增强在知识经济兴起和经济全球化条件下本国经济的适应能力和国际竞争力，将经济发展的重点转移到抢占高科技产业的制高点，同时加快运用先进技术改造传统产业，全面提高产业科技术水平。其结果将使生产要素在全球范围内加速流动和重新配置，从而形成新的国际分工格局。

2.2 国内背景

（1）随着我国正式加入世界贸易组织，可以为中国经济社会发展创造更多的机遇，同时也将使我国面临更为严峻的挑战。

（2）经济增长方式正在发生深刻变化。随着现代化建设步伐的加快，我国经济增长方式已由依靠量的扩张向依靠经济效益增长、整体素质提高转变。长期来主导经济发展的高投入、高消费、高污染、低技术、低质量为特征的粗放型经济增长方式，已逐渐被依靠科技进步和低污染、低消费的集约型经济增长方式所替代。

（3）推进城市化进程已经成为各级政府的重要任务。城市化滞后于经济发展水平是前一时期我国的普遍现象。新中国成立50多年来，我国城市化进程在经历了低速、波动、停滞阶段后，目前已进入了加速发展阶段，各级政府已逐渐认识到城市化滞后、制约社会经济发展的现实，纷纷将推进城市化进程作为政府的重要任务。

综合所述，新科技革命、经济全球化、全球性结构调整、中国加入WTO、经济增长方式的转变和各级政府的重视不仅为小城镇提供了良好的发展条件，同时使其面临严峻的考验。在如此的复杂的背景下，如何进行小城镇建设，不仅关系到小城镇自身的发展，同时也关系到我国现代化建设大业的成败，因此规划作为小城镇建设的龙头，就必须从战略高度出发，通过对当代小城镇规划背景的深入战略高度出发，通过对当代小城镇规划背景的分析，提出小城镇规划理念，以指导小城镇建设。

3 当代小城镇规划理念

3.1 经济全球化

为了应对经济全球化和科技竞争带来的挑战，世界各国正在进行深刻的经济调整，其核心就是产业结构调整，当前我国的产业结构调整已经进入到以产业升级和提高国际竞争力为主要目标的新阶段。经济地理学的研究表明，城镇的空间布局与产业结构之间有着紧密的关联，小城镇作为结构在地域空间上的投影，产业结构的调整必将在城镇空间上引起相应的变化和调整。随着我国产业结构调整的深入进行，小城镇的用地结构也将发生相应的变化，并对小城镇其他诸多方面的发展产生深远的影响。这就要求城市规划工作者必须在充分分析把握全球经济一体化基本趋势的基础上，深刻认识和理解经济社会发展对小城镇发展带来的重大影响，制定出科学的规划方案。

3.2 区域整体论

区域整体论的规划思想应成为指导当前小城镇规划建设的重要理念之一。首先，随着经济全球化进程的加快，世界上越来越多的地区开始成为紧密联系在一起的共同发展体，客观上要求小城镇建设不能就小城镇论小城镇，而须从更广阔的区域角度出发，在整个区域协调发展的大背景下进行统一规划。其次，我国不少地区的小城镇与中心城市之间在产业结构、生产力布局上存在着严重的雷同化，使区域工业发展处于自然状态，导致小城镇与中心城市及小城镇之间在结构上不协调，内耗巨大。表现在不同等级城镇纵向分工不明显，同一规模等级的城镇间竞争多于合作的不协调现象，其结果必须造成低水平的重复建设投资，降低资源配置效率，甚至可能出现相互之间争夺资源要素，进而造成各地方政府为维护本地短期利益而实行地区封锁，搞地方保护主义，阻碍生产要素、信息的合理流动和传递。长此以往，将造成小城镇与中心城市之间各自辐射、集聚效应，连带效应趋于弱化，各自的服务半径也逐步缩小，就业创造率有限。要从根本上解决这些深层次的问题，就必须以区域整体论为指导，在整个区域范围内进行城镇体系规划，合理确定小城镇的职能和分工，使区域城镇群协调发展。

3.3 可持续发展

可持续发展已经成为21世纪国家正确处理与协调人口、资源环境、经济相互关系的发展战略，是人类求得生存与发展的惟一选择。我国乡镇企业的发展一方面为大量农村剩余劳动力创造了就业机会，另一方面也带来了严重的环境污染问题。由于乡镇企业规模小、布局分散，技术装备落后，环境意识谈薄，加上政府对乡镇企业的环境管理不如大中城市严格，致使发展中的乡镇企业逐步成为我国重要的环境污染源。因此我们必须摒弃过去那种只注重经济增长，而忽视生态和环境保护的发展模式，在小城镇规划中坚持可持续发展战略，在保护生态、环境的前提下实现经济增长，保持经济、社会、环境的统一协调发展。

3.4 城镇现代化

在小城镇规划中强调城镇现代化是对农村城市化（城镇化）从质的方面提出衡量指标。我们应当在借鉴国外发达国家经验的基础上结合我国当前实际，从经济、社会、文教、科技、城建等多方面构建一个完整的现代化衡量指标体系，使小城镇建设有一明确的目标和衡量标准。

3.5 城乡一体化

社会主义制度从本质上要求消除城乡差别，实现城乡一体化，最终达到共同富裕。小城镇作为“城市之末，农村之首”成为沟通城乡经济的桥梁，促进了城乡之间生产要素的流动，使在计划经济体制下独立运行的城市经济体系和农村经济体系逐渐融合为一个统一的整体，将城市与乡村紧密结合起来，大大加快了我国经济建设的步伐。正因为小城镇的这种特殊地位和作用，使其成为我国实现城乡一体化的重要载体和希望所在。因此在当前小城镇规划中，我们必须以城乡一体化理念为指导，充分发挥小城镇的桥梁作用，借助城市先进的技术加快农村资源优势向经济优势转化的步伐，同时将城市先进的文化传播到广大农村地区，提高人口素质，以缩小城乡差距，最终实现城乡一体化。

【参考文献】

1 胡耀苏，陆学艺. 中国经济改革与社会结构调整. 北京：社会科学文献出版社
2 王与君. 中国经济国际竞争力. 南昌：江西出版社
3 国家计委培训中心. 县城经济发展与规划. 北京：中国计划出版社
4 史晋川. 浙江现代化道路研究（1978～1998）. 杭州：浙江出版社
5 李佐军. 中国的根本问题——九亿农民何处去. 北京：中国发展出版社

【作者简介】

王士兰，女，浙江大学建筑工程学院副院长，浙江大学城乡规划设计研究院院长，教授。
刘立耘，男，浙江大学，硕士。

城镇化水平的确定与城镇发展战略的选择重在分析
——以西南某市为例

晏　群

【提要】　城镇化水平的预测和城镇发展战略的选择是城镇体系规划和总体规划的重要工作内容。针对当前规划编制中存在的对此类问题的简单化做法，以西南某市为例，全面论述了如何分析研究城镇化水平等城镇发展战略的问题。

宏观经济分析，包括城镇化水平预测与城镇发展战略的确定是城镇体系规划和城市总体规划中的重要工作内容。目前在这项工作中存在着简单化、程序化的倾向，规划人员为做而做，往往是只有结论而无过程，令人只知其然不知其所以然，甚至翻阅某一编制单位做的几份成果，有时会发现相关内容都如出一辙，除了数字略有变化外其他分析都如同一个模子里出来的一样。也有时虽是篇幅不小，但都是坐而论道，空洞无物，摘抄来的"放之四海而皆准"的套话、废话，惟独没有针对实际问题的个人见解。这种为做而做、简单化、程序化的作法不仅对规划甲方（委托方）极不负责任，也有悖规划人员的职业道德，更重要的是极有损这一行业的威信，给一些本来就轻视这部分工作、对这部分工作存有偏见的人制造了口舌，也使很多行业外部的人产生了不必要的误解，以为做这部分工作是"数字游戏"，很容易做，不用下现场，找本年鉴，闭门造车就什么都有了。其实，宏观经济分析，包括城镇化水平预测与城镇发展战略的确定是一项专业性很强、很考验人功底的工作，以下我们结合在西南某市的工作，介绍一下我们在城镇化水平预测与城镇发展战略方面的一些做法和观点。

1 关于城镇化概念

首先需要强调的是，分清两种城镇化概念是预测城镇化水平、制定城镇化战略的前提。

城镇化的内涵是丰富的，但从城镇化实现程度的角度认识，对城镇化起码可以有狭义与广义的两种理解，城镇化有“完整城镇化”与“非完整城镇化”两种概念。

实现真正意义的城镇化，需要有生活方式、思想观念、居住地点、从事职业以及景观形态、建筑质量等方面的转变，这种狭义理解的“完整城镇化”实现起来比较困难，提高速度也较慢。而广义理解的、形成上“像城市了”的、农业富余劳动力只有从事职业的转变而并不同时伴随着居住地域转变的“非完整城镇化”，则实现起来要容易得多，水平提高速度也较快。“非完整城镇化”是一种不彻底的城镇化，它是城镇化过程中的初级阶段，是向“完整城镇化”过渡的前期准备。

我们在城镇规划中确定“城镇化”目标时通常选用的是狭义理解的“完整城镇化”概念。而非专业人士、一般民众或相当多的大众媒体则通常是把这两种概念混淆而谈，在很多情况下更容易凭直觉地从“像城市了”的角度去认识城镇化，在某种程度上这也是政治宣传的需要。

在城镇化概念上认识不统一，一方面谈的是狭义理解的“完整城镇化”，另一方面想的却是广义理解的“非完整城镇化”，南辕北辙，讨论基点不一样，这样就难以对城镇化目标等一系列有关城镇化的问题取得共识。

因此，为了使规划能有一个共同的讨论基点，我们应明确：凡在城市（镇）规划中所指的“城镇化”约定俗成的均应理解为是进城农民同时发生职业与居住地域转移的“完整城镇化”。

但我国西南某省编制的省域城镇体系中在预测城镇化时其城镇人口使用的是“非农及从事非农产业的农业人口”的口径，按该口径计算，则包含了大量离土不离乡、只有从事职业转变而并无居住地域转变的农村人口。其预测的该部分“从事非农产业的农业人口”相当同期全省非农业人口的92%，与非农业人口的比率几乎为1:1，因此城镇化水平明显偏高。如去除该部分人口，该省2020年城镇化水平只有预测目标的一半。采用这一口径就使得该省的城镇化现状水平与规划目标很难与全国其他省市横向比较，也失去了对省以下地域单元的规划指导作用。

2 关于城镇化水平预测

城镇化水平与城镇规模和城镇性质一样，是在评议会上谁都能说上几句的最经常被提及的话题。虽然城镇化预测属于软科学范畴，预测结果是个相对模糊的概念，不可能像数学一样精确，但对于从事这方面的规划人员而言，这并不意味着任何城镇化水平预测的结果就都是想当然拍脑袋，轻而易举得出来的。未来的事情，谁也说不清楚，规划师不是算命先生，也不可能未知先觉，这种宏观性的预测宜粗不宜细，其作用主要在于指明城镇化的未来发展的大趋势。而在这种趋势判断的背后，是需要规划师做出大量分析工作的。预测的结果要以理服人，要能说出合乎逻辑和符合客观规律的道理，至少规划师起码要能自圆其说。首先要能把自己说服了。做城镇化水平预测有许多方法、可以利用许多公式，但任何方法、任何方式充其量都只是工具，它对城镇化指标的确定只能起到参考作用和相互校核、印证作用，关键还是在于科学分析。但目前许多规划人员往往重方法，轻分析，甚至只有数学预算而无分析，这实际就把预测工作内容的本末倒置了，这样做出的预测结果往往是难以让人信服，经不住推敲的。反之如果分析到位、理由充分，尽管别人可以在预测结果的大小、幅度上纠缠挑刺，但却很难从“根”上推翻你对总趋势的判断。

以西南某市为例，省域城镇体系规划预测其2020年城镇化水平要达到近50%，而地方行政主管部门也要求我们起码要定在40%以上，理由是该市面临发展机遇，可以在规划期内实现超常规发展，从而带动城镇化的快速提高。该市具不具备这样的发展条件、能不能达到这样的水平，是需要靠分析回答的。我们是从如下几方面进行分析的。

2.1 现状城镇化水平

经分析，该市现状城镇化水平约在17%左右。从1990年至今，该市按非农业人口口径计算的城镇化水平，年均提高只有0.25个百分点，按其他口径计算至多也只有0.6个百分点，大大低于全国的平均水平，提高速度是很慢的。17%的现状城镇化水平距城镇化加速发展临界线的30%尚有相当距离，因此我们认为该市尚不具备超常规发展城镇化的条件。

2.2 自然条件

该市地理位置相对偏远、山高坡陡、地广人稀，在2万多平方公里的市域面积中，山地面积占了97.4%，坝子面积只有2.6%。该市是个少数民族地区，少数民族人口占市域总人口的近60%。全市目前尚有部分人口仍生活在海拔3000米以上的高寒地区，因此就市域整体而言，该市应属于不太宜于人类生存的地区，从长远看该市存在着向市域以外地区迁出人口的可能性。同时该市位于长江中上游，是国家重要的生态屏障，生态环境较脆弱，该市还是世界文化与自然遗产的登录地，因此世界遗产和环境保护是该市第一位的工作，该市不应属于高度、快速城镇化的地区。

2.3 经济基础

经济发展是城镇化水平提高的基础。该市经济基础异常薄弱，尽管纵向比较该市经济已有了很大发展，但与全省平均水平相比仍有相当差距。该市2001年GDP为30多亿元（当年价），按1990年价格换算仅20亿元，仅相当内地沿海发达地区一个县甚至一个镇（乡）的产值。该市现状人均GDP和农民人均纯收入均仅为全省平均水平的60%左右。现状人均财政收入仅为全省平均水平的50%。该市2002年财政收入3亿元，财政支出却高达12亿元，支出为收入的4倍，大量支出要靠上级财政拨付维持。

在若干主要经济指标的比较中，该省在全国居于中等偏下的位次，而该市在省内16个地（州、市）中又居于11位以后的下游层次。因此就全市整体而言，该市在全国及其省内均属于经济发展的欠发达地区。

该市产业结构畸形，支柱产业单一。第二产业从来没有在该市三次产业中占据过主导地位。工业规模小、产值低，即使居工业产值排序首位的行业产值也不足亿元。

旅游业在该市的国民经济发展中具有举足轻重的作用，旅游收入占到了GDP的60%以上。但过度依赖于旅游业，又为国民经济的发展带来了潜在的风险。

因此，尽管该市现状的三次产业结构已演变了“三、一、二”结构、第三产业上升到了第一位，但这并不是因为该市二产已发展到相当阶段而实现的产业结构的“质”变，而是由于二产过于薄弱而突显了三产的作用，“三、一、二”的产业结构形态尚不足以说明该市经济发展已进入了高级阶段，该市目前仍处于工业化发展的初期阶段。该市各级各类城镇尤其是县城以外建制镇普遍缺少发展的内在动力。

进一步分析，现实中的该市是省内集山、少、边、穷为一体的地区之一。现状所辖四县中目前有两个县已被列为国家级扶贫开发工作重点县。全市乡（镇）总数的42%属贫困乡（镇）、被列入省政府扶贫计划。按照国家新的贫困标准（农民人均纯收入在625元以下），全市贫困人口和特困自然村分别占全市农村总人口数和自然村总数的43%和61%。从乡（镇）及农村基本状况资料分析，该市农业普查时仍有近80%的农户喝不上自来水，有80%多的农户仍要烧柴草，近50%的农户出行、看病、办事很困难。因此解决温饱、改善生活环境与条件仍应是该市（地区）乡（镇）及农村在相当一段时期内面临的工作重点。

2.4 农民的非农业化程度

按农村生产经营户中非农业户的比重比较，该市仅为1.36%，与全国及其东中西三大地带比较，甚至比西部地区平均水平还要低近3个百分点。而在生产经营户中的农业户比重的比较中，该市纯农业户的比重高达80.16%（其他近20%为农业户中的农业兼业户和非农业兼业户），比西部地区平均水平还要高近10个百分点，这说明该市农民向非农业生产领域进行的劳动职业转化程度非常之低。以如此之低的非农职业转换程度，是显然难以带动并支撑起农民离土并乡的居住地域转移的。该市现状城镇化水平低，在所必然。

越是经济发达的地区，在外乡从业人员的比重也就相对越高。与全国三大地带从业人员的从业地点构成比较可知，该市农民外出从业人员极少，该市在外乡（即：在本县、本省、省外）从业人员的比重甚至比西部地区的平均水平还要低约6个百分点。

2.5 农民进城实力

目前该市农民人均年纯收入不足千元，仅够买现状城市一平方米的商品房，缺少进城的经济实力。以该市近5年农民人均年纯收入的平均增长速度计，只有到2015年以后该市农民人均年纯收入才可能达到农民有进城意愿和进城实力的人均3000元的经验水平。因此就该市现状水平而言，规划期内谈农民普遍进城还为时尚早。

2.6 规划期内该市尚不具备市域整体超常规发展的条件

该市要想达到人均 GDP3000 美元的目标，2020 年 GDP 总量就必须比现在翻三番多，因此今后 20 年 GDP 年均增长速度就必须达到 12%以上，但 1980~2001 年 21 年间该市 GDP 的年平均增长速度仅为 6.9%，近 5 年也只有 7.8%。该市设想 GDP 未来持续近 20 年始终保持在 12%以上的增长速度不太现实。从多方面分析，规划期内该市缺乏经济超常规发展的必要依据和产业支撑。

经上述分析，我们得出的结论是：

（1）规划期内，该市经济总体上仍处于从以生存需求为中心向以摆脱贫困求发展的转变过程中。小城镇缺少内在的发展动力。

（2）根据国内外城镇化发展规律，一般认为达到 30%才处于城镇化加速发展时期，规划期内该市的城镇化尚不具备快速发展的条件。

（3）离土离乡（职业与居住地域完全转化）的城镇化形式与离土不离乡（只有职业转换而不同时伴随居住地域转换）的城镇化形式将在该市长期并存，甚至在相当时期内该市可能会以后者为主，即该市首先应争取实现的是农业剩余劳动力向非农业领域的职业转换。

经济是基础，城镇化水平的确定不可能超越经济发展“拔苗助长”、任意拔高。因此，在规划期内该市整体上的首要任务是扶贫脱困，解决温饱、实现初步小康的问题，是改善农村生活环境、提高农民生活水平，首先争取实现农村生活现代化的问题，是实现广义城镇化即争取实现“像城市了”的问题而不是狭义城镇化—让农民进城实现职业与居住地域同时转化的问题。规划期内该市城镇化水平不会提高太快，该市既无必要也不能追求（狭义）城镇化的高指标。

我们预测到 2020 年该市城镇化水平将在 37%左右。但由于市内各地经济、自然条件的不同，城镇化水平会有所差异，经济发展水平相对较高、有一定工业基础的县（区），城镇化水平将明显高于纯农业县份。

在预测的同时，我们还从就业岗位、文化素质、经济支撑力三个角度对预测结果进行了校核，结论是规划期末该市37%的城镇化水平是基本可以实现的。但如果城镇化水平再高，经济实力尤其是文化素质则将难以支撑。

虽然这样的结论与地方政府的期望有较大距离，确实也不那么振奋人心，但这是规划人员出以公心，本着为人民负责的精神和实事求是的态度客观分析得出的结果，相信是可以被理解和接受的。城市规划是政府行为，要体现和代表公众的利益。在市场经济条件下，如果为了占据规划市场，为了收取甲方支付的规划费用，就无原则地一味退让、满足甲方的各种要求，那是有悖于规划师的职业道德的。虽然城市规划与政治密切相关，但城市规划毕竟不同于政治宣传，城市规划是门技术性很强的工作，更应注重的是规划的科学性。

3 关于城镇发展战略的制定

城镇发展战略是对一个地区各级各类城镇整体上的宏观发展趋势的判断与设想。不同地区自然的、经济、历史的条件不同，因此城镇发展战略的制定需要具体情况具体分析，以做到因地制宜、有的放矢。在制定西南某市城镇发展战略的过程中我们主要是从如下几方面的考虑的：

首先，对本地区城镇的整体状况包括城镇构成、城镇数量、城镇规模、城镇密度以及城镇发展的自然条件、经济基础和城镇基础设施水平等基本情况进行了解和分析。

其次，对本地区的城镇化状况包括城镇化现状水平、城镇化发展速度、城镇化所处发展阶段、各级城镇对现状城镇化水平的贡献程度以及本地区城镇化发展的动力机制变化等进行分析。

再次，对本地区宏观经济发展战略和宏观经济布局及其变化趋势进行分析。城镇是生产力配置的主要空间载体，城镇的空间布局应与宏观生产力布局保持一致。特别要了解区域中心城市在地区域更高层次区域内的地位、作用。

最后，应对地区内的人口与经济流向进行分析。人口流向反映了地区内人口流动的客观现象和规律，包括各县之间的人口流动、各建制镇之间的人口流动以及人口“农转非”的流动去向、外来人口的流动去向等等。城镇人口规模的扩大主要靠人口的机械增长实现，因此，人口的迁移动向对确定城镇发展战略具有重要意义。经济流向分析包括投资流向分析和交通流向分析。显然资金集中与交通流量大的地区一般具有更好的投资环境，因而也更有利于促进城市的集聚。人口与经济流向显示了城镇空间变动的趋向。

总之要分析、研究影响本地区域镇空间变动的各种因素（包括国家政策的变化)、判断本地区未来城镇空间变动的趋势。以上分析为确定该市的城镇整体发展战略提供了依据。虽然有时最终结论是看似简单的几句话，但结论的得出却是建立在大量调查研究、实地踏勘和全面、科学分析的基础上的。不大量掌握资料、不做深入细致的调查研究、不静下心来从事繁杂琐碎的分析，仅仅靠下车伊始的直觉是难以制定出符合地方实际、具有指导意义的城镇发展战略的。

“分析”是城市规划工作者一门基本功课，千万不能小视。

【参考文献】

中国城市规划设计研究院等．小城镇规划标准研究．北京：中国建筑工业出版社，2002

【作者简介】

晏群，男，中国城市规划设计研究院高级城市规划师、注册城市规划师。

我国小城镇规划调控的若干问题探讨

曹传新

【提要】 从剖析我国小城镇发展演化特征入手，通过透视我国小城镇形成、发展的宏观背景、总体趋势和存在问题，重点阐述了我国小城镇规划调控的基本类型体系，并提出了我国小城镇规划调控的几点建议思考。

小城镇是我国城镇系统的最基本的细胞，是我国社会经济运动发展的最低层次的地域单元，是我国农业经济系统运作的最基本的空间载体。因此，小城镇在城市与区域系统运动中扮演着重要角色，关系到整个城市与区域的可持续发展。本文针对目前我国小城镇规划调控的若干问题进行探索，浅谈笔者一点拙见，以供参考。

1 我国小城镇发展演化特征

1.1 小城镇建制演化特征：行政城市化

改革开放以来，我国小城镇数量得到迅速发展，城市化水平也得到了稳步提高。但是，总体来说，我国小城镇是在行政建制超前于经济发展，经济发展超前于基础设施建设，基础建设超前于城市文明等等包装基础上形成的。在计划经济体制向市场经济体制过渡转轨时期，我国这种逆向发展小城镇发展之路，一直延续到现在也并没有得到根本性的改观。

1.2 小城镇发展演化总体特征：具有中国特色的小城镇发展的综合集成

我国小城镇发展是落后与先进并存，传统与现代并存，工业与农业并存，衰退与发达并存等等。因此，我国小城镇发展具有鲜明的中国国情特色，具体表现在：

首先，在传统农业基础上，我国小城镇担负起现代农业产业化的艰巨任务；

其次，在行政城市化基础上，我国小城镇必须完成经济城市化、基础设施城市化、社会服务城市化的艰巨任务；

第三，在落后生产力基础上，我国小城镇必须完成经济城市化、基础设施城市化、社会制度市场化、信息化和知识化的渗透。

第四，在大量农业人口的基础上，我国小城镇还要主动担负起人口城市化的艰巨任务；

第五，在城乡二元结构的基础上，我国小城镇还要被动接受城乡一体和融合的演化过程；

综上所述，我国小城镇发展演化具有鲜明的中国国情特色，就是在计划经济体制下所形成的条块分割、城乡分割、工农分割、产业与市场分割的二元结构基质上来完成我国小城镇发展历程和规划调控，这是同外城镇体系发展所没有经历过的。因此，我国小城镇发展演化应该是具有中国特色要素和单元的综合集成，而不是照搬西方发达国家的小城镇发展模式。

2 对小城镇形成发展环境的重新认识

跨入 21 世纪，我国整个城市与区域系统运行环境在不同时间尺度和空间层面上都发生了深刻变化甚至变革。

2.1 小城镇形成发展的宏观背景

2.1.1 经济全球化和区域经济集团化的冲击：小城镇边缘化

经济全球化和区域经济集团化是世界经济一体化的客观必然，是全球经济体系的形成发展的主要动力机制，它影响社会经济系统的各个层面和城镇系统的组成单元，也避免不了经济全球化和区域经济集团化的冲击，从中心城市开始逐步影响到地方城市及小城镇。

2.1.2 市场经济体制和WTO制度的渗透：农业产业发展

市场经济体制的建立，对整个小城镇社会经济系统要素资源的配置都产生了巨大的冲击。因为我国小城镇仍然是以传统农业为基础，农业机械化、信息化、社会化、产业化水平较低，是以自然经济为基础的农业经济系统。

市场经济体制和WTO制度的渗透，决定了小城镇要纳入全球化体系，至少要纳入全国社会经济体系。

2.1.3 集团经济和跨国经济要素的引入：小城镇外向度

目前，随着市场经济体制的建立，我国企业成长已经逐步打破了地域封闭发展的格局，走向了以市场区位为主导的现代化集团经济和跨国经济公司企业区位空间布局，在不同地域的消费市场区域空间、交通经济区位空间已经扩散到小城镇空间层次。

2.1.4 信息化和知识化时代的波及辐射：缩短了城乡距离

信息化的快速发展，不仅缩短了全球城市体系之间的时空距离，减少了空间上的地理摩擦，而且也减少了城市与小城镇的时空约束。知识化时代的到来，不仅决定中心城市产业结构升级，而且决定了中心城市对小城镇产业辐射的带动，促进小城镇产业经济系统科技含量的提升。因此，我国小城镇发展是在信息化和知识化时代的基础上成长发育的。

2.1.5 生态回归自然的现代消费观念的兴起：农业资源的再开发，产业兴起

随着中心城市社会经济水平的提高，中心城市消费取向也逐步上升到生态回归自然，开始对农村地域绿色资源的生态消费。这就要求重新审视农业资源再开发和混合滚动开发。

2.1.6 城市区域化和区域城市化的初现端倪：纳入城市经济发

展体系

随着区域中心城市的快速崛起，城市区域化步伐加速，小城镇逐步纳入城市区域化空间范畴。同时，随着小城镇的逐步发展，整个区域也逐步跨入到城市化时代。因此，小城镇已经成为了整个城市区域系统运动的不可分割的部分。

2.2 小城镇发展演化总体趋势：两极分化

2.2.1 小城镇经济竞争力出现两极分化：衰退与繁荣

在经济全球化和区域经济集团化、信息化、市场化等过程中，由于资源禀赋差异，我国小城镇资源要素与域外先进互补要素进行地域组合和分异时，出现了经济产业增长的巨大差异，资源丰富的小城镇逐步走向繁荣，资源匮乏的小城镇逐步走向衰退。

2.2.2 小城镇产业结构出现两极分化：传统与现代

在集团经济和跨国经济要素流动过程中，我国小城镇产业结构出现了两极分化，落后地区的小城镇由于处于经济一体化的末梢，传统农业在现代市场经济体系中仍然没有转型升级；发达地区的小城镇由于处于经济全球化的前沿，快速成纳入了信息化、知识化、服务化的社会经济循环体系，顺利完成了传统农业向现代农业、现代工业的产业结构转型升级。

2.2.3 小城镇空间地域出现两极分化：分散与集中

由于空间区位的差异，资源禀赋差异，我国小城镇产业空间成长过程中出现了两极分化，经济发达地区已经由无序分散状态转向有序集中状态，走向了城市化的工业产业园区空间开发模式；经济不发达地区仍然处于无序分散布局状态，没有出现现代化的空间景观地域，仍然是农村空间景观地域。

2.2.4 小城镇城市文明出现两极分化：落后与先进

由于小城镇经济竞争力、产业结构、空间景观等出现了两极分化，小城镇城市文明也相应出现了两极分化。发达地区快速地享受了现代城市文明，譬如完善城市基础设施、发达的交通网络、通达的信息化网络、先进的社会消费观念等；欠发达地区由于处于现代化文明的边缘。再加上没有现实的经济实力，所以仍然处于小农经济思维观念的传统时期，几乎享受不到现代城市文明。

2.3 小城镇发展演化方向及存在问题

2.3.1 演化方向：大城市地域小城镇——发达；地方县域小城镇——衰退

从城市与区域系统运动的条件、资源、环境来分析，我国小城镇发展演化主要会出现两种格局：

一是大城市地域小城镇，由于处于优越的经济地理区位，拥有中心城市辐射的先进要素资源，这些小城镇能快速成长，成为发达小城镇，主要分布在经济发达地区的珠江三角洲、长江三角洲、京津塘地区、胶东半岛、辽中南地区等，分布在各省会城市、大城市的都市地区。

二是地方县域小城镇，由于处于劣势的经济地理区位，中心城市先进要素资源流动阻力较大，很难接受先进的城市文明要素，这些以封闭的传统农业经济社会为支撑的小城镇，在现代市场经济和全球化过程中，逐步走入衰退，主要分布在远离中心城市的县域及小城镇。

2.3.2 存在问题："城中村、村中城"问题、"边缘化、地方化"问题

(1) 大城市地域："城中村、村中城"问题

在大城市城乡结合部，主要是乡镇空间，出现了"城中村"现象；在大城市地域内，由于行政区划调整，城市空间外扩，出现了"飞地"城市街道，但是仍然行使乡镇职能，出现了"村中城"现象。目前，虽然大城市地域小城镇发展较好，但是，"城中村"和"村中城"问题，包括许多产业雷同、空间分散、社会犯罪、生态破坏、土地流转等深层次问题，需要小城镇规划调控来解决。

(2) 地方县域:“边缘化、地方化”问题

在地方县域，随着经济差距逐步拉大，现代城市文明也逐步远离地方县域及小城镇，目前已经有很多县域小城镇迈入到“边缘化、地方化”境地，甚至有被“边缘化、地方化”的危险。“边缘化、地方化”问题，是一个复杂的社会经济问题，小城镇规划调控应该引起足够重视。

3 小城镇规划调控的基本类型体系

通过以上分析，我国小城镇发展具有特殊的中国国情，不同地域、不同社会经济发展水平，具有不同的小城镇发展模式和道路，相应的规划调控也应体现地域性。

3.1 大城市地域小城镇规划调控：大城市圈层化体系——都市区域化（都市区）

大城市地域小城镇主要是针对我国行政建制地级市以上（包括地级市）或人口超过50万人（包括50万人）的城市地域内的小城镇，这些小城镇处于区域中心城市的强辐射范围之内，已经步入了大城市圈层化体系之中。

根据大城市圈层化体系空间格局，小城镇规划调控又分为三个层次:

(1) 大城市中心城区（内圈）周边小城镇，即城乡结合部:城乡结合部小城镇是经济最发达多镇区域，又是生态最敏感、环境恶化最严重区域，同时，也是“城中村”重点分布区域。

(2) 大城市中心城区近外围区域（中圈）小城镇，这些小城镇主要分布大城市地域半小时时距范围之内，是大城市“村中城”重点分布区域，即“飞地”型城市街道。

(3) 大城市中心城镇远外围区域（外圈）小城镇，这些小城镇主要分布大城市地域一小时甚至两小时之范围内，分布在沿交通线路的小城镇发展较好，分布在远离交通线路的小城镇一般发

展较差，是传统农业乡镇。

3.1.1 规划调控基础

(1) 小城镇区位优势，这些区位优势主要体现在交通、资金、技术、市场、人才区位等方面。

(2) 小城镇区位优势，导致了小城镇是区域中心城市产业、人口、基础设施郊区化和城市区域化波及首选扩展空间地域。

(3) 区域中心城市城市文明质量的提升，大城市对生态空间需求、农业旅游需求、绿色消费需求等急剧提高，大城市地域小城镇就成为了首先扩展空间地域。

(4) 大城市地域小城镇是吸纳广大农村地域剩余劳动力的首选空间，主要是区域中心城市弱辐射范围内的县域及广大乡镇产业经济要素向大城市地域的积聚，对于推进区域城市化进程具有重要作用。

3.1.2 规划调控目标

大城市地域小城镇规划调控总目标就是为建立大城市圈层化体系、促进大城市或都市区域化进程、实现具有整体竞争力的都市区而建设小城镇，使大城市地域小城镇成为都市区或大城市圈层化体系的一个重要节点区域和组成部分。

3.1.3 规划调控要求

(1) 大城市地域资源共享，通过政府宏观调控机制，按照市场规律进行合理配置。

(2) 小城镇产业发展应纳入大城市地域产业结构体系之中，统一规划，合理布局，实现社会、经济、生态的统筹协调发展。

(3) 小城镇空间形态应该从大城市规划结构整体格局为基础，建立“核心城区——外围组团——边缘小城镇”的“大城区、大积聚、小集中”的城市空间结构体系：“城中村”纳入核心城区，“村中城”小城镇空间就是大积聚发展的外围组团，外圈小城镇就是小集中发展的边缘小城镇。

(4) 小城镇空间用地规划应该按照城市标准来进行，并纳入整个大城市建设用地的平衡指标体系。

(5) 小城镇功能性质应该是大城市地域功能体系的组成部分，从提升城市功能的角度研究小城镇功能发展。

3.2 县域小城镇规划调控：县域城镇体系——城乡一体化（区域城市化）

县域小城镇主要是针对我国县级建制镇、行政建制镇和独立工矿区等，在经济全球化和区域经济集团化进程中，这些小城镇处于区域中心城市弱辐射范围之内，远离现代化城市文明地域，有步入“边缘化”的危险。然而，我国小城镇的绝大部分都分布在县域内。因此，县域小城镇规划调控是我国小城镇发展建设的重点，也直接关系到我国城市化进程。

根据县域城镇体系格局，小城镇规划调控可分为两个层次：

一是，县级建制镇或县级市所在地建制镇，这是整个县域的政治、经济、文化、交通、信息中心。经济发展严重滞后，思维观念严重落后，已濒临“边缘化”危险。

二是，县级建制镇或县级市所在地建制镇以外的行政建制镇、独立工矿区，这些小城镇及周边的乡镇经济发展严重滞后，思维观念严重落后，已濒临“边缘化”危险。

3.2.1 规划调控基础

(1) 发展条件处于劣势；

(2) 经济实力不强，竞争力不强；

(3) 生态环境处于优势；

(4) 地域特色资源处于优势。

3.2.2 规划调控目标

县域小城镇规划调控目标主要是通过县域中心城镇接收大都市地域的辐射带动功能，把先进的农业资源开发生产要素深入到广大的农村地域小城镇，让大城市地域的资金、技术、人才、信息、市场、消费等要素与小城镇的农业资源要素进行地域组合，形成以县域中心镇或县级市为中心、功能结构合理、规模等级有序、产业各具特色的县域城镇体系，进而促进城乡一体化发展的进程。

3.2.3 规划调控要求

（1）小城镇规划应该坚持可持续发展要求，坚持经济、社会、生态的和谐发展。

（2）小城镇发展功能定位应该在县域城镇体系职能结构合理确定。

（3）小城镇产业发展应该充分尊重传统农业的中国国情，在市场经济规律的有序指导下，积极推进农业产业化进程，这是小城镇规划调控的重点，也是县域小城镇的经济增长点，也是县域小城镇从衰退中激活的穴点。

（4）县域内非中心小城镇工业发展调控，笔者认为，不是这一层次小城镇规划的重点，农业产业化才是县域内最基层小城镇发展的重点。对于县域城镇工业经济发展的重点空间地域，也是县域中心镇摆脱衰退步入振兴之路的发展模式。

（5）县域城镇空间体系是大城市地域生态控制区域，是我国经济发展的“波谷”区域。因此，县域生态建设是我国生态建设保护的重要空间，小城镇规划调控应该把生态调控放到重要位置。

（6）县域小城镇建设用地规划调控，应该在县域整体发展空间规模层次上，进行总体平衡。笔者认为，对于中心镇，可以发展工业用地，对于非中心镇，就是配置基本的非生产性的服务设施用地。

3.3 两种类型的内在联系

大城市地域是整个经济区域发展的核心地域，大城市地域所在的城市群是整个经济区域发展的重点。县域是城市群区域的重要组成部分，是中心城市发展的核心腹地。总体来说，大城市中的小城镇和县域小城镇的规划调控都是由大城市群规划调控，而不是各自为政，相互脱节。

4　对小城镇规划调控的思考

4.1　规划调控理念

（1）可持续发展理念，这是大城市地域小城镇规划调控的根本指导思想。

（2）大城市整体发展理念，这是大城市地域小城镇规划调控的核心理念。

（3）以人为本发展理念，这是大城市地域小城镇规划调控的指导原则理念。

4.2　规划编制和管理

（1）我国小城镇规划编制规范、标准要进行质的改革，尤其是村镇规划编制办法和村镇规划标准规范，要从我国小城镇发展客观实际来制定，而不是“一刀切”。我国小城镇规划编制标准规范没有体现地域分异规律，没有适应我国区域经济不平衡规律。

（2）我国小城镇规划管理要进行质的改革，我国小城镇规划管理基本上处于无序、低水平的管理状态，并且小城镇规划权限单位太分割，不利于区域整体协调性发展。因此，应该强化规划管理地域单元的整体性。

（3）我国应该强化大城市地域、县域发展层次规划管理的力度，实行县域、大城市地域规划的统一垂直管理，强化区域资源要素的统一规划调控管理。

4.3　政府宏观调控制度

（1）加快小城镇政府管理体制改革，建立社区型、调控型政府管理体制；实现乡镇功能向社区功能政府转变，行政型政府向调控型政府转变。

（2）加快小城镇土地制度创新，建立多种类型的农村集体土地流转制度。

(3) 加快小城镇户籍制度创新，建立就业居住型、享受城市文明型的小城镇户籍制度。

(4) 加快小城镇产业制度创新，建立合乎小城镇发展调控规律的产业政策体系。

【参考文献】

陈友华，赵民. 城市规划概论. 上海：上海科学技术文献出版社，2000

【作者简介】

曹传新，男，中国城市规划学会会员，现在长春市城乡规划设计研究院，主任工程师，国家注册城市规划师。

珠江三角洲小城镇发展研究

宋劲松

【提要】 作为我国经济发达地区之一的珠江三角洲地区，如何确定其小城镇的发展定位和发展战略，是“珠三角”再创辉煌的重要基础，本文从“珠三角”小城镇的发展前景、任务、方向等方面，论述了小城镇发展的模式，并提出具体行动纲领和工作措施。

1 小城镇发展定位和发展战略

1.1 发展定位

1.1.1 小城镇是珠江三角洲打造“世界工场”的基础和平台

(1) 珠江三角洲有条件发展成为新的“世界工场”

“珠三角”直接面向两个市场：港澳及东南亚，并以港澳为跳板延伸到欧洲和澳洲；内地市场，包括广大的内地省区，特别是华南和大西南。“珠三角”拥有占全国的2/3的海外华人和2000多亿美元的民间资本实力，加上中国丰富的劳动力资源和社会稳定为后盾，已经初步发展成世界级的加工制造基地、物流配送基地和贸易出口基地，今后完全有条件打造一个继美、日之后的新的“世界工场”。

(2) 小城镇是“珠三角”的“生产车间”和产业平台

“珠三角”成功的前提在于城镇群内部协调，在合理的地域分工基础上建立一个统一市场，促进资源高效配置和要素合理流动。以资金密集、技术密集为特点的重化工业、高新技术产业和相关研发、服务将集中布局于大、中城市，承担起服务中心和创新中心功能；小城镇则应以接纳中、小资本为主，重点发展以高新技术应用型产业为主导的生产制造功能，并逐步走向产业集群化方向发展，承担起“世界工场”的“生产车间”作用，构建“珠三角”完备的产业发展平台，并发展成为全球性的生产制造基地。

1.1.2 小城镇是“珠三角”城镇化推进的关键环节

（1）小城镇是“珠三角”城镇化推进的“中转站”

“珠三角”的城镇化已进入加速发展期。预计在今后相当长时间内，大规模的跨省迁移人口流入仍将持续。随着“珠三角”整体经济规模的扩大和产业升级，将带来劳动力需求增量大大超出了局部产业升级造成的用工减少数量。与城市相比，“珠三角”的小城镇还有很大的挖潜改造余地和更广阔的就业空间，据测算，未来20年，“珠三角”小城镇将在现在基础上再多接纳1000万左右农村人口，继续为“珠三角”乃至全国的城镇化发展做出更大贡献。

（2）小城镇是健全“珠三角”城镇体系的支撑点

“珠三角”在城镇化过程中，城市（镇）的规模和数量不断增加，形成了大、中、小城镇相结合、多层次的城镇体系，并以城镇为载体，依托港口和高速公路，形成了多个城镇密集区和产业集群，总体上呈现出集聚性、区域性的趋势。但目前仍存在中、小城市发育不足的缺陷，城镇体系尚不健全。今后，随社会经济的进一步发展，一部分小城镇将继续保持现有地位，发挥城乡纽带作用；一部分小城镇则将分化演变为中、小城市，填补城镇体系空缺。目前珠江三角洲镇区人口超过20万人的小城镇就达50余个。欧美发达国家的现代城镇化进程在此方面给我们提供了有益借鉴。20世纪50年代初至60年代末，一批国际大都市已经发展得比较完备的欧美、日本等发达国家，其小城镇发展也经久不衰，大量小城镇的建设，促进了这些国家的城镇水平的迅速提高，城镇化人口中大约有50%居住在小城镇。英国的“新城运动”、美国的“都市化村庄”和日本的“田园式小城市”建设计划，实质都是建设生态环境优良、基础设施完备、建筑景观优美的小城镇。

1.2 发展任务

1.2.1 结构调整是保持发展优势的首要任务

“珠三角”小城镇的外向型工业化道路虽取得了巨大成就，但在引进技术，吸收、消化、创新能力方面较差，自我开发能力不强，造成技术水平偏低，规模效益不明显，国内外市场竞争力逐渐减弱。需要改变以往单纯依靠廉价土地和廉价劳动力、低成本竞争的发展模式，优化产业结构，重组城镇社会，循序渐进地走依靠技术和知识的新型工业化、城镇化发展道路上来。

1.2.2 制度创新是走向现代化历程的必然选择

21世纪的区域竞争，归根结底是制度的竞争，而制度的竞争要靠政府的锐意改革。经济体制要求深化突破，政治体制要求稳步推进，整个社会各个层面、各个领域，包括教育、科技、文化、社会保障等方面的体制创新也都提出了新的要求。

1.3 发展方向

1.3.1 调整经济结构，提升“珠三角”小城镇的竞争力

要抓住改革机遇，加大技术投入、市场投入和技术含量，提高技术档次，提升产业结构，促进产业升级，尤其是要培育适应比较优势变化的生产营销和技术创新能力，去主动适应千变万化的市场做出迅速反应和调整，提升产品、企业、产业、城镇等四个层面在国际、国内市场的核心竞争力，将“珠三角”有机融入全球城镇体系的产业发展网络。

(1) 调整产品结构

改变低档产品多，产品产销率不高，库存增加，生产能力明显超过了国内市场需求量和可能出口量的局面，产品要转向名优

特产品。

（2）重组企业结构

产业组织向“大型企业集团化”、“小型企业专业化”方向发展。将部分有发展潜力的大型企业重点扶持成大型企业集团或者跨国企业，提高其国际竞争力；实现企业成为经济活动与经济利益的主体，扶持内源、外生等不同类型和各种所有制成分的企业共同发展，并发挥企业跨地投资的空间组织作用，通过企业的生产经营组织实现区域产业联系，促进区域产业梯度推移。

（3）提升产业结构

一是优化内部结构，加强企业的技术改造，用高新技术改造传统的纺织、家电、食品等支柱产业；二是大力发展符合国际产业发展方向、附加值高的新兴产业和面向全体市民服务的第三产业，采用各种产业政策，扶持效益高的产业发展，最终实现产业发展的信息化、服务化。

（4）优化地域结构

在引导产业集约化布局，培育产业簇群的同时，做好各镇工业园区之间的分工协作，实现最佳效益。因地制宜地采用不同的协调模式和策略，形成差异化的产业协调，实现地域产业分工合作和区域经济一体化发展格局，增强地区产业的整体竞争力。

1.3.2 重建社会结构，提升“珠三角”小城镇的凝聚力

统计数字显示，珠江三角洲的高等院校、高校教师、在校大学生、科研机构数及科技人员普遍低于长江三角洲，科技创新能力普遍不高，与其 GDP 在全国名列前茅的排名很不相称。主要措施是提升人口文化结构，提高社会福利水平，完善社会服务体系和健全社会保障体系。

1.3.3 优化城镇环境，扩大城镇的影响力

（1）合理整合城乡土地

加强政府导向作用和协调功能，科学规划，突出重点，正确引导资金、人口等资源向城市集中。在城镇和乡村之间，集中发展城镇；在区域城镇之间，重点发展中心城镇。逐步将现有乡镇

企业、农村居民点和其他非农建设项目统一纳入城镇建设区范畴，形成产业集聚，共享城市资源；通过撤村并点，减少城镇建成区外分散的自然村落数量，大力推进“退建还耕、退山还林、退田还湖”，促进企业产业化、规模化经营，重造山水田园美景。

(2) 提高设施建设水平

统一布局和建设大型基础设施和公用设施，并实现和完善其跨地区服务的功能。重点围绕区域性交通基础设施，通过公共交通布局引导小城镇用地模式转变，调整区域内城镇面局和空间结构；建立城镇基础设施、公共设施与社会经济发展水平相适应的建设机制，大力增强城镇的服务功能，提高城镇的吸引力和凝聚力。

(3) 加大环境保护力度

坚持资源开发、环境保护与经济社会发展同步规划、同步建设的方针，把污染综合防治作为当前小城镇建设的一个主要任务。树立“环境有价”观念，逐步形成区域经济发达地区和次发达地区之间、流域上游地区和下游地区之间、非农建设地区和生态保护地区之间的自然资源、劳动力资源、土地和资金等方面的调节和互补机制，并在经济发展和社会分配过程中充分体现对生态环境保护地区的合理补偿。

(4) 改善居民生活质量

城镇人居环境建设既要关注居民经济收入的改善和社会保障体系的建立，也要关注居民居住条件的改善；在改善和提高城镇居民生活质量的同时，对农村地域和乡村特色实施保护和建设，促进基础设施和社会设施的共建共享，并保持乡村地区景观风貌不被城市化浪潮湮没，从根本上改善和提高农民的生活质量。

2 行动纲领和工作措施

2.1 走以城市为发展单元的新型城镇化道路

2.1.1 构建以城市为基本单元的行政建制体系

目前城镇行政体制混乱，存在（地级）市带县、（地级）市管（地级）市辖镇、（县级）市辖镇等多种类型。由于代表着不同区域利益的主体，承担着不同区域经济的管理责任，利益冲突时常发生。同时，镇级政区数量多，范围小，城镇分布过密，部分镇已达到中、小城市的规模，有些镇的总人口甚至达到了大城市的设市规模，行政管理和社会服务事务繁多，但镇级行政管理权限小，无法对全镇实施全面高效的管理，具有浓厚的农村传统型政府管理模式亟待改进。

行政区划改革的总体思路是建立"职能综合化，层次扁平化，联络通畅化，考核分类化"的行政管理体系，减少行政交叉与重叠，强化行政效能。在保留现有城市的基础上，通过撤镇设区或并镇设市组建更多的城市政府，并消除现行不同级别城市政府间存在权限差异，使大小城市均作为责、权、利相对一致的一级政府和基本发展单元；同时，将地级政府的管理职能区域化，使之成为真正意义上的区域政府；逐步由农村传统型政府管理模式向城市社区型政府管理体制过渡，真正走上以城市为主导的新型城市化道路。

2.1.2 组建一批"新市镇"

一类是紧靠中心城市的城镇，撤销建制并为中心城市城区的一部分；二类是距中心城市较近的几个相邻城镇，撤并后设为中心城市管辖的城市新区，选择区位条件较好、经济实力雄厚的城镇作为区级政府驻地；三类是距中心城市较远的几个城镇，合并后组建新的城市，选择区位条件较好、经济实力雄厚的城镇作为城市政府驻地。对省内确定的中心镇全部改镇设市。对非中心镇但总人口规模达到设市标准的城镇，也全部改镇设市。同时，改变过去以户籍人口确定城（市）建制的做法，以城镇总人口（包括一年以上外来人口）为指标，重新审定城镇建制。

2.1.3 打造区域城镇联盟

建立城市联盟可以是几个发展关系紧密的相邻城市间的常设

性机构，经常性就本地区重大发展取向和设施布局等问题开展协商与合作，推动区域性重大设施的共建、共享；也可以非固定的各城镇间处理某些偶发事件建立的临时性协作机制。在不同地区之间，特别核心与边缘地区的交界地带，组合多个伙伴城镇，可推行市（镇）之间项目的有偿转让，通过税收分成等形式，平衡各地利益；或采取用地指标“捆绑分配”措施，将用地计划指标重点向基础条件好、发展潜力大的中心镇倾斜，并允许土地使用受限制（保护区）的土地所有者将其土地发展权卖给土地使用不受限制的土地所有者进行额外土地开发。

2.2 打造以产业集群为发展平台的新型工业化模式

2.2.1 壮大产业集群

政府要引导组织大量中小企业集聚和衍生、成长、壮大，形成专业化程度较高，又具有较大规模的产业发展集群，并以此为平台整合现有产业资源，提升我省产业发展的档次、规模和竞争能力，改变过去自发、散乱的粗放式工业化发展模式，并形成各有侧重的珠江三角洲东西岸产业集群特色。

2.2.2 扶持园区经济

城镇及以下工业园区，应通过整合、提高，逐步引导产业集聚，并推动相邻城镇共建大规模工业园区，以城镇为依托，集中建设商贸机构、技术创新中心、教育培训机构和金融服务机构，形成协作配套的产业发展支撑体系，尤其要在一些关键地区造就一批规模大、竞争力强的专业化特色产业区，带动城镇产业结构和空间布局的战略性调整。

2.3 确立“生态优先”的绿色发展框架

2.3.1 实施“绿色发展”战略

第一，大力发展生态农业。增加对农业基础设施建设、农业资源与生态环境保护等方面的投入，发展生产绿色食品，建立起众多规模大、市场份额高、有一定品牌的无公害农产品、绿色仪器和有机农业产品的大型生产基地；第二，鼓励发展“绿色工业”和绿色“贸易”。发展以制造和销售无公害产品为前程，生产工艺清洁、“三废”产出较少的“绿色工业”；积极开展与环保有关的服务、技术和设备进出口“绿色贸易”。

2.3.2 构建区域生态底线

实施绿色发展战略，从维持生态安全和保证生存质量的高度，树立环境就是生产力、竞争力，环境第一，建设第二的工作思路。区域绿地和环城绿带的设置，就是要为了城市环境质量，改善城乡景观，防止不可逆转的生态环境破坏而构建的一个必须优先保证、永远不能突破的生态底线，任何生产建设活动均不得违背生态底线的控制要求。

（1）严格保护区域绿地

把具有重大自然、人文价值并发挥区域性影响的生态保护区、海岸绿地、河川绿地、风景绿地、防护绿地等绿色开放空间统一划定为区域绿地，认真保护，合理利用，并施以严格的“绿线管制”。争取在广大城乡地区，构筑起一个与自然生态架构和城镇分布格局相协调，界限清晰、分布合理、网络布局、永久保持的绿色开敞空间系统。以市县为单位，到2010年，“珠三角”规划建设和严格保护的区域绿地面积必须控制在土地总面积的20%以上。

（2）合理设置环城绿带

城区人口超过50万人的城镇和连片发展面积超过100km^{2}的城镇密集区，应设立环城绿带，即在城镇规划建设区外围安排较多的绿地或绿化比例较高的相关用地，并使之系统化，形成环绕城镇的永久性绿色开敞地带。环城绿带的宽度不小于500m，并严格控制与其功能要求相冲突的开发项目进入环城绿带。对被纳入环城绿带范围但与其功能不兼容的在建、已建项目，要提出妥善的调整原则、补偿政策和实施方法，逐步“退建还绿”。

2.4 建设城乡分野的人居环境美景

2.4.1 严格推行用地分区管制

首先划定区域绿地的基础上，在城乡整体范围内进一步明确划分城镇建设发展区和农村及农业发展区，并对以上三类用地分区分别提出不同的开发建设和空间管制要求，引导区域资源合理配置，优化城乡空间布局结构。

2.4.2 合理控制城乡建设标准

按照“分类指导、有序推进”的原则，根据不同地区、不同城镇的发展条件、经济实力，制定合理的规划建设标准。“珠三角”地区要防止土地过度开发，要集约建设，高效利用土地，严格控制建设用地规模。规划户籍人口人均建设用地严格控制在 $100m^2$ 以下，规划外来暂住人口人均建设用地宜为 $50\sim75m^2$，并根据国家及省有关规定对工业、居住、道路和绿化用地布局进行合理引导与控制。城镇密度控制在 90～120 座/万 km^2，区域道路密度（三级以上公路）在 $75\sim85km/100km^2$。

逐步组织编制乡村及农业发展规划，合理划定土地用地分区，严格执行土地用途管制，确保农村生态环境不被破坏。(1) 严格控制乡村建设用地总量，建设用地比例控制在区域总用地的 2%以下；规划户籍人口建设人均建设用地控制在 $120m^2$ 以内，外来暂住人口建设用地总量的上限不超过规划户籍人口用地的 50%。(2) 对山、水、田、林、路进行综合规划，实现生产基础设施和生活环境装备的一体化。深入推进文明生态村建设，大力治理脏乱差，让农民告别落后的生活方式，过上文明富裕的生活。(3) 根据地形气候特点、农副产品特点和历史人文特点，成片地培养景观资源和文化内涵丰富的农村风貌区。

2.4.3 加快城中村改造工作

城中村的改造和转制，应根据征地程度、街道与居委会的财力、集体经济组织状况、村民认识心态等项条件的成熟程度，采取保留改建、局部重建、整体改造三种不同的步骤和措施，政策引导，市场运作，分阶段逐步推进。

2.5 营造“以人为本”的社会融合氛围

2.5.1 实施城镇安居工程

重点解决人均居住面积 $6m^2$ 以下（含 $6m^2$）住房困难户，特别是进城农民的住房问题，有条件的城市可依次解决人均居住面积 $6 \sim 8m^2$ 的住房问题。在每年的房地产开发计划中保证安排一定比例的安居工程，选择经营良好、社会声誉高的开发单位进行安居工程的开发。

2.5.2 多方提供廉租住房

对于没有能力购买经济适用住房或参加合作建房的低收入家庭，以及符合一定条件的外来人口及其家属，通过新建、购买、置换的方式，加大筹集廉租房源，多方提供廉租住房。将现有的城市低收入人群较为集中居住场所，如城中村、农民出租屋等，统一纳入城市廉租住房体系，规范管理。同时，通过危旧住房改造，改善低收入住房者的住房质量和居住环境。

2.6 培育包容开放的多元化文化底蕴

2.6.1 全面构筑学习型社会

要把“珠三角”逐步改造成为一个知识型、学习型的社会，建设“知识密集城镇”，全面提高社会科技文化水平和人口素质，同步推进物质文明建设与精神文明建设。加大政府公共财政投入的引导，积极调动社会各方面的力量，增加全社会教育投入，发展多元办学，形成不同类型、不同层次教育互相沟通衔接、满足城乡居民多种学习需要的终身教育体系；建立与完善群众文化网络，积极推动各级城镇建地方文化设施，健全社区文化设施建设。

2.6.2 加强地方文化建设

保护、修复具有历史文化价值的建筑和城镇旧区风貌，实现对历史文化遗产的持续利用，丰富城镇文化内涵，增强城镇文化底蕴。重视保护民间文化艺术传统。历史文化名城（名镇）、传统街区、民俗文化保护区应组织编制控制性专项规划，划定边界控制线或保护区域，并纳入城镇总体规划，明确内容和措施；抓好文明小区、文明社区、文明城区建设，塑造独特的城镇文化品牌，将人的素质提升与生活质量优化、环境美化紧密结合起来，全面提高城乡居民素质。

3 政策保障和体制创新

3.1 产业政策

“珠三角”应努力营造高等级的投资环境，加强生产服务，变单纯的“土地成本低地”为“综合成本低地”，吸引高档次企业的进入，从而在保持招商引资的强劲势头的同时不断优化外商投资结构，重点吸引大公司、大财团投资，并扶持发展一批有市场竞争力的高新技术民营企业，打造“产业高地”。要进一步完善产业园区建设的引导调控手段。

1. 土地政策

（1）土地集约利用原则

通过资源整合，加速工业企业向园区集中。新上项目，原则上要求进入工业园区；对实际投资密度（固定资产投资/占地面积）达到一定规模的工业项目可享受地价优惠。

（2）保障土地价值的体现

坚持规模效益原则，首期规划开发面积不少于 1km^2。以项目为依据出让土地，最大程度避免土地空置浪费。

（3）保障村和村民利益

（4）贯彻“以地生财，以地要财”的滚动式开发的道路。

（5）严格土地使用申报管理制度，全面实行土地有偿使用制度。

2. 环境保护政策

（1）工业园区在规划建设以前需进行环境影响评价，对园区可能的污染物提出处置方案。

（2）对区域环境有严重影响的工业企业（项目）应禁止引入。

（3）对于已有的企业，首先，在用地上严格限制低档次企业用地规模的扩大。其次，提高对低档次企业排污的收费标准。

3. 设施配套标准

工业园区实行“五通一平”；提高土地初期配套标准，划定获得开发许可的最低成本投入，坚决杜绝假借项目进行圈地；创新投融资体制，建立多层次、多渠道、多元化的基础设施和公共服务设施建设资金筹集体制。

3.2 实施先发地区和后发地区的对口支援政策

（1）改革现行的干部考核制度，制定科学的地方领导绩效评价体系；

（2）推行产权分税制度。

3.3 人口政策

（1）农转非，对达到某些标准，已完全城镇化的农村地区人口，通过村改居的形式强制性实现农业林业非农户，或者通过城镇扩展兼并原来郊区的农村，实现农转非。

（2）外来人口准入

对一部分在本地连续工作一段时间，有固定住所、有稳定收入、无违法犯罪记录的外来暂住人员审批入户，并逐步放开控制。

3.4 财政政策

（1）理顺市（区）、镇财政关系，完善小城镇财政管理体制。

（2）转变小城镇财政职能，向公共财政转变。

（3）完善小城镇投资融资体制。

（4）提高市（区）返还到镇的资金比例。

（5）行政区划调整对小城镇行政边界进行划分和建制调整，

推动产业、城镇资源整合，实现优势互补，提升整体竞争力。

3.5　基础设施共建共享机制

（1）建立区域性基础设施综合决策和共建共享机制。理顺规划管理体制，强化建设管理工作的统一立法、统一规划、统一监管。完善区域协调机制，加强各县市间的协作与合作，组建城镇群建设协调机构，协调解决地区、城镇间重大的城建、交通、环保、资源等问题，实现共同发展。

（2）针对人居环境建设中出现和碰到的主要问题，制定一些具有较强针对性和标准、准则和规范，利用指标监控，实施量化管理。

3.6　城镇管理体制

（1）健全城镇管理职能、机构和人员。打破传统编排行政管理人员的办法，将外来人口纳入提供行政管理的范围，按照总人口的规模确定行政管理人员编制，改变政府管理与服务缺位的问题。

（2）建立政府行政管理的综合测评或绩效管理制度。

3.7　建设标准与指标

（1）用地布局和用地比例

对不同类型地区，在充分考虑了产业用地需求特点和外来人口因素基础上，合理确定各类用地的空间关系（工住分离或混合用地、公交导向等）、比例关系、人均用地指标和主要市政、公共设施单项指标等。

（2）建设形态指引。城镇中心用地指引强调地段内的混合功能。地段内多种功能有利于保证地段各个时间段内的人流；设置综合性的公共交通。多样化的交通，能帮助该地段吸引和疏散人流，成为交通方便、人流往返频繁的地方；工业用地指引。工业用地要集约化。应定出设计指引，以提高其质量和艺术品位，使其成为城镇风貌的一大亮点；开放空间景观风貌指引。合理分布开敞空间，充分利用现有的山体、河流、海湖等自然资源；以商业功能为主的重点地段，应在适当提高用地密度的同时，充分利用建筑物主间的空余地带营造宜人的街头休闲空间，保障城镇密集地区的空间舒适度。

3.8 规划管理体制

(1) 明确市（区）与镇两级政府及规划管理机构之间的事权划分。

(2) 改革现行小城镇规划管理机制，推行规划国土的三级垂直管理机制。

(3) 加强政府财政对规划管理工作的经费支持，保证规划管理工作有序展开。

(4) 建立各项规章制度，健全规划、管理、监督机制。

(5) 建构公众参与小城镇规划的机制。

【参考文献】

1 广东省统计局．历年《广东统计年鉴》．北京：中国统计出版社

2 东莞市统计局．历年《东莞统计年鉴》，北京：中国统计出版社

【作者简介】

宋劲松，男，广东省城市发展中心副主任，高级工程师。

我国西部地区的城镇开发探索

刘维新

【提要】　本文论述我国西部地区的城镇土地开发，重点研究西部地区城镇开发的重点及其城镇开发的资金筹措，进行了理论概括。

1　西部城镇土地开发方向与重点

城镇土地的开发方向与开发重点，应依据本地区的土地利用效率和每平方千米的经济产出率的高低来确定。也就是说，要确立两个重心：一是原存量土地资源，利用效率较低，其产出率较少的地区，重点是提高存量土地的利用效率，提高产出率；二是原存量土地利用效率较好，产出率较高的地区，应把重点放在新区开发上。当然，无论重点确立在哪里，都应运用市场机制进行，要通过地产市场运行，不能以行政手段为主。

从经济发展水平看，1978 年，东、中、西部国民生产总值占全国国民生产总值的比得分别为 50.1%、34.3%、15.6%。东中西部有一定的差距。但是，经过 20 年的改革开放，东中西部地区的差距，不仅没有缩小反而进一步拉大。至 1998 年，东中西部地区国民生产总值占全国的比例变为 58.3%、27.95%、13.8%。东部地区上升 8.2 个百分点，中部地区下降 6.4 个百分点，西部地区下降 1.8 个百分点。在此背景下，中央提出实施西部大开发战略，以此加快中西部地区的发展，缩小逐渐拉大的差距。

从城市化水平看，2000 年全国人口普查时，全国城市化率已达 36.09%，而西部地区不足 30%，不仅如此，而西部地区大城市首位度高，中小城市发展不足，未能形成较合理的城镇体系。西部地区城市的首位度远远高于东部，如1998年甘肃省和云南省的杰弗逊城市指数为100—20—18和100—16—13，而东部地区的河北省和广东省的指数为100—82—75和100—56—25。在城镇体系中首位度过高容易造成地区的贫富差距的拉大，不仅妨碍区域内协调稳定持续发展，由于“首位陷井”（Premier trap，M.Fujifa and P.Krugman.2001）作用的存在，还将使首位城市恶性膨胀，对其发展带来难以摆脱的阴影。就西部来说，克服大城市首位度过高的现象，积极开发中小城市是西部地区城市发展的重要方向。

从投资情况看，西部地区投资占全国比重最高的一年所占比重仅为14.5%，分别是东部、中部投资总量的1/4和1/3。利用外资，截至1999年11月，在全国累计批准的全国外资金额和实际使用金额中西部地区所占比重分别为3.9%和3.2%。

从土地资源开发利用与土地产出率看，东西部的差距也较大。西部地区10个省会城市（除重庆和拉萨）相比较，土地利用率和产出率差别也很大，见下表。

1999年西部地区省会城市人口、建成区面积与产值比较表

名称	非农人口（万人）	建成区面积（km^2）	国内生产总值（亿元）	按1km^2建成区的国内生产总值（亿元）
南宁	96.1	94.3	197.9	20.9
昆明	146.0	141	456.2	32.35
贵阳	127.6	98.0	237.3	24.2
成都	242.6	202	625.3	0.9
西宁	71.9	60	57.1	9.5
乌鲁木齐	128.7	141	323	22.9
兰州	156.6	163	275	16.87
银川	47.6	485	68.6	14.1
西安	244	187	513.6	27.5
呼和浩特	75.5	105	156.4	14.8

资料来源：依据1999年城市统计年鉴资料汇编。

从上表不难看出，土地利用率较好，产出率较高的城市是昆明、成都、西安、最低的是西宁。最高与最低相比相差3.4倍。而与东部发达地区的省会城市相比较差距更大。浙江的杭州市每平方公里土地生产（GDP）3.54亿元，江苏的南京是3.48亿元。杭州是西宁的3.7倍，是兰州的2.5倍。比西部地区最高的城市昆明高出10%以上。说明西部地区的现有城市的土地资源潜力还较大。

综上分析，得出这样的结论：我国西部地区由于西南部与西北部地理环境与城市化水平的差异，不能制定统一的开发重点和方针，应依据具体情况制定具体政策，要因地制宜。但从总体上讲，其重点和方向应是：

（1）从发展区域经济角度出发。一是目前应依托西部已形成的交通干线和中心城市的吸引和辐射作用，重点发展并促进陇海、兰新、长江上游和南贵昆经济带的形成，以拓展城镇发展的支撑基础，增加区域经济的实力，以拉动中小城市的发展；二是加强次中心城市、内陆边境口岸、工矿、工贸城镇及少数民族地区的中心城镇的建设，改善城镇基础设施条件，引导人口和产业适当向城镇集中，逐步形成与生态环境相适应城镇规模与布局，使以大城市为中心的经济核心区和重点城镇在西部大开发中真正起到辐射和带动作用。

（2）从完善城镇体系角度出发。一是城市首位度比较高和有一定经济基础的地区，如：成都、西安、南宁、贵阳、昆明、兰州等地区要把城镇体系规划做为重点，加快城镇体系规划编制工作，引导这些地区城镇合理布局和区域经济的协调发展，克服首位度过高的缺陷；二是依据“十五规划纲要”提出的加快完成西部确定的目标，如完成西陇海兰新线经济带、长江上游经济带和南（宁）贵（阳）昆（明）经济区的区域城镇体系规划；三是在一些区域经济较好的地区，如成都、西安、昆明、南宁、乌鲁木齐、兰州等，加强中等城市的发展，完善其城市的各项服务功能，促进快速发展；四是通过对口支援、技术联合等形式，拉动西部地区城乡规划，提高规划管理水平，重点支持西部地区小城镇建设与完成示范镇的试点工作，取得经验后，逐步推开。

(3) 从土地开发与提高土地利用率的角度出发。对城镇土地利用效率差，产出率低的城市，土地开发的重点是存量土地，以提高土地利用率和产出率，而不是新增土地开发西部地区的城镇土地。除少数首位城市利用较好，产出率较高外，绝大多数中小城市（镇）原有存量土地开发潜力较大，可以充分运用存量土地去发展经济，以减少新增城镇土地的开发，这样既有利于提高存量土地的利用率和产出率，也有利于耕地的保护和生态环境的改善，所以存量土地开发的重点应放在中小城市。对土地利用较好，产出率较高的城市，土地开发的重点是增量土地。只要能提高土地产出率，就应允许其开发新的土地。

2 西部地区城镇基础设施的建设与完善城镇体系

国家在实施西部大开发战略之后，从宏观上讲，国家从铁路等各方面都进行了全面规划。青藏铁路、西电东输、西气东送、公路国道主干线、水利枢纽、科技教育、特色农业、中心城市基础设施建设等一批事关西部大开发全局的重点工程已经开工或即将开工。这些基础设施建设的投入，为西部地区城镇基础设施的建设奠定了基础，创造了外部环境条件。但是，西部地区的城镇基础设施如何建设，城镇体系怎样完善，要依据本地区的经济基础、发展前景而定，不能盲目求全求大。

2.1 西部地区城镇基础设施的建设

在市场经济条件下，城市的基础设施建设，首先要考虑的是投入产出规律，要考虑社会效益、环境效益与经济效益的统一；其次要把基础设施建设与资源开发、产业发展伴随而行；再次要与经济基础、物资流通相匹配，才能取得回报；如果不考虑相关因素，盲目建设，就会造成巨大的浪费。

由此不难看出，在西部地区城镇基础设施建设中，很难具体到单个城镇发展的定位，更难具体研究先建什么，后建什么。但是，属于共性的，具有规律性的原则应当遵守，避免走更多的弯路，应确定一些原则。

(1) 适度超前原则。城镇基础设施，如道路、桥梁、公共设施（水、电、通讯）等，是城镇形成和发展基础，必须先行，并具有一定的超前性和远见性。但是，这种超前性，必须建立在科学合理规划的基础上，而规划要依据当地的自然地理环境、资源状况（土地资源、水资源、矿产资源、人才资源）、市场环境、生态环境与发展前景来制定，不能无根据的主观行事，只有这样才能符合实际和发展前景，才能克服盲目性。发展战略思路与城镇发展规划，是城镇发展、建设的前提，必须超前，但这种超前是经过科学研究和多次科学论证的，是符合实际的，不是主观行为。

(2) 因地制宜原则。城镇的基础设施建设，必须依据本地区的实际情况行事，不能照搬照抄。因为任何城镇的形成与发展，都有它自身的地理环境和经济发展的特点，各个城镇之间都不是相同的，不能照抄某种模式，否则就导致重复、浪费与趋同化，就会失去城镇的个性与特色，一座城镇没有了个性与特色就没有了生命力，就失去发展机遇。因此，城镇基础设施建设，必须依据自身的地理环境特点，以及经济基础状况，才能搞出自身的特色，才能经得起历史的检验。

(3) 相互拉动原则。城镇基础设施建设，是为了推动地区经济发展，拉动区域环境的改善。相互拉动是指基础设施建设，可以改善城镇投资环境，而投资环境的改善就会拉动投资的增长，进一步促进经济发展；它们之间是相辅相成的关系。由此可以看出，城镇基础设施的建设，其根本的目的：一是改善城镇居民的生产、生活条件。二是改善城镇整体环境，其核心是改善投资环境，而只有投资环境改善，才能引来投资，有了投资又会推动地区发展。因此，在城镇基础设施建设，注重相互推动作用是不可忽视的，基础设施建设与投资环境的改善，以及与经济发展的关系是必须联系在一起来思考，这是城镇基础设施建设的基本原则。

(4) 投入产出原则。城镇的基础设施建设也要依据生产企业的基本经营原则——即投入产出原则，也要按基本经济规律办事。著名经济学家孙治方先生说过："什么是经济，经济就是以最小的消耗，取得最大的效果。"在市场经济条件下，城镇的基础设施建设虽然不能完全从近期回报着想，但是也必须考虑其投入资金产出的社会效益、环境效益和经济效益，也有个资金回收问题。城镇的基础设施建设，也可以采用商业化的经营。要与发展二产、三产相结合进行，而不是单纯从基础设施项目出发，这就是投入产出原则。

(5) 就近节省原则。城镇基础设施建设，尤其是公路、机场的建设，要考虑就近节省原则。也就是说，能与国家的基础设施相结合的要相结合，这样不仅可以节省大量的土地资源，也可以节省大量基本建设资金。在市场经济条件下，尤其是我国已经加入WTO，那种不计成本的求全、求洋思想，必须克服。因此，"就近节省"与克服"大而全"应作为一条原则确定下来。

2.2 逐步完善西部地区的城镇体系

西部地区，由于西南部与西北部地理环境及经济发展的差异，各个省区的城镇体系的培育程度差别也较大。因此，要依据原有城镇体系的基础条件，制定不同的政策。

(1) 对于城镇体系发育较好的地区，如四川、广西、陕西、甘肃等省，中等城市都有的相当的发展，小城市也有了相当的数量。这些省中心城市的功能比较齐全，首位度也较高，重点应发展中等城市和小城市，在发展中小城市的基础上，培育小区域的中心镇，使之形成完整的城镇网络体系。

(2) 对于城镇体系有一定的发展，但结构和规模上不相匹配的省区，如云南、贵州、内蒙、宁夏、新疆等省区。首先，中心城市功能需要进一步完善，以增加吸引力和辐射力；其次，要有选择的重点发展中等城市，使中等城市在大城市、小城市与镇之间发挥桥梁作用，以带动小城市的发展，为逐步建立与完善城镇体系，创造发展的条件。

(3) 对于城镇体系没有基础的省区，如西藏、青海等。其重点应发展区域的中心城市，扩大中心城市的吸引和辐射范围，完善中心城市的各项服务功能体系。在此基础上，有计划、有目的、有引导的发展一些中等城市。

3 西部地区城镇开发的资金筹措

西部地区城镇开发的资金筹措，必须适应市场经济发展的基本规律，并发挥政府功能才有可能取得成功，要从政策上、体制上、运作上不断创新。

西部大开发，就是要使东部发达地区的资金转移到西部地区去，加快西部地区的发展，缩小东西部的差距。由此可见，要解决这个问题，就西部经济状况看，既要利用市场机制，又要发挥政府调控功能，还必须建立一套完整的政策与法律体系，只有这样才能保证西部大开发战略能够得以实现。

西部地区城镇开发的资金问题，是推进西部开发的核心问题，应从两个方面进行研究与探讨：一是如何正确解决市场运作与政府功能的结合问题；二是在制度、运作上的创新与树立新的理念问题。

3.1 正确解决市场运作与政府功能的结合

实施西部大开发战略，必须正确解决好市场运作与政府调控功能怎样恰当结合的问题，也就是说在运用市场机制的时候，政府功能正向这方面倾斜，而在实施政府功能时，市场正向这方面发展。西部地区发展的优惠政策在很大程度上是“逆市场”的调节，也就是说，市场调节的着力方向是不一致的。要弥补西部地区市场调节的缺陷和市场机制的不足，在政策设计上要与东部应有不同。因此，在西部大开发中，国家应该而且有能力做到的事情是：以最大的努力来改善西部地区的投资环境，造成投资资金在市场机制调节下自发进入西部地区的良好条件。

(1) 从政府角度看。自中央实施西部大开发战略以来，国家对西部开发制定了一系列优惠政策，除加大生态建设、基础设施建设力度外，在城镇开发方面的优惠政策表现在：一是加大西部开发的投资力度；二是加快西部地区结构调整步伐，企业改革、改组和改造取得一定的进展。三是对外开放的步伐加快，西部大开发呈现出良好的发展势头；四是优先在西部安排建设项目，资金高达3000多亿元；五是加大对西部地区财政转移支付力度，加强了金融信贷的支持；六是对西部地区实行了优惠的税收政策、土地使用政策及矿产资源政策，并实行价格的收费调节政策；七是加强了对西部科技教育支持、吸引人才投入西部开发等。这些政策，将对市场导向产生良好的影响作用。

应当指出，随着西部大开发的逐步深入，国家将进一步扩大西部地区对外对内开放、要对西部地区外商投资企业实行税收优惠政策、外商投资西部将进一步扩大领域、拓宽渠道、放宽条件。为了鼓励外商投资西部，国务院有关部门就外商投资水利建设、交通建设、能源建设、通信和市政建设、生态建设、环境保护、农业发展、工业发展、服务业发展、科技教育和社会发展10个方面，制定了更加优惠的政策，这些政策必将推动西部地区城镇开发的深入。

(2) 从市场角度看。也就是说运用市场机制的作用在资本市场上筹集资金，是市场经济条件下筹集资金通用形式。目前我国有五种资本，即国有资本、民间资本、港澳台资本、外国资本和东部沿海资本。这些资本在市场经济条件下都是可以流动的。资本的特点是获得最高利润，资本的流动需要以资本市场为依据。然而，西部的资本市场是一个弱势市场，不仅对上述五种资本吸引力不足，对西部现有资本的凝聚力也很小。而东部地区，由于已经具备了自我积累，自我发展、自我扩张的能力，而且有很大的发展空间，对各种资本仍有很强的吸引力，加之人才资源的优势，高新技术的投入仍会向东部汇集。在这种背景下，西部地区积极营造一个吸引外部资本的环境，是十分必要的。一方面西部地区要加大改革力度，在体制创新上下功夫；另一方面国家也要加大支持力度，为创造吸引外部资本的环境创造必要条件，以增加竞争力。国家支持应具体表现在：一是加大国家财政的转移支付力度，改进财政资金的使用方法；二是银行贷款实行财政贴息制度；三是对外资和港澳台资实行比沿海更优惠的政策；四是国家引导沿海各省市与西部各省市区对口合作，发挥资源、资金优势互补。

3.2 树立经营城市理念，发挥土地资产的作用

随着中国城市化进程的日益加快，“经营城市”作为一种全新的城市建设理念，正在纳入人们的视野并逐步成为大家的共识。这种新理念，为突破城镇建设资金的瓶颈，实现城镇建设事业的持续健康发展扩展了视线，指明了方向。

(1) 经营城市的基本概念与内涵。“经营城市”就是要把市场经济中的经营意识、经营机制、经营主体、经营方式等多种要素引入城市建设，全面归集和盘活资产，促使城市资产重新配置和优化组合，从而建立多元化的投融资渠道，不断扩充城市建设的资金来源。经营城市就是对构成城市空间资源，功能载体的自然资本，尤其是土地资本、人力资本及其延伸资本（如道路、广场冠名权）等进行集聚、重组与运营，从而获得收益。经营城市的内涵含盖面很广，但目标、对象、中心必须明确才能取得较好的效果。

1) 经营城市的目标就是降低投资成本，广泛吸纳生产要素，发展市场主体，以城市的发展带动整体区域经济发展与社会进步。随着市场机制的建立与完善，城市经济的运行，主要不应依靠行政手段，而要依靠价值和政策法规的规范性，依靠城市的聚集性、开放性和信息的广泛性。这“四性”的存在，为城市政府经营城市提供了条件，城市的地域空间资源使城市政府经营城市

成为可能。

2）经营城市的对象就是土地资本和地域空间，要素是经济功能、经济容量、城市形象和投资环境。要经营好城市，必须坚持经济、社会和环境三大效益的和谐统一，把经营城市的思路贯穿到城市规划、发展、建设、管理的全过程，从整体上推动城市经济的健康发展。

3）经营城市要以企业的国有土地资本及资产为中心。企业是城市经济的细胞，是城市财政收入和就业机会的创造者。因此，必须把为企业创造最佳发展环境作为经营城市的出发点，努力改变计划经济时期多元分割的城市经济运行格局，打破所有制界限，促进多种经济成分相融合；为打破隶属关系界限，中央企业、省属企业、外来企业与本属企业营造同样的发展环境。打破产业界限，鼓励城市中心企业从第二产业向第三产业的转移，调整产业结构布局创造城市品牌和产品品牌；打破城乡界限，通过经营城市，推动城乡融合发展。

在城市建设、管理、规划过程中，一要以经营手段建设城市。盘活土地资本的存量和国有资产存量，利用前人积累的物化资本建设城市；积极进行开源节流和资本运作，推进股份制改造，通过证券市场筹集当代资金，使之转换成为城市建设和工业发展投入；努力把银行信贷资金，通过建设项目的有偿使用和以经营收入抵押等方式，把未来资金转换成为现实投入。二要以经营的方式管理城市。经营管理的重点是城市空间要素与环境要素。树立以人为本思想，为城市居民营造良好的生活环境，如旧区改造、美化绿化、建设标志性工程，把城市形象塑造提高到一个新的层次，以扩大吸引力与辐射力。塑造城市形象也是发展生产力。三要以经营的眼光规划城市。经营城市的关键是特色与规模，要以经营城市的思路去规划城市、发展城市、塑造独特的城市形象，争取以特色创名牌城市。

（2）通过盘活土地资产，经营城市来建立城镇建设资金的良性循环机制。全国仅城市国有土地资产，有人测算是 6.4 万亿元，其中西部地区城市国有土地资产达1.4万亿元，盘活用好这笔巨额的国有土地资产对于加快西部地区大开发具有重大意义。但是，盘活土地资产，必须通过经营城市的方式才能实现。

从建立与完善城市建设的投融资机制角度出发，研究探索经营城市、土地储备与金融连接的循环机制的可能性与必要性，对城镇建设资金的良性循环具有重大理论意义和现实价值。

经营城市与土地储备，是不少城市正在探索试点的两项工作，他们碰到的共同难点是资金问题。因为经营城市要以土地资本为其核心，土地储备又是经营城市的基础和动力，而土地储备又需要资金的支持，进行土地收购，由此可见，金融机构的介入，或者建立土地银行，是构建三者良性循环机制不可缺少的。

这种循环机制首先是城市政府从经营的收益中，一部分资金可投入新的城市建设，另一部分返还土地银行，形成专业土地银行的资本金；二是城市土地储备的土地收购资金，主要来源于土地专业银行。通过政府经营获取的土地收益，一部分做为城市建设资金，一部分返还银行，进行资金循环；三是专业土地银行的业务，主要是土地储备资金的往来，以利息维持，不以盈利为目的。同时，土地银行还可以吸收社会存款，增加资金来源，维系银行整体运行。这样即有利于城市土地储备的储水池作用，推动城市经营，也有利于专业土地银行的发展。

从理论上讲，这种机制，可起到以下作用：

1）宏观调控与储水池作用。我国实行土地有偿使用制度改革后，土地的资本效益得到了广泛认同。但同时，也应看到，我国城镇范围内的大量存量土地多数是计划经济时代通过政府行政手段划拨的。因此，作为重要生产要素的土地得不到合理配置、发挥不出最大的效益。从这个角度上讲，“城镇土地使用还没有纳入商品经济的轨道，更谈不上利用市场机制在土地使用者之间调剂余缺。建立土地储备，就可以使城市各类闲置、分散的土地全部入库，纳入城市政府经营的范围”。

2）可以调整城镇用地结构，强化耕地保护作用。人多地少，人地之间矛盾突出，是我国的基本国情。近年来耕地锐减的局面一直未得到根本性好转，其重要原因是城镇发展、房地产开发占用土地与耕地保护之间的矛盾没有得到有效解决。从根本来说，保护耕地的经济机制尚未真正起来，从地方政府、用地企业到开发商，甚至农民自身都是从自身的眼前利益出发，没有真正的关心和支持耕地保护的基本国策。

3）可推动企业更新改造，维护社会稳定。由于历史原因，我国有相当一部分国有企业长期处于亏损或经营不善的状态。要搞活这些企业，就必须实施技术更新、实行现代企业制度、转换经营机制，但从实际操作来看，由于缺乏足够的启动资金，当产业结构调整、产品更新换代的机会来临时，企业自身却无能为力，丧失了机会。同时，企业职工生活无法保障，产生许多社会问题。

政府在实施土地储备制度后，可以将处于较好地段的企业用地统一收购，进行整理和适当开发后，以经营方式推向市场。土地出让金的一定比例返还给企业，由企业重新定点选址，同时激活企业的技术改造和产业结构调整。

3.3 西部地区城镇土地开发的模式设想

应借鉴改革开放初期东部沿海地区的城镇土地开发实施的两种模式。

（1）实物地租的形式。

改革开放初期，在天津市和广州市，是以实物地租形式出现的。也就是说，由政府无偿划出一片地段，交由开发公司开发，由公司负责为政府修建几条道路或公共设施，如小学、污水处理厂等。因此出现了“以路带房”、“以房修路”的种种形式，这种形式的主要弊端在于级差地租的收益部分落到了开发商手中，而作为土地所有者的政府还千恩万谢“开发商的贡献”。其修路的成本并没有从开发商的利润中支出，而是全部打入商品房的成本，转嫁给住房消费者，这是抬高房价的重要原因。后来人们逐步认识到这种“拿着金饭碗讨饭吃”的弊端，这种模式逐步消失。

(2) 政府垄断土地一级市场，实行“五统一”，由政府对存量土地进行再开发后，统一由政府向市场有偿出让。

这种模式，是由深圳、珠海开始起步，后被大多数城市采纳。上海自 1992 年至 1997 年的五年间，就由这种模式为城市建设筹集资金上千亿元。杭州的效果也很好。这种模式被引入到西部地区的一些中心城市，如成都、昆明、西安等。

如果西部地区的城镇开发，把这种模式与土地储备、经营城市相结合，通过金融机构的创建，塑造一种经营、储备与资金良性循环机制，应该是西部城镇土地开发的良好发展模式。

【参考文献】

1 刘维新，刘江涛. 中国城市的可持续发展. 21 世纪论坛—绿色—环境国际会议论文。

2 寒江雪. 西部开发中的国土管理与建设. 中外房地产导报，2001 年第 18 期

【作者简介】

刘维新，男，中国社会科学院研究员，中国城市经济学会秘书长。

上海郊区小城镇发展的思考

彭震伟

【提要】 本文以上海为例，论述了大都市地区小城镇除了具备一般小城镇的职能外，本身还具有独特的职能，同时阐述了这类小城镇的发展特征，以及从人口、产业、居民点体系等方面对人居环境进行了分析，并提出了基于大都市地区发展背景的小城镇发展和规划对策。

1 中国小城镇发展的总体形势及小城镇的职能分析

世纪之交，中国的小城镇发展进入了一个全新的阶段。1998年10月，党的十五届三中全会通过的《中共中央关于农业和农村工作若干重大问题的决定》提出了“发展小城镇是带动农村经济和社会发展的一个大战略。”

国家“十五”计划纲要把实施城镇化战略，促进重点小城镇的发展放在重要的位置，提出“发展小城镇是推进我国城镇化的重要途径。小城镇建设要合理布局，科学规划，体现特色，规模适度，注重实效。要把发展重点放到县城和部分基础条件好、发展潜力大的建制镇。”

2000年6月13日中共中央、国务院下达了《关于促进小城镇健康发展的若干意见》，指出“发展小城镇，是实现我国农村现代化的必由之路。”“当前，加快城镇化进程的时机和条件已经成熟。抓住机遇，实施小城镇健康发展，应当作为当前和今后较长时期农村改革与发展的一项重要任务。”

在小城镇发展的宏观政策的引导下，近年来，我国的小城镇得到了迅速的发展。1998 年我国共有 1689 个县城关镇，17527 个建制镇，29118 个乡集镇。根据最新的建设部村镇建设统计公报，2001 年底全国建制镇数量为 23507 个，3 年内全国的建制镇数量增加了 563 个。

中国的小城镇既是区域城镇体系中的一个基本层次，又是农村一定区域内的政治、经济、文化中心，承担着城市与农村之间联系的桥梁和纽带作用。小城镇的发展对促进农业和农村经济结构战略性调整，提高农业和农村经济整体素质和效益，增加农民收入，开拓国内市场，转移农业富余劳动力，加快我国城镇化进程具有重要的作用。

大都市地区的小城镇除了具备一般小城镇的职能外，还具有自身独特的职能，这些职能取决于其特殊的区位条件以及由此带来的种种发展条件。

这类小城镇由于地处大都市郊区，具有优越的地理区位条件，可借助于大都市的资金、技术、设备和人才优势，发展相对于大都市拾遗补缺及服务型的产业，并可疏散大都市人口和部分职能，由此带动这类城镇的发展。

在这类小城镇的发展特征方面，其经济结构上体现出以大都市为依托，具有大都市工业、商业和社会服务的结构特征，同时也具有一定比重的农业和为农业服务的加工业。在其发展的空间结构特征上，体现出与大都市在人口、生产设施、生活设施及交通网络等方面的极其密切的联系，同时又接近农村的生态环境。因此，大都市地区小城镇的发展有利于大都市人口的控制，是大都市人口疏散的最有利区位。在大都市农业结构调整的空间过程中，这类小城镇将作为吸纳大都市中心城工业企业向外扩散的首选区位。同时，这类小城镇将利用靠近大都市和获取信息上的有利条件，根据大都市的经济结构和市场结构，寻找大都市市场中的缺陷和不足，来调整小城镇的经济结构和产品方向，直接地为大都市的生产和生活服务。

2 上海郊区小城镇的人居环境

2.1 上海郊区小城镇基本概况

上海郊区包括闵行、宝山、嘉定、金山、松江、青浦、南汇、奉贤等8个区和崇明县以及浦东新区的农村地区，郊区总面积约为5700km^2，约占上海全市总面的90%。1999年底，上海市共有212个乡镇，其中位于郊区的乡镇202个，包括194个镇、8个乡，郊区乡镇分布密度为3.54个/100km^2。根据上海市有关部门对上海郊区小城镇进行的调查，上海郊区小城镇的规模普遍偏小，平均每个城镇的行政辖区面积仅为28km^2，5km左右的间隔就有一个城镇。小城镇镇区的面积也偏小，在212个乡镇中，镇区常住人口在1万人以上的仅有23个，占小城镇总数的10.85%；0.5～1万人的小城镇为38个，占小城镇总数的17.92%；0.5万人以下的小城镇为151个，占小城镇总数的71.23%。

1999年以后，上海市将城镇发展的重心从中心城区转移到郊区，进行了大幅度的小城镇合并的行政区划调整。到目前为止，上海市的小城镇共有131个，包括128个镇、3个乡，其中郊区共有123个小城镇，包括120个镇和3个乡。

2.2 上海郊区小城镇人居环境特征分析

结合同济大学承担的国家自然科学基金重点资助项目“可持续发展的中国人居环境的评价体系及模式研究”，我们自1999年起对上海郊区的小城镇进行了典型抽样调查，并由此分析上海郊区小城镇人居环境的特征。

2.2.1 上海郊区小城镇人口发展

1993年后，上海市进入了人口自然变动的负增长时期。1990年代中后期，上海市郊区的各个区县也先后开始进入人口自然变动的负增长时期，上海郊区人口发展的特征主要表现在人口跨区域之间的迁移和流动。

在上海的郊区中，近郊区（浦东新区、闵行、宝山、嘉定）的人口数量和人口密度近年来迅速提高，2000 年其户籍总人口为 360.13 万人，户籍总人口 1995 ~ 2000 年的年平均综合增长率为 23.85%，人口密度由 1995 年的 1810 人/km^2 增加到 2000 年的 2036 人/km^2，人口数量及人口密度增加的程度远高于上海市的其他区域。上海市第五次人口普查的数据反映出近郊区常住人口为 560.07 万人，人口密度为 3167 人/km^2，其人口数量与人口密度的指标均远高于户籍人口的统计指标。从城市本身来看，随着上海城市功能的不断完善，城市空间的外延发展以及用地结构的调整，大量出现了城市人口居住空间已发生改变但户籍登记人口远高于户籍人口的现象也是城市人口"人户分离"的结果。这说明了上海市近郊区作为人口的主要导入区域，对上海市人口空间分布的调整起到重要的作用。

而远郊区（金山、松江、青浦、南汇、奉贤及崇明等区县）的人口总体上呈现出向区外的流动，其中远郊区中较边远的区县如金山、奉贤、南汇、崇明等区县的人口外流趋势非常明显，而靠近近郊区的区域如松江、青浦等区的人口变化呈现出在区内的流动，表现出人口流向靠近近郊区、经济发达的城镇。同时，这些城镇也由于区位条件和交通便捷度等方面的优势，还吸纳了部分从中心区流出的人口。

此外，外来流动人口也是构成上海郊区人口变化的重要因素。根据上海市的"五普"资料显示，外来流动人口的分布主要受到经济、就业、区域对外交通联系以及市区人口扩散再分布等等因素的影响，相对集中于城郊结合部地区，尤其是城市内外环线之间的区域。如上海近郊的闵行区，"五普"统计户籍在本地的人口为 58.54 万人，而外来流动人口则达到 48.1 万人。

2.2.2 上海郊区小城镇产业发展

上海郊区的乡镇工业是小城镇发展的重要支撑和最直接的动力。2000 年上海郊区乡镇及以下工业的总产值占全市工业总产值的24.6%。

上海郊区小城镇工业发展的动力特征是外力推动。地处大都市的区位优势，使得乡镇工业的发展更多地依赖乡镇以外的动力因素，如乡镇工业发展的资金、技术以及产品的市场等。郊区乡镇工业接纳大都市工业扩散的重点仍主要集中在大工业更新换代的产品上，因此在产业特征上是以劳动密集型为主。服装、纺织、化工、机械、食品、建材等行业在上海郊区乡镇工业中占有很大比重。

上海的工业区包括国家级工业区、市属市级工业区、区（县）属市级工业区、区（县）级工业区、乡镇级工业区。从上海郊区工业的空间布局特征上看，总体上还是呈现数量多、布局分散的格局，除了区（县）属市级工业区外，每个乡镇都有各自的工业区，还有许多村办的工业点。据上海统计年鉴资料，2000年上海郊区乡镇工业平均的企业规模为125人/家，而村办工业的平均规模为61人/家。

通过调研发现，上海郊区乡镇工业空间布局同时存在内外两个因素体系的影响。从外因上看，由于乡镇工业与中心城的密切联系以及乡镇工业外力推动型的特征，在工业企业空间选址上首先考虑的是其发展集聚规模的宏观要求和乡镇工业之间、地区之间的生产分工与协作的因素，以及乡镇工业发展所依赖的区域市场网络要素等。同时，乡镇工业企业的选址还会考虑诸如城乡土地使用制度、区域基础设施条件以及区域环境发展政策等因素。

而从乡镇工业选址的内因上进行分析则可以发现，在乡镇及村的工业选址决策上很大程度受制于城镇土地和农村土地的不同所有制度。小城镇镇域范围内除镇区土地属于国有土地外，其他的非城镇建设用地的土地属于集体土地，土地是村集体的“资产”，工业企业选址在本地可以减少资金的投入，土地的获取渠道也较为简便。其次，地方的税收政策也是工业企业选址所需要考虑的重要因素。此外，乡镇工业的劳动力资源和定居范围选择、决策者的乡土意识以及作为乡镇工业融资手段之一的群众集资等因素，也是乡镇工业空间布局形成的内在因素。由此可见，乡镇工业选址的外在因素影响趋向于企业的集约化布局，而其内在因素又造成企业布局的分散化趋势。

2.2.3 上海郊区小城镇的居民点体系

郊区农村范围内的迁村并点和中心村建设通常被看作为完善镇域居民点体系和促进城镇人居环境的重要措施。我们通过对上海浦东新区内的唐镇镇和孙桥镇进行的专项调查发现，迁村并点的内部机制的不同，会影响到迁村并点计划的实施。唐镇镇的大众村是结合市政建设（龙东大道的拆迁）而迁建的有 60 户居民的农村居民点：孙桥镇的环东村是根据全镇统一的发展规划，依据工业区、居住区和农业区的功能分区而进行的居民点迁移，其模式是统一规划，逐步建设形成的。

农村居民点的迁村并点所遇到的最大问题是资金问题。在没有国家投资的情况下（结合城市的市政建设进行的迁村并点除外），靠农村自行解决居民点搬迁的资金是非常困难的，资金的短缺导致了新农村居民点建设标准的低下，并由此影响到生活环境质量。此外，农村长期建立起来的邻里交往关系及农村社区的认同感在农村居民点迁建的过程中被破坏，在城镇化背景下，农村“空洞化”给农民带来的既得利益也将在农村居民点迁建的过程中被剥夺，这也是农村“迁村并点”计划受阻的一个重要原因。

在改变郊区村庄分散无序、规模小、配套设施差、环境污染严重、土地资源浪费、农民生活质量不高等等问题上，也可以从调整、完善农村居民点职能的角度上进行，以避免单一的中心村建设规划所带来的各种问题。

3 上海郊区小城镇发展与规划对策

3.1 上海城市总体布局

新一轮上海市城市总体规划按照城乡一体、协调发展的方针，确定了以中心城为主体，形成多层的市域空间布局结构，即建中心城、新城、中心镇、一般镇四个层次的市域城镇体系，形成以中心城为主体，以公路和轨道交通为依托，各级城镇辐射范围合理，空间分布均衡的大中小城镇相结合的多层次的空间分布格局。其中中心城是上海政治、经济、文化中心，以外环线以内地区作为中心城范围；新城是以区（县）政府所在地城镇，或依托重大产业及城市重要基础设施发展而成的中等规模的城市；中心镇是由市域范围内分布合理，区位条件优越，经济发展条件较好、规模较大的建制镇，依托产业发展而成的小城市；一般镇由现有集镇根据区位、交通、资源条件等适当归并而成。

3.2 新城及卫星城建设的理论及上海的实践

20 世纪 20 年代首先在英国提出的卫星城理论，界定了卫星城是一个经济上、社会上、文化上具有现代城市性质的独立城市单位，但同时又是从属于某个大城市的派生产物。在卫星城发展的实践中强调了其与中心城市（母城）的依赖关系，强调中心城的疏解，往往被视作为中心城市某一功能疏解的接受地，并出现了工业卫星城、科技卫星城等不同的类型，希望使之成为中心城市功能的一部分。

20 世纪 40 年代中叶的新城发展理论进一步完善了卫星城的发展理念。新城的概念更强调其相对独立性，它基本上是一定区域范围内的中心城市，为其本身周围的地区服务，并且与中心城市发展相互作用，成为城镇体系中的一个组成部分，对涌入大城市的人口起到一定的截流作用。上海市从 20 世纪 50 年代末即开始了卫星城建设的实践，相继辟建了闵行、枫泾、嘉定、安亭、松江、金山、宝山等 7 个卫星城。新一轮上海城市总体规划确定了宝山、嘉定、松江、金山、闵行、青浦、南桥、惠南、城桥及空港新城和海港新城等 11 个新城，新城人口规模一般为 20～30 万人。

3.3 市域交通网络建设

结合郊区城镇发展的战略目标，上海市规划建成以高速公路为骨干的布局合理、功能分明的市域道路网，基本实现“15、30、60”目标。“15”即重要工业区、重要集镇、交通枢纽、旅客（货物）主要集散地的车辆15min可进入高速公路网，“30”即中心城与新城及中心城至省界30min互通，“60”即高速公路网上任意两点之间60min可达。市域道路系统由高速公路、主要公路、次要公路以及乡镇公路组成。公路干道系统规划总长度约2500km，其中高速公路约650km。干道网密度约0.43km/km^2。此外，市域内整体的轨道交通系统将有助于形成城乡一体、协调发展的城镇布局。

3.4 小城镇人口及产业发展的政策措施

新时期上海将城市发展的重心向郊区转移，上海郊区将形成市域范围内城乡一体、协调发展的政策措施，为郊区小城镇健康发展提供良好的环境。

3.4.1 引导人口向小城镇集聚

农村人口向小城镇的集聚是促进小城镇健康发展的前提。要实现这个前提，就必须彻底解决农村非农劳动力的兼业和半分离转移的状态，实现农村非农劳动力完全异地转移和与农业的彻底分离。为此，必须进行农村集体土地使用制度的改革，通过完善有偿使用集体土地的机制和土地的内部流转机制，从根本上促进人口向小城镇的集中。同时，由于农村社会保障体系相对不健全，农村劳动力兼业也是寻求自我保障的一种途径。因此，伴随着农村土地使用制度的改革，必须进一步建立健全农村及小城镇的就业及社会保障体系，彻底解决进镇农民的后顾之忧。

3.4.2 促进小城镇产业的优化布局

产业向小城镇的集聚是小城镇健康发展和城镇化质量提高的关键。首先应培育小城镇的特色产业和优势产业，并优化小城镇的产业空间布局，实行对小城镇工业发展和空间布局的宏观控制，鼓励小城镇工业向工业园区集中发展，提高工业园区的建设水平，并从更大的区域范围内统一规划布点上海郊区的工业园区。由此，还应完善郊区工业发展的财政税收政策和土地使用政策，建立与区域内多个小城镇共同建设工业园区的模式相对应的财政收入划分、留成，鼓励小城镇政府建设工业园区的积极性。

【参考文献】

1 陈秉钊．上海郊区小城镇人居环境可持续发展研究．北京：科学出版社，2001

2 彭震伟．中国小城镇发展与规划回顾．时代建筑，2002（4）

3 彭震伟．上海城市人口布局优化研究．城市规划汇刊，2002（2）

4 上海市人口普查办公室．上海市统计局．上海人口发展报告

5 上海市人口普查办公室．上海市统计局．上海市第五次人口普查数据手册

6 上海市城市规划管理局．上海市城市规划设计研究院．上海市城市总本规划（1999～2020）

7 上海市统计局．上海市统计年鉴（1997～2000）

【作者简介】

彭震伟，男，同济大学建筑与城市规划学院城市规划系副系主任，教授。

西藏经济后进地区经济及城镇发展研究

——以那曲地区嘉黎县总体规划为例

梁冰峰

【提要】 为贯彻党中央提出的西部大开发战略，结合西藏那曲地区嘉黎县总体规划，就西藏经济后进地区的自然及社会特征作初步分析，提出区域经济和城镇发展的对策，并简要介绍嘉黎县总体规划中县城用地规划布局的情况。

1 嘉黎县概况

西藏自治区位于我国西北边疆，面积 120 多万 km^2，约占全国土地总面积的八分之一，人口 250 万。嘉黎县隶属那曲地区，位于藏北高原东南部，县域面积 1.32km^2，全县总人口仅 2.4 万，全县平均海拔 4500m，西北部气候寒冷，是藏北地区强降雪中心之一。全县经济落后，以畜牧业生产为主，1994 年被列为贫困县。嘉黎县是藏传佛教界十一世班禅的家乡。

2 西藏经济后进地区的自然、社会、经济特征

2.1 地域辽阔，交通闭塞，自然条件恶劣，生态环境恶化

藏北地区地域非常辽阔，那曲全地区总面积 42 万 km^2，是全国土地总面积的 1/24，嘉黎一个县的土地总面积相当于浙江台州下属 9 个县、市、区总和的 1.5 倍。但是高原缺氧，境内多山，经常遭受雪灾等严重自然灾害的打击，自然条件十分恶劣，

交通极为不便。由于高原生态平衡极为脆弱，近年来，随着经济的初步发展和人口的增加，草原的载畜量已超饱和，掠夺式经营造成草场的退化，生态环境面临恶化的危险。

2.2 人口稀少，城镇化水平低，域镇体系很难成形

由于独特的自然地理环境以及受传统游牧生产方式的限制，藏族聚居地是我国人口最稀少、最分散的区域，而对于经济后进地区来说，这个特征更加明显。以嘉黎县为例，全县没有一个较成形的城镇，县政府驻地仅有1700多人，下属14个乡政府驻地分别只有百余人。由于上述总人口数量及地理因素，较长一段时间内，在此区域建立起较为完善的城镇体系的条件尚未具备。

2.3 产业结构低度、单一，经济落后，稳定解决贫困人口的温饱问题任务艰巨

西藏经济后进地区一般畜牧业生产比重占国民经济总量绝大部分，第一产业为主导的特征明显，第二产业基础薄弱，发展制约条件多，工业化尚未起步，第三产业的层次低下，主体是个体经营的小规模服务业，产业结构呈现出低度、单一的特点。区域内尚有一部分贫困人口生活在自然条件恶劣的边远地区，作为藏北高原基础产业的畜牧业经常遭受雪灾等自然灾害的严重打击，农牧民因灾返贫现象突出，稳定解决贫困人口的温饱问题任务艰巨。

2.4 基础设施落后，投资硬环境有待提高

西藏经济后进地区交通、能源、通信等基础设施建设十分滞后。如嘉黎县全县仅有那嘉公路与外界相连，路面状况差，一般车辆较难通行，乡村公路仅有40%全年通车，这种情况对于区域的输出产业的发展具有很大的制约作用。同时，电力、通信事业也较为落后，全县水电装机容量很小，由于地域辽阔，尚未形成一个联合电网。全县电话普及率目前仅有0.5%。基础设施的

巨大缺口，使得投资硬环境的建设有待加强。

2.5 劳动力素质低，人才匮乏，市场体系发育程度低，流通环节不畅

由于自然和历史条件及游牧生活方式的影响，西藏经济后进地区劳动力素质低下。据1995年年底统计，嘉黎县小学以上文化程度的人口仅占总人口的14.3%，初中以上文化程度仅占总人口的1%。上述地区劳动力素质低，人才匮乏，并由于民族信仰的因素，人们形成了乐于助人、保守强于创新的心理特点和生活方式，市场经济意识淡薄，也导致了市场体系发育程度低，流通环节不畅。

3 西藏经济后进地区经济和城镇发展策略

根据西藏经济后进地区的社会经济发展状况，我们建议实施满足基本需要战略。这一战略源自1976年在日内瓦召开的国际劳工大会上正式提出的，提出以人的发展为中心，以满足社会全体成员的基本需要为优先目标，强调加强农业发展和建立合适的与农业及地方经营紧密结合的工业。对于西藏嘉黎县经济后进地区来说是适宜的，我们在规划编制中提出要做到以下几点：

3.1 发挥政策优势，促进区域跳跃式发展

中央第三次西藏工作座谈会把全国支援西藏作为一项长期性的战略原则确定下来，从财税、金融、投资、外贸、社会保障等方面对西藏采取优惠政策，确定了全国部分省、市、部、委对西藏各地、市、县的对口支援的原则。

对于西藏经济后进地区来说，要正确分析区域发展的制约因素及发展潜力，充分利用外界支援，牢牢把握这跳跃式发展的有利时机，不仅从资金和物资上充分利用外界的“输血”机制培养自身的“造血”机制，发展特色产业，而且可以利用内地的人才、技术和先进经验，结合当地实际情况，避免失误。

3.2 充分发挥资源优势，积极调整产业结构，建立以市场为导向的产业发展战略

西藏目前的经济是以第一产业为主体的，对于经济后进地区，我们更要以农牧业的发展巩固为基础，根据各自不同的自然地理条件，不同的资源和物种特点，根据市场要求，立足于发挥自身优势，通过建筑业、运输业等满足基础生活需要的地方产业及矿产开发、畜产品、木材、中药材加工、民族手工艺品制造等劳动密集型的特色优势产业的发展，大力提高第二产业的比重，努力促进第三产业的发展。同时，我们要抓住产业结构调整之机，创造就业机会，为县城人口的集聚创造有利条件。

3.3 选择性有秩序地加强交通、能源、通信等基础设施建设

基础设施薄弱是制约当地发展的主要因素，虽然国家和各方面都已经并要继续加大对西部地区的投入力度，但对于西藏经济后进地区来说，由于基础设施总的缺口过大，相对投资能力还是有限的，我们要对各项基础设施的欠缺及影响经济和城镇发展的重要度作出评价，有重点有步骤地进行基础设施投资，有选择的构筑好区域基础设施构架。对于上述地区来说，要着重加强对外交通网络建设，缩短与外界的时空距离，并加强能源设施建设，大力发展通信事业，为区域经济的发展创造良好的硬件设施。

3.4 大力发展教育科技事业，加强市场意识培养，提高劳动力素质

发展地区经济，必须依靠高素质的劳动者和各类人才，依靠科学技术进步。要帮助广大农牧民解放思想，更新观念，培养市场意识和进取精神。1998 年 5 月，国家颁布援助落后贫困地区基础教育的计划，帮助贫困地区提高九年制义务教育普及率，我们要抓住这个时机，大力加强基础教育和职业教育，提高人民文化水平和劳动力素质，为经济的发展奠定基础。

3.5 加强生态环境保护，以畜牧业生产为基础，巩固扶贫成果，通过政策引导促使人口集聚，重点发展县城镇

西藏经济后进地区相当一部分区域自然条件非常恶劣，虽然人口密度比较低，但随着人口的增长，相对于极度脆弱的生态平衡来说，草原生态承载力已超饱和，如果不采取适当的措施，将会带来严重的后果，一方面我们要通过网围栏草场建设、人工种草、牧畜棚圈等方法，来发展草地畜牧业，保护生态平衡。另一方面，对于区域内经常遭受自然灾害，条件特别恶劣的地区，要通过政策引导，促使人们向区域内自然条件相对优越的地方，特别是县城镇集聚，这样既可以保护生态环境，又可以防止人们因灾返贫，节约国家扶贫资金，提高人民生活水平。

根据规模经济效应，现代城市要有适度的规模才能产生最佳经济效益。全国小城镇体系规划中指出西藏地区要重点发展县城镇，积极发展 1~3 万人口城镇，因此，根据区域内人口特别稀少的特点，必须贯彻重点发展县城镇的方针，使之成为全县的政治、经济、科技、教育、文化、信息、产通、人口等的集聚中心，成为区域经济发展的火车头。

3.6 联系实际，量力而行，为区域经济和城镇发展留出必要的时间和空间

由于区域先天的不利因素，我们一定要从实际出发，量力而行，切实体现近远期结合，既要强调长远发展的美好前景，又要留出必要的时间和空间，为区域经济和城镇跳跃式发展提供契机。藏民族由于独特的地理环境使其传统文化稳定的传承下来，形成了其独有的民族文化。虔诚的宗教情结，风格独特的宗教建筑，别具一格的民族风情，传统的手工业及土特产，都具有强烈的吸引力，随着交通条件和接待条件的逐步改善，民族手工业及旅游业的发展都有着很大的发展潜力。我们要合理开发和保护矿产、能源等自然资源，城镇的发展建设必须重视对景观和生态的

保护，随着交通、通信和接待条件的逐步改善，为远景旅游观光业的发展创造良好的前提条件。

4 嘉黎县县城规划简介

4.1 城镇性质

规划将县城的城镇性质定为：嘉黎县的政治、经济、文化中心，以当地资源开发加工业为主的具有高原民族特色的生态城镇，远期成为藏东、藏北联系的交通集散中心。

4.2 发展格局及城镇规模

县城用地发展方向主要受自然地形条件的影响，南北分别是麦地藏布江和娘热山的阻隔，东面受措嘎湖的阻挡，西面主要是山水之间腹地狭窄的制约，这些因素确定了县城依托现状、集聚发展的发展格局。根据用地情况确定 2020 年城镇用地规模为 1.25km^2。结合全国小城镇体系规划西藏要重点发展县城镇，积极发展 1~3 万人口城镇的方针及那曲城区城镇 2020 年 30%的城镇化水平，同时考虑发挥县城集聚功能的目的出发，确定 2020 年县城人口规模为 1 万人。

4.3 总体布局

县城镇总体布局为“一环、二轴、三区”，一环指 16m 宽的环城道路；二轴指城镇发展轴和自然景观轴两条主要轴线；三区指那嘉公路两侧的公共设施服务区、城镇西侧的居民区和城镇东南部的工业区三个主要功能区。

目前县城是沿那嘉公路沿线发展的，考虑该路段过境交通不会太多，规划以此作为城镇发展主轴并形成十字交叉的主干路和环形次干路相结合的县城干路网。根据现状建设情况和道路对景观需要，规划一条生活性主干路，作为连接山水的自然景观轴线，两边各留出 30m 的绿廊，在南端设置县城公园。行政区依现状在其东侧沿那嘉公路布置。西侧布置县城的商业中心，教育卫生区包括职业培训中心在现状县医院、藏医院处设置，文化体育区邻近自然景观轴线，在县中学东侧设置。居住区按现状分布情况，在行政商业区南北两翼及西侧发展，仓储区在工业区和居住区之间布置，起适当的分隔作用，又方便生产生活。那嘉公路以北措嘎湖湿地为远景发展预留地。

麦地藏布江从县城南边穿过，并有阿扎湖、措嘎湖为邻，山体作为城镇北侧的背景，城镇的绿化建设具有良好的前景。规划利用山体作为城镇绿色背景，通过自然景观轴线两侧的绿化带，结合麦地藏布江的水环境和岸线的带状绿地，构成城区空间变化与自然结合的重点。在自然景观轴线尽端处，建立县城公园，结合水体提供一个优美的休息和游憩场所。保护好娘热山山体绿化，措嘎湖湿地环境等周边绿地，使之成为县城的绿化背景，利用山体和江边绿化及道路绿化，并与县城公园结合在一起，构成城镇的绿化网络，形成一个环境优美的生产、生活空间。

5　关于西藏经济后进地区经济和城镇发展的策略的思索

在规划过程中，有不少同仁提出这样的的疑问：西藏是“世界上最后一片净土”，如果采取这种经济和城镇发展策略，特别是促进人口的集聚和发展第二产业，会不会破坏高原的自然生态环境，改变藏民族以往的游牧生活方式，导致民族特征的丧失呢?

笔者的回答是否定的。据资料记载，从 1737 年至 1952 年的 200 余年内，西藏的人口增加了 15 万人，而从 1952 年到 1998 年的 40 多年内，西藏的人口从 105 万增加到 250 万人，随着社会继续保持稳定和经济的进一步发展，西藏的人口还会进一步增加，如果延续以往游牧生活方式，高原脆弱的生态环境将会不负重荷，导致生态恶化。因此只有通过人口集聚，改变相当一部分人的生活方式，才能保护高原的生态环境。

其次，只有通过人口和资金的集聚，发展城镇的规模经济效益，才能促进区域经济的发展，提高抗灾能力，可以将更多的人从生存劳作中解脱出来，提高文化修养，更有利于民族特征的保存。而且产业结构调整是以畜牧业的巩固发展为基础的，从区域内看，大部分人口的传统生活方式还将延续不去。

再次，发展第二产业，从区域用地来看，仅仅是沧海一粟。以嘉黎县为例，到 2020 年，县城工业用地面积规划为 17.84 公顷，仅占县域面积的七万分之一，即使加上县域内所有工业用地，也不过是微乎其微，同时在发展的过程中注重生态环境的保护，影响可以降到最低点，不会对生态环境造成影响。

发展区域经济和城镇建设，不仅有利于我国西部大开发战略的实施，而且对于促进藏族同胞生活水平的进一步提高和加强民族团结，维护祖国统一都有重要的战略意义。

【参考文献】

1 吕涛．自然、社会、城市——浅议西藏城市发展，城市规划，1996（3）

2 陈蔚镇．经济后进地区小城镇发展的困惑与对策——对江西洪灾区重建规划的思索，城市规划汇刊，1999（2）

3 潘秀玲．中国小城镇建设．北京：中国科技技术出版社，1996

4 谢文蕙，邓卫编著．城市经济学．北京：清华大学出版社，1996

5 马敬文，秦杰．朱镕基在甘肃、青海、宁夏考察时要求把握大局不失时机实施西部地区大开发战略．实现国企改革和脱困目标，文汇报，1999.11.1

6 中共西藏嘉黎县委，嘉黎县人民政府．政府工作报告及有关文件，1998

【作者简介】

梁冰峰，男，浙江省台州金亿房地产咨询有限公司，执行董事、规划师。

河南小城镇发展策略研究

夏保林　平玉峰

【提要】　河南省小城镇的发展现状存在着产业结构、发展机制、管理体制等多方面的问题，今后应结合地区小城镇发展实际及经济结构调整对于乡村城镇化的需要，给小城镇的发展合理定位，并与全省国民经济发展相结合，在完善发展机制、分类指导、区域协调等方面制定切实有效的措施，全面推进小城镇的发展。

1　小城镇发展现状及存在问题

改革开放以来，河南省小城镇发展迅猛，综合服务功能日益增强，正逐步成为农村经济和社会发展的重要空间依托、乡镇企业的重要发展空间和农村工业化、现代化和乡村城镇化的主体。目前全省县城以下建制镇、小集镇已达2000个左右，比1990年增加约460个；小城镇建成区规模比1990年扩大575km^2，增幅48.0%，平均规模由1990年的0.57km^{2}扩大到0.81km^2；小城镇镇区人口达到1250万人，比1990年增加420万人。其中建制镇人口由1990年的210.7万人增长到680万人，占全省城镇人口的比重上升到31.2%。据对30个试点小城镇的调查，镇区社会总产值、财政收入分别占镇域总量的42.1%和54.6%，平均每镇年吸纳农村剩余劳动力超过500人。但与中央明确提出把小城镇作为带动农村社会经济发展大战略的要求相比，河南小城镇建设除存在各地小城镇普遍存在的共性问题外，还存在一些更为直接和突出的问题。

(1) 大多数小城镇缺少具有特色和优势的支柱产业支撑。产业基础薄弱，有待形成自主发展机制和造血功能，小城镇之间、小城镇与大中城市之间产业结构同构化趋势明显，需要进一步理顺小城镇产业发展与大中城市、与广大乡村产业一体化的关系。

(2) 小城镇发展机制有待完善。主要表现在：农民进镇的“门槛”过高；土地政策不能适应小城镇快速发展的需要；户籍制度及管理需进一步放开；适应市场经济和小城镇发展要求的多元投资机制尚未建立；小城镇发展政策框架，需进一步理顺小城建设管理体制，强化政府对小城镇建设发展的宏观调控和引导职能，实施有利于小城镇发展的政策倾斜。

(3) 基础设施滞后，中心职能不突出。由于“造血”功能薄弱，投资渠道不畅及配套政策滞后等，使多数小城镇基础设施、公用设施建设举步维艰，小城镇对区域发展吸引力、辐射力弱小，中心职能较弱，规模扩张动力不足。另外，部分地区传统的适应农业经济的镇村行政区划体制，使小城镇腹地过小，不利于乡镇企业合理布局，已经成为小城镇进一步发展的制约因素。

(4) 规划管理滞后，地方特色不突出。小城镇发展规划普遍深度不够，难以指导建设，规划管理人才缺乏，管理水平较低。由于重复建设较多，拆旧建新浪费严重，使有限的资金更趋紧张。一些小城镇片面理解和追求现代化，城镇形象、建筑风格和品位不高，地域特点和地方特色被忽视。

2 小城镇发展定位及建设目标

2.1 小城镇发展定位

(1) 小城镇是城乡一体化发展的接合点，是破除传统的城乡二元结构、构筑城乡统一市场体系的突破口。小城镇建设发展既要解决乡村地区整体发展与现代化问题，也要融入城市现代化进程之中。因此，必须把小城镇置于省域工业化和城镇化的发展框架之内，从城乡一体化角度考虑小城镇的发展，充分认识到小城镇在城镇化进程中的基础地位和在农村现代化、乡村城镇化中的主体作用，促进农业产业化发展，吸纳农村富余劳动力。

（2）小城镇是全省城镇化战略的重要基础和组成部分。它处于承接大中城市辐射、支持大中城市发展、带动乡村地区发展的基础地位，是农村经济，特别是乡镇企业发展的主要空间依托，也是商贸、信息、金融等农村第三产业发展的主要空间。在农村富余劳动力转移中，小城镇是重要的吸纳承载空间之一。

（3）小城镇建设是启动内需，推动全省经济持续发展的重要增长点。据统计，河南小城镇居民收入一般比农民人均收入高出50%以上，是农村消费市场最具潜力的部分。小城镇不断吸纳大量的农村剩余劳动力，不仅带动小城镇规模扩张，促进小城镇建设投资扩大，其住房、生活消费等也提供了持续的消费需求。小城镇建设投资及消费刺激对经济发展具有不可替代的积极作用，在某种程度上决定着全省经济发展的可持续性。

2.2 小城镇建设发展目标

未来一段时期河南省小城镇发展目标应是，以县城和中心镇为发展重点，建立和完善包括县城、中心镇、一般镇、集镇（中心村）四个等级的县（市）域城镇体系，力争到2010年和2020年分别建成400个和1000个左右经济繁荣、布局合理、设施配套、功能健全、环境优美、社会文明，具有浓郁地方特色和现代化特征相协调的新型小城镇。县城以下建制镇容纳城镇人口分别达到1370万人和2480万人左右，分别占省域城镇人口总量的35.0%和45.0%，共吸纳农村富余劳动力达到1050万人。近期重点加快县城和117个全省重点建制镇的建设与发展，支持其他条件较好的小城镇加快发展，小城镇财政和人均收入有较大提高，社会发展水平和精神文明建设得到显著提高，人均居住面积达到15m^2，道路硬化率70%，供水普及率达到40%，人均公共绿地3m^2，使小城镇切实成为河南省乡村地区城镇化的主体和先导，促进全省经济快速发展。远期在此基础上有更好的发展。

3 小城镇发展基本思路

3.1 与省域城镇化进程相协调，与区域社会经济发展相互促进

坚持小城镇建设与经济发展并举，经济、社会、生态效益并重，物质文明与精神文明建设同步发展的原则，突出以人为本和可持续发展的指导思想。为此应从以下几方面做起：

(1) 充分发挥规划在小城镇建设中的"龙头"作用。以区域工业化、城镇化为背景，首先搞好不同城镇发展区的县（市）域城镇体系规划，建设以大中城市为中心，县城和县（市）域中心镇为依托，星罗棋布的小集镇和中心村为基点的小城镇发展体系，引导小城镇区域空间的合理布局和有序发展。其次要搞好小城镇建设规划，统筹安排经济发展和各项用地建设，合理组织小城镇工业小区、商贸小区、居住小区等功能区，统一完善城镇基础设施和社会服务体系，对乡镇企业集中连片发展和市场体系建设给予充分重视。小城镇建设应合理用地，节约用地，保护耕地，绿化、美化城镇环境，小城镇应成为区域生态环境建设的重要组成部分；同时要从实际出发，合理安排建设时序，注重建设实效。

(2) 实行基础设施适度先行策略，创造小城镇快速发展的环境条件。使小城镇集聚发展，成为带动区域经济的增长极，并有效提高小城镇的吸引力和辐射力，实现城乡共同进步。

(3) 适应市场经济发展规律，逐步打破行政地域界限，以小城镇为载体，促进城乡生产要素合理流动，实现能源、交通、市场、信息等生产要素的空间集聚与共享，全面提高乡村地区社会经济效益。

3.2 树立产业依托，集中发展的指导思想

"城镇随产业兴"是河南省小城镇发展的成功经验和客观要求，缺少产业支撑的小城镇难以在市场经济发展中生存。而缺少

区域特色经济支持、产业同构化的小城镇，也难以在优胜劣汰的市场经济中获得更大的发展。未来一段时期，河南小城镇仍将处于集聚发展阶段，这为小城镇培育主导产业、发展特色经济、实现集聚发展提供了机遇。各地应根据本地资源、区位和产业基础，因地制宜，发展各具特色的主导产业或产业群体，使其成为小城镇发展的支撑。

以中原城市群和沿主要城镇发展轴为小城镇发展的重点地区和地带。以县城和中心镇为重点，推动全省乡村地区城镇化进程。乡镇企业应逐步向小城镇工贸小区集聚发展。沿省际边界小城镇可试行更为灵活的发展政策。

3.3 深化改革，完善制度，以市场建设为小城镇发展的切入点

小城镇建设是一项宏大的社会系统工程，涉及户籍、土地、投资、社会保障等一系列问题，牵动城建、民政、编制、财政、治安、交通、水利等诸多部门。所有政策、体制建设均应以有利于小城镇发展为基本取向。小城镇的产权结构应以非国有的股份制和股份合作制为主体，使小城镇成为个体和私人经济充分发展的空间，国家除依法征税外，所有经济活动完全放开。小城镇土地使用必须体现农民作为农村集体财产所有者的权益，任何关于小城镇的土地政策必须有利于农民进镇从事生产和经营活动。

3.4 优化小城镇产业结构，完善城镇功能

小城镇发展应明确以农产品及其他资源加工业为主导方向，重点发展食品、服装、木材加工、制药、机电等行业。第三产业应向为农业服务、为农村经济发展服务、为乡村居民服务的方向发展，使小城镇成为农业产业化发展的“龙头”和服务基地。依托小城镇建立综合型与专业化相结合的市场体系，以商兴镇，并逐步完善小城镇的教育、文化、信息、社会保障、社区服务功能。

工业小区的建立应依托建制镇，所有新建企业均进入工业小区，限制或迁并布局分散的乡镇企业，使之逐步进入工业小区。禁止在中心村和自然村新办工业。进入工业小区的项目在审批、用地、贷款、税收等方面享受有关优惠待遇。工业小区选址应与小城镇总体规划相结合，并达到适度规模。小城镇工业小区应统筹安排基础设施、服务设施，小区内绿地率不低于30%，各类企业污染物排放应符合国家规范，鼓励在小区内建设污水处理厂。

3.5 分类指导、突出特色、梯度推进

河南小城镇发展的区域差异较大，位于不同城镇发展区的小城镇，其发展面临不同的问题，不仅存在发展基础的不平衡，也存在着由区域城镇化不同发展阶段所带来的小城镇发展层次的差异。为此应制定与全省城镇化进程相协调、全面促进小城镇健康发展的指导性政策措施，同时也需要根据分类发展、梯度推进、共同进步的发展思路，制定加快不同层次小城镇进一步发展的区域倾斜激励性政策措施，逐步缩小各层次小城镇建设发展水平差异。主要采取以下办法：

(1) 建立以县（市）域为单元的小城镇发展梯度推进机制。即在县（市）域范围，依据小城镇所依托的腹地的综合实力、城镇化水平、经济密度、人口密度、人均纯收入等项指标以及小城镇的区位、交通、资源、产业基础等综合发展条件，确定三个等级的发展层次，分别采取引导、带动、扶持的分类发展、梯度推进措施，加快不同层次小城镇的发展。其中，处于第一等级的小城镇，其工业化已达到了较高发展层次，基础设施相对完善，腹地城镇化水平较高，以小城镇为中心的乡村城市化已成为一种自觉行动，未来主要是提高小城镇建设质量，加快城乡一体化进程；第二等级的小城镇已经具备一定的经济发展实力，开始进入工业化加速发展阶段，但城镇公共建筑和基础设施存在不同程度的缺口，未来主要是在加强综合实力的同时，着重解决城镇合理

布局，强化基础设施和公共建筑的配套建设，促进小城镇发展；第三等级的小城镇综合经济实力较弱，社会经济发展存在不同程度的自然、环境及产业基础制约，未来应以扶持发展为主，实施适度政策、资金、技术倾斜、培植经济增长点，迅速壮大产业基础，加快农业剩余劳动力转化，以有选择的基础设施配套建设为重点，推动小城镇发展。

（2）依托区域特色经济，走小城镇建设与乡镇企业、市场建设、支持产业同步发展的道路，强化小城镇产业基础，突出小城镇的区位和资源特点，形成不同发展类型和功能的小城镇。以特色小城镇为依托，进一步加强区域特色经济的发展。

1）城郊卫星城型：毗邻大中城市的小城镇，承接大中城市的技术、产业等辐射，承担区域中心城市的部分功能和作用，应坚持“近城区位造优势，三次产业同发展，促进城镇建设上台阶”的发展方向。

2）工业主导型：小城镇建设与发展乡镇工业有机结合，以工兴镇，形成集聚和规模效益，应坚持“工业为主体，健全城镇功能”的发展方向。

3）商贸带动型：利用传统和新兴的商品集散地优势，加强市场基础设施建设，推动市场强吸引远辐射，形成以专业批发市场或区域性商贸中心为特征的商贸城镇，应坚持“繁荣市场奠基础，强工兴农建城镇”的发展方向，以商兴城，以市建镇，产业促商。

4）交通枢纽型：利用交通便捷，集运量大，信息快，流动人口多，大力发展二、三产业，实现“交通促流通，依路兴城”。

5）工矿依托型：以为驻地大中型工矿骨干企业搞好服务作为基础，利用其资源、技术优势和配套产业扩散实现小城镇自我发展或镇企联合发展。

6）旅游服务型：利用旅游资源开发机遇，加强以旅游服务为中心的购物、娱乐、交通、餐饮等配套设施建设，以“旅游促发展，环境创效益”，促进小城镇建设。

7）区域中心型：依托区位、资源、交通、技术、信息、产业基础等综合比较优势，形成县（市）中心镇。

8）边界发展型：充分利用特殊的边缘区位优势，强化交通、服务等基础设施建设，汇聚各方生产要素，形成比较优势明显的边界镇，构筑边缘区城镇化基点。

3.6 加强社会服务和管理，提高小城镇持续发展能力

3.6.1 大力发展职业技术教育，巩固提高九年制义务教育，努力提高乡村人口素质尤其是科技文化素质，加强城市意识，丰富文化生活内涵，为小城镇发展提供永续动力。

3.6.2 加强小城镇科技、教育、文化、卫生等精神文明物质载体硬件设施建设，使之成为乡村地区社会主义精神文明建设的基地和农村科技创新中心。

3.6.3 理顺小城镇建设管理体制，建立小城镇建设管理人员岗位培训制度，有计划地为小城镇政府输送、补充专业技术人才，提高小城镇建设管理水平。

【作者简介】

夏保林，男，河南省城乡规划设计院研究所．副所长，高级工程师。

平玉峰，男，河南省城乡规划设计研究院，副院长、高级工程师。

县城规划存在的主要问题和基本对策

胡厚国

【提要】 县域经济在国民经济中占有举足轻重的地位，县城是县域范围内的政治、经济、文化中心，是县域经济发展的龙头。县域经济的增强离不开县城的壮大，必须十分重视县城的作用和县城建设的发展。本文分析了目前县城规划建设中存在的规模小、功能弱和规划起点不高、建设缺乏特色、基础设施的规划建设水平不够、生态环境保护意识不强等五个方面主要问题，明确了县城规划建设的指导思想，并针对存在的主要问题提出了县城规划建设的基本要求和对策。

1 县城规划建设中存在的主要问题

在我国，由于县建制的长期存在，县城建设已相对有一定的基础，加快县城规划建设对于推进城镇化进程有事半功倍之效，但是长期以来县城建设未能真正得到应有的重视。

1.1 县城规模小、功能弱，难以真正发挥其县域经济核心与龙头带动作用

县城是农业社会城镇体系中的基础，也一直是一个县范围内的政治、经济、文化中心，由于我国二千多年来县级行政建制的积累存在，尤其是新中国成立以后和改革开放以来的经济社会迅猛发展的推动，县城大都有了一定的人口规模和建设基础。但是，由于社会经济结构调整缓慢，国家可用于城市建设的资金有

限，加之长期以来县城建设未能引起我们应有的重视。所以，县城建设也成了我国农村城镇化推进中的薄弱环节。全国县城中近半数的县城人口不足5万人，约76%的县城人口不足10万人。全国建制镇、小集镇平均用地规模建成区面积2001年为0.67km^2，其中建制镇为1.09km^2，集镇0.34km^2。以安徽省为例：2000年全省61个县城（含县级市）中，36.07%的县城人口不足5万人，77.05%的县城人口不足10万人，10万~20万人的县（市）仅占22.95%。县城规模偏小，影响了县城功能的健全，制约了二、三产业集中区的形成，农业富余劳动力在县城就业机会减少，城镇化水平低，县城难以真正发挥县域经济核心与龙头的中心地位，辐射带动力弱。

1.2 县城规划起点不高，宏观上导致县城与县域经济发展结合薄弱

县城总体规划中的县域城镇体系规划，侧重于所辖行政区域内城镇的规模等级、职能分工、空间布局结构性规划，缺乏从宏观上、市场化的角度研究县域资源的合理配置，选择县域经济的增长点，制定符合县情的县域经济发展战略及战略重点。县城规划往往存在就县城论县城的现象，研究视角不够高，针对性、可操作性不强。县城规划往往滞后于县城经济发展，指导、引导、控制的功能未能充分发挥，如有的县城用地扩张已超越了总体规划用地范围。规划中，研究分析薄弱的方面主要表现在：

（1）如何从宏观上分析研究，正确处理县城与周边城市、县城与县域建制镇、集镇的关系，对县城发展准确定位。

（2）如何结合县域资源，优化县域资源的配置，合理布置县城工业园区，加快产业结构的升级和优化。

（3）如何制定符合县情长远发展的规划布局结构，尤其是选择好中心区位置、规划好道路绿化系统、布局好土地利用，拓展就业岗位，吸引农民进城安家置业，加快城镇化进程。

（4）如何处理好旧城改造与新区开发、县城发展与环境保护

的关系。

(5) 如何树立经营城市观念，加快规划的实施等方面。

1.3 县城建设缺乏特色，“千篇一律”现象不同程度存在

改革开放政策的贯彻实行，县城建设以前所未有的速度发展，县城面貌发生了明显变化。由于县城正经历着突变，建设工程量大，工期紧，加之专业技术人员缺乏，故在规划和建设中忽视了县城的个性。从总体上说，“千篇一律”、“克隆”现象在各地县城规划建设中都有不同程度存在。县城风貌上缺少特色，给人一种似曾相识之感。表现在：

(1) 自然要素受到破坏，达不到巧妙运用的效果。

(2) 缺乏因地制宜地改造旧区，原有城镇人文景观得不到保护和延续。

(3) 精品意识不强，新建城区、地段的建筑空间不理想。

(4) 县城风格类型不明显，未能形成与城市性质相适应的城市环境氛围。

1.4 城镇基础设施的规划建设水平不够，服务功能不完善

县城一般集聚了一定的规模，具有一定的发展潜能和扩张力，发展框架基本拉开，相比较一般规模的建制镇在吸纳剩余劳动力方面具有较好的经济性，但由于县城的基础设施建设水平不够，服务功能不完善，成为县城容量扩张的一个瓶颈，没有充分发挥县域中心城市应起到的作用。一方面，县城建设由于资金的缺乏，基础设施不配套，欠账多；另一方面，随着周边大城市的发展及高速公路等大型基础设施的建设，县城的外部发展环境已发生了重大变化，规划建设中缺乏对宏观环境的分析，不注重与高等级公路网络等重大基础设施和城市衔接，网络化的联系弱。相对封闭、滞后的环境，有限的市政基础设施发展容量，过高的政策及经济门槛，降低了投资者的热情，对吸引农民进城起不到应有的拉动作用。

1.5 生态环境保护意识不强，人居环境受到挑战

建设一个持续发展的县城，首先要不断提高居民的生态环境保护意识，同时要解决好县城在城市容量、交通、绿地和水污染等方面存在的矛盾。创造宜人、优美、高质量的人居环境。目前，县城环境规划建设中存在的问题主要表现在以下方面：

（1）部分用地建筑容积率过高，县城空间容量过大，是导致县城环境质量降低的一个重要因素。在利润驱动下的房地产开发，无限追求空间容积率，在旧城改造、步行街建设和住宅新区开发过程中，往往为了引入外资，过分降低门槛，影响了县城布局的完整和建设品位。

（2）道路交通系统规划建设不合理。道路交通系统是一个县城的骨架，它与县城的布局形态和空间环境有密切的联系。在县城规划建设中过分重视马路经济，沿过境公路轴线发展现象普遍，有的为了争取国债项目或争取公路部门投资，就近取直，打破原总体规则确定的道路网系统，形成过多的道路斜交、尖角、五路交叉口，甚至过境公路穿越市区，造成市区交通拥挤堵塞，存在安全隐患，影响城市环境。

（3）绿化不成系统，总量缺乏。城市公共绿地面积甚至日益减少，不少县城的领导者着眼前利益，不仅不开辟新的绿地，还将原有绿地挪作它用。

（4）工业“三废”污染没有得到根本治理。由于县城自身规模不大，工业布局与生活区布置防护距离得不到有效保证，老城工业区与居住区混合布置。“三废”没有得到有效治理，尤其是污水自然排放，使河流受到污染。

2 县城规划建设的基本要求和对策

2.1 加强区域规划的指导，注重研究探索县域经济发展的新思路与新技术

以县城为中心的城镇网络是一个大系统，与县域经济的发展

有着直接的互动作用。内部大系统与外部周边城市形成联系密切的有机整体。规划中要从更大的区域出发，研究县域经济发展的新思路与新技术，落实到城镇用地空间布局中去。有意识地引导、培植、扩张城镇，尤其是县城的功能。农业地区县域经济的发展弱项常常是工业，弱势在民营企业，差距在于城镇集聚水平不高，支撑关键在于科技水平低，人才缺乏。因此，要加快县域经济发展，就必须抓住重点，在以县城为中心的城镇规划建设中要围绕工业化、民营化、城镇化、科技化做文章、增强县域经济发展的推动力。

（1）以工业化为核心，建设工业园区，增强县域经济动力。工业兴则县域经济兴，工业强则县域经济强。欠发达地区发展必须解决工业“风险大不敢抓，难度高不愿抓，不熟悉不会抓”的问题，冲破“重工避工”的尴尬局面。在县城工业发展定位可分为三个方面，一是县域内矿产资源的开发，要以产权制度改革为突破口，扎实推进企业改制工作，盘活工业存量，使一些县属龙头企业和乡镇企业脱胎换骨，焕发生机。二是与外部城市相配套的服务产业。要招商引资抓项目，增加工业总量。抢抓沿海发达地区传统产业和资金梯度转移的契机，优化软硬环境，吸引各类投资者来投资办厂。引导本地中小企业加入省内外大公司、大集团的协作，为大企业、大集团配套加工，借牌发展，借梯上楼。三要以农业产业催生龙头企业，做农副产品深加工大文章，加快县工业园区建设，促进工业经济集群，形成规模效益，增强市场竞争力，逐渐组建和培育一批有影响力的支柱企业。

（2）以民营化为动力，激活县域经济活力。把发展民营经济作为发展非农业产业和非公有制经济的重要突破口，通过在农业产业化经济培育，在国有集体企业改制中重组，在实施对外开放中引进，在加快县城为中心的小城镇建设中催生等途径，促进民营企业经济实力的壮大和对国民经济贡献分额的提升。对产业关联度大、市场竞争力强、辐射范围广的企业，进行重点扶持，并拓宽民营经济发展的领域，使民营经济尽快成为县域经济的主体和县财政的支柱。要营造民营经济发展的良好环境，在县城用地空间上合理布局，提供发展平台。在政策上扶持，协调金融部门增加对民营企业的贷款数量，解决民营企业融资难问题。

（3）以城镇化为载体，扩张县域经济实力。城镇化建设应认真做好县域城镇体系规划，明确城镇空间布局，明确大型基础设施建设布局，保护生态环境。以加快转移农业富余劳动力为核心，合理膨胀县城人口规模，加速城镇化进程。目前，我国的经济发展水平和城镇化发展水平还不高，发展也相对不平衡，而且农村就业压力非常大，据不完全统计，现在的农业流动人口有八九千万人。以安徽省为例，根据第五次人口普查资料，安庆市2000年市域总人口601.5万人，常住人口517.7万人，两者之差为83.8万人，加外出半年以上的人口为112万人，占总人口的18.62%；六安市域总人口595万人，劳务输出约130万人，占总人口21.84%，劳务收入4亿元。从外出务工的人员构成来看，大多数是农民，一部分企事业单位下岗职工，外出务工大都是从事简单劳动，劳动强度高，待遇低。不难看出县域内的就业压力很大。因此县城规划建设要突出创造就业岗位这一要求，来吸纳从农业产业走出的农民。促进农民增收的目的，扩展县域经济的实力。同时，要关注弱群体。弱势群体主要包括下岗职工、进城务工的农民、残疾人、孤寡老人、退休职工的一部分困难户以及其他因遭受天灾、疾病、事故等生活陷入困境的人们。他们都是我们这个社会主义大家庭中的成员，其中不少人在社会主义革命和建设中曾作出过重要贡献，我们在规划建设中，要实事求是，建立健全社会保障体系，为他们排忧解难。营造社会安定团结的局面，保证改革开放的顺利进行，促进生产力的快速发展。

（4）以科技、人才为支撑，提高县域经济的运行质量。科技是生产力，人才是经济发展的关健。县域经济的发展离不开科技的推动，在市场经济的原则下，在经济全球化，中国加入WTO的今天，把县城建设好，没有科技支撑是不可能的。依靠科技开拓创新，人才是关键。目前，县域经济人才缺乏相当突出，就以安徽省为例，2000年第五次人口普查数字显示，全省常住人口中，每10万人具有大学受教育程度的为2297人，具有高中教育程度7625人，具有初中教育程度为3278；显然在县域内接受大学教育程度所占比重比全省平均2.21%的水平更低。因此把大力发展农村教育，提高农民文化科技水平作为结构调整的根本动力来抓，这是推进农业和农村经济结构战略性调整的根本动力，也是增加农村劳动力转移适应能力的重要举措。在县城规划中要注重文化教育、科研用地的安排。大力发展高等职业教育，建立健全培养人才与吸进人才相结合机制，科技兴县。

2.2 县城规划要体现高起点，注重功能完善

（1）县城规划要体现高起点、可持续。高起点、可持续的规划可以使县城健康有序地持续发展，而目光短浅的规划会给老百姓和社会留下无尽的遗憾甚至痛苦。所以，县城的规划要有超前眼光和前瞻意识，不局限于现有的空间和条件，坚持“高起点、可持续的规划，有步骤、分阶段的实施”。同时，既要防止人为地硬性阻碍县城规模的升级，又要注意克服脱离实际的盲目扩张，真正体现高起点与科学性的统一，动态性与可操作的统一，经得起时间的考验。要坚持民主科学的决策程序，一方面要请专家、学者帮助论证修订、反复推敲，另一方面要广泛听取干部群众的意见，尊重民俗传统，集思广益，博采众长，提高规划的权威性、民主性，使规划更加符合老百姓的需要和愿望，更加贴近经济、社会可持续发展的客观要求。

（2）县城规划要重视功能，体现产业集聚和规模效益。县城作为一个县的政治、经济、文化中心，其主要功能应该是产业的集聚增效（主要是二、三产业），经济的辐射带动、政治的领导指导生活保障、教育的传播覆盖、文化的服务等，县城的建筑和设施只是实施功能作用的物质手段和实物载体。县城在规划时要按照“育特色、优环境、聚人气、兴产业、强经济、富民众”的目标和“工业化、民营化、城镇化、科技化”的发展需要，优先

考虑经济发展问题，考虑主导产业和特色产业的培育，考虑二、三产业的集聚，要把工业、商贸和科教作为规划的重点，选准区位，定好位置，认真进行建设，尤其要切实抓好县城工业园区的规划建设。在此基础上，进行生活、文化、娱乐、市场等区位的合理设置，促进二、三产业向县城相对集中、连片发展，从而提高基础设施的共享程度，优化产业结构，形成群体效益、集聚效应和规模效益，真正使县城成为工业中心、科教中心、流通中心、信息中心和令人向往的生活休闲中心。

2.3 树立精品意识，突出城市特色

特色是生命，没有特色，就没有魅力。一个县城，要有自己的环境特色，应当根据自身具有的自然条件，形成独具特色的城市风格。一个县城，也要有自己的文化特色，只有认真挖掘、整理、保护好历史人文资源，才可以巩固县城的根基，让县城的魅力长久留存。一个县域，更要有自己的经济特色。因此，我们要充分认识和发掘城市的优势资源，作出自己最强的、最有特色的、最有竞争力的城市标识，打造县城个性。在城市建设上要树立精品意识，适应时代的要求。美国在重点建设工程上精心策划、精心设计、精心论证、创造城市特色，值得我们借鉴。美国的公共性、公益性建筑等属国家税收的投入，建成后要有较高的品质为社会所接受和认同，这就为决策者提出了更高目标和压力，表现在建设上的精心程度、时间服从质量意识上。例如：华盛顿的富兰克林·罗斯福纪念公园，坐落在首都华盛顿市区景色秀美的西波多玛克公园内，东邻蓄潮塘，西伴波多克河。修建罗斯福纪念公园的计划，美国国会早在 1946 年就提出了议案，1955 年提案获得以立法形式正式通过并实施，成立了罗斯福纪念设施委员会。1959 年，设施选址方案被国会通过，1974 年，项目通过竞标，选拔出旧金山市的赫普林设计师策划此项建筑的设计方案，1978 年获得专门委员会通过，1991 年开始破土动工，1997 年 5 月建成正式向公众开发。从动议通过到建成开放前后

42 年，其中从设计到建成开放也花了近 23 年。这一精品进一步丰富了华盛顿中心区的景观，成了市民、游客参观浏览的重要景点。提高了城市的品质，突出华盛顿作为政治中心的定位，突出了城市特色。相比之下，我们一些县城在为了改善投资环境，在财力有限的情况，建超大规模的市民广场和使用进口灯饰，工程上缺乏论证，精品意识不强，项目缺乏长久的生命力。使得有些县城中心区成了克隆化的兄弟，项目缺乏城市应有的特色和品质。我们要克服浮躁、急于求成的迫切心理，尤其在大型公共设施方面，要坚持高品位，坚持可持续发展。

2.4 树立经营城市理念，务求实效

县城是一个资源聚合体，我们要把它作为一个整体来经营，即按照市场经济规律，综合运用城市土地资本、地域空间及其他要素，从总体上运用城市经济，在整个县城范围内实现资源配置容量和效益的最大化、最优化。这就要求政府从过去的对企事业单位的微观管理转向城市整体资源的发掘、利用、经营，转向对城市生活、生态环境的整体优化，着眼于城市整体资源经营利用和可持续发展。县城的各项建设必须在总体规划统一指导下分步实施，与当地经济发展水平相适应。当前县城规划规模总体上还不大，水平还不高，地区发展又不平衡，县城规划要结合实际，不能全面开花，注意防“散”，不搞大拆大建，而要因地制宜，区别对待，量力而行，远近结合。要十分注重基础设施和精神文明建设，将供水、供电、道路等建设和文化、教育事业放在优先发展的地位，提高县城的生活质量。努力营造环境创造优势，以环境优势把各种资源充分利用起来，汇聚起来，流动起来，形成量的积累和质的飞跃，转化为发展的动力和活力。达到塑造环境优势，汇聚发展势能，加快县城发展，增强县域经济的目的。

2.5 加强资源和环境保护，实现可持续发展

随着经济、社会的发展和人民群众对生活质量要求的提高，

资源和环境问题显得越来越重要。过去，我们一些地方在资源浪费和环境污染方面付出了沉重的代价，许多方面已成为影响经济发展的社会安定的消极因素。在县城建设中一定要把资源和生态环境的保护放到更加重要的位置上，再也不能走“先污染、后治理”的老路，否则后患无穷。

(1) 加强资源和生态环境保护的宣传教育。农村人口环境保护意识的强弱将决定以县城为中心的城镇体系生态和环境的好坏。因此，加强对城镇居民和农民的资源和环保宣传教育，提高他们的环保意识、“绿色”意识和可持续发展意识，显得十分重要。要使大家认识到：保护好资源和环境，不仅与自己的自下而上和发展息息相关，而且关系到后人的繁衍、健康和幸福，是功在当代、利在千秋的大事。真正使广大群众树立起强烈的自我约束意识和责任感，自觉投身到资源和生态环境的保护中来。

(2) 加大综合治理的力度。过去“江南水乡”的特色就在于水美，但在一此地方由于污染严重，现已到了有水不能养鱼育蚌、有水不能灌溉农田、有水人畜不能饮用的地步。解决这种状况必须首先从源头上杜绝新的环境污染的产生，绝不能以牺牲生态环境来换取眼前利益和发展速度，要坚持经济效益和生态效益的统一；二是加强现有企业的污染治理，坚决淘汰高污染、高耗材、低产出以及“三废”排放不合格的企业和装备；三是搞好县城及其他城镇区生活垃圾和污水的集中处理；四要积极推进耕地、河道、城建建设用地的综合治理，下决心对河道进行综合性整治。

(3) 向建设“生态县城”、“园林县城”目标迈进。县城建设中要十分注重美化县域环境；一是合理确定县城开发强度，运用城市设计理论和方法，丰富县城空间，创造宜人的城市尺度，优化县城人居环境。二是合理组织县城内外城市交通，达到便捷、安全、高效的效果。三是实施绿化美化工程。绿色美是“生态县城”、“园林县城”的形象特征，一个优秀的县城不仅仅在于有多少现代化建筑、有多宽的道路，更在于她的天蓝地绿、水清气鲜、鸟语花香的自然美。要合理规划和建设县城绿化环境，大力植树造林，引导种植经济林果，发展绿化庭院经济，不断改善社区绿化环境。同时，深入开展农田林网工程建设，积极发展生态农业，建立农业生产生态保护制度和示范基地。使县城有机地生长在大的生态环境系统中，实现生态环境与经济发展的平衡，人与自然关系的和谐。

【参考文献】

1 石忆邵．中国农村小城镇发展若干认识误区辨析．城市规划．2002（4）：27-31

2 高类章．做大县城．小城镇建设，2002（7）：9-11

3 李晓文．关于小城镇建设的两个话题．中国建设报．2002 年 7 月 23 日

4 宋宏，丁国华，孙自铎等．县域经济：发展的新思维与新路子．安徽日报．2002-04-19

5 刘连生．让“三套马车”拉动县域经济．安徽日报．2002 年 8 月 12 日

【作者简介】

胡厚国，男，安徽省城乡规划设计研究院副院长，高级规划师，国家注册城市规划师。

论小城镇建设中政府职能的转变

樊保军　彭震伟

【提要】　本文从小城镇建设和发展中出现的问题入手，分析小城镇政府职能的问题和转变的需要，根据小城镇的特征界定了小城镇的职能，并指出实现政府职能转变的途径。

引言

改革开放20多年来，我国小城镇的发展取得了巨大的成就。在此过程中，政府的推动和管理起了相当大的作用。从早期的对乡镇企业的扶持，到现在的政府积极招商引资，政府利用其特有的优势和权威性，充分发挥了其作用，带来了小城镇经济以及各方面建设的快速发展，为小城镇今后的发展和建设打下了良好的基础。而政府对小城镇经济的干预和积极作用，在我国经济体制转型、市场经济不够成熟的特定历史时期，是必然和必要的。可以说，没有政府的干预，小城镇发展也不会有今天的成就。但是，随着我国市场经济体制的进一步完善和小城镇的经济进一步发展，以往政府的角色与小城镇新的发展环境不再相适应，使得一些问题和矛盾也日益凸现，制约了小城镇的进一步发展。在新的发展时期，重新审视政府在小城镇中扮演的角色与作用，进一步转变政府职能，对于小城镇的发展和建设有着重要的意义。

1　小城镇政府的职能现状与产生的问题

根据我国地方组织法的规定，乡镇政府即小城镇政府有七项职权，这些职权大致包括4个方面：一是执行权，即执行乡镇人大的决议和上级政府的决定、命令；办理上级政府交办的其他事项；二是管理权，即执行本行政区域内的经济和社会发展计划、预算，管理本行政区域内的经济、教育、文化、卫生、体育事业和财政、民政、公安、司法行政、计划生育等行政工作；三是制令权，即制定行政措施，发布决定和命令；四是保护权，即保护国有、集体以及个人的合法财产，维护社会秩序，保障公司的人身权利、民主权利和其他权利；保护各种经济组织的合法权益等。而在所有这些职权中，小城镇政府的最主要职能是行政管理。在政府的具体运行中，小城镇政府管的事情涉及政治、经济、社会、文化，几乎事无巨细，无所不包，成为一个全能的政府。其中，对于经济的管理成为各个小城镇政府最为关注的一项职能。而政府在对经济的管理中，往往热衷于追求经济的短期快速增长，较少考虑长远的发展。从具体行动来看，仍然较多沿袭计划经济下政府的管理方式，以直接干预与介入的方式为主，扮演着地方经济的主要决策者和操控者的角色。诚然，在我国经济体制转轨的过程中，由于市场和社会发育尚未完善，政府利用其对于社会资源的强大控制能力以及在社会中的权威地位，把握住良好的机遇，对地方经济的建设作出了相当大的贡献。但是，随着市场机制的不断完善，小城镇政府职能与市场不相适应的矛盾也逐渐暴露出来，造成了小城镇政府自身以及小城镇建设中的一些问题，正阻碍着小城镇的进一步健康发展。

1.1 小城镇政府机构的臃肿

由于小城镇政府职能庞杂，在政府机构的设置上表现为“小而全”的特征，机构设置过多、过细和过度分散。同时，过多的职能和机构设置使得小城镇政府的人员编制数目庞大，与小城镇的规模不相适应。据国家统计局等 11 个部委对全国 1020 个有代表性乡镇的抽样调查，平均每个乡镇部门单位为 19 个，其人员达 290 余人，严重超编。政府机构的臃肿和人员的众多。一方面人浮于事，办事效率低下，造成人力资源上的浪费；另一方面较大的办公费用和工资支出，也造成对地方财政的巨大压力。

1.2 土地开发利用的失控和产业发展的困境

目前小城镇政府为实现城镇经济的快速增长，将注意力集中在项目的引进和开发上，靠企业数量的增加和投资的增加来达到经济增长的目的，这种经济的增长也表现为土地的大量外延式扩张。在土地开发上，政府常常急于项目的引进，而忽视了其对于城镇用地的协调管理职能，过多地与开发商妥协，造成小城镇土地的过度开发、粗放利用、用地结构不合理、布局分散等诸多问题。

同时，各个小城镇政府以自身利益为重，争相吸引开发商的投资，不但较难形成经济发展的区域协调机制，还造成小城镇之间的恶性竞争。政府之间在土地、税收等方面竞争相采取优惠政策，使地方财政蒙受损失，同时也因为扭曲了市场价格，使外来企业在区位选择上违背了正常市场条件下的合理性，成为相关企业无法形成集聚的一个原因。

由于小城镇政府在招商引资的过程中，由于短期和局部利益的考虑，盲目地引进项目，较少考虑现有产业内部结构的整合。使得当地工业门类五花八门，企业间没有形成相关的产业链，难以发挥集聚效应，限制了经济的进一步发展。其次，由于无法形成特色产业，也对本地企业的形成与发展不利，而过分依赖外来投资的发展模式成为今后经济发展的隐患。最后，许多小城镇产业用地布局分散，形不成一定规模的服务需求，也影响到第三产业的发展和城镇建设水平的提高。

1.3 农民与政府矛盾的产生

目前，小城镇的开发建设模式，需要占用大量土地，这些土地主要来自于对农民集体土地的征用。在土地征用的过程中，一般都是小城镇政府出面，强行对农民的土地进行征用，并给予农民一定的补偿。一方面，政府在给予农民补偿的时候，尽可能地压低补偿数额，提供的就业与社会保障又不够充分，使农民在失去土地后生计堪忧；另一方面，政府以较高的价格将土地出让给开发商，从中获取较大的利益，引起农民的不满。随着农民对保护自身权利的意识不断增强，农民与政府之间的矛盾也开始激化。如浙江一些地区的农民为保护自身权益，常常自发组织起来，围在田间保护自己的耕地不被侵占，场面蔚为壮观。而在全国各地，农民为征地而上访的事件也时有发生。政府在征地中不恰当地介入已影响到政府的形象以及农民的关系。

1.4 公共产品供给的失衡

由于小城镇政府过分关注于经济的建设，在小城镇公共产品的供给方面呈现失衡的特征。与生产有关的基础设施供给方面一般都能够满足需求，甚至还出现过剩的现象。但与小城镇生活相关的公共产品，如医疗、教育、文化、环境等的供给则出现滞后的现象。在很多小城镇可以看到宽阔的马路、巨大的招商广告牌、蓬勃发展的工业园区，但镇区内的医院、文化设施、学校等公共设施建设则还停留在20世纪80年代的水平，不能满足小城镇人口比重的单项指标，而没有达到城镇化的实际生活质量。同时，虽然镇内的工业企业吸引了大量农村剩余劳动力的就业，但对于农民来说，小城镇镇区既没有农村的舒适环境，又不能提供足够的服务设施，构不成对农民的吸引，使得就业的指向并不能够带动居住的迁移，阻碍了农民向城镇的集中。

2 市场经济条件下小城镇政府的职能

从小城镇建设与发展中出现问题和矛盾可以看出，目前小城镇政府职能与日趋完善的市场经济体制已出现不同步，表现为政府职能中存在越位、缺位或错位的问题。政府职能界定不清，政府权力的滥用，阻碍了市场的有效运作和资源的合理配置，也给小城镇的发展建设带来难题。在当前情况下，应按照市场化的需要，重新塑造小城镇政府的角色，明确政府的职能，进一步实现政府职能的转变。

2.1 政府的职能界定

总的来说，政府职能包括三个方面的内容，即政治职能、经济职能和社会事务管理职能。作为典型的国家行政管理机器，政府除了在政治上要与中央政府保持一致，贯彻执行党和国家的各项方针、政策外，其主要的职能内容，就是管理城镇的经济、社会事务。

在管理经济、社会事务中，政府的核心职能是服务，即主要是为企业和各种市场主体提供良好的发展环境和平等竞争的条件，为社会提供安全和公共产品服务，为劳动者提供就业机会和社会保障服务等。

就经济方面而言，在市场经济体制下，城镇的具体经济活动应该主要交给行业部门通过市场来运作。政府的主要任务是宏观调控和维持市场秩序。其经济职能主要包括资源配置职能、收入再分配职能、稳定经济职能与市场管理职能，政府主要通过税收、公共产品提供、政策规范等手段来实现其管理经济的职能。

在调控经济发展的同时，政府的重要职能还包括社会事务的管理，为建设健康稳定的社会环境提供服务。政府对于社会事务的管理主要包括对医疗、文化、教育、环境等社会服务的管理和监督，以及社会保障的提供，而这种管理也主要应以公共物品的提供为主。

2.2 小城镇特点与政府职能的侧重

与一般的市场相比，我国的小城镇具有一些突出的特点，使小城镇政府的职能与一般城市政府相比较有所不同。因此，小城镇政府行使其职能的时候应当从小城镇的特征出发，有所侧重。

(1) 小城镇是我国社会体制中城乡两部分之间的中介层次，是联结城市与乡村、工业与农业的关键环节。在小城镇的建设中，会较多地涉及到农民和土地的问题。因此，在产业的发展方面，农业建设仍是小城镇政府应当重视的问题，不能因为第二、三产业的发展而偏废了农业的发展；在土地利用和管理中，政府应通过政策控制与行政管理手段，保证土地的合理有效利用，保护耕地，避免土地资源的浪费和过度开发。

(2) 目前，小城镇在工业建设方面多注重于项目的引进，对于产业内涵的发掘方面不够重视，小城镇的经济发展仍然处于简单增长阶段。因此，在今后的发展中，小城镇政府应当把注意力从产业的增长转到产业的发展上来，提高对工业经济的调控能力，对产业发展进行合理引导，充分发挥企业的潜力，形成合理完善的产业结构，达到工业产业的稳步健康发展。同时，随着工业的发展，环境保护也成为今后小城镇政府的一项重要任务。

(3) 小城镇是吸纳农村剩余劳动力，实现我国城镇化战略的重要地域。但是，目前小城镇的社会保障体系仍然较为薄弱，公共服务设施有待完善，阻碍了小城镇的城镇化进程，这些都是小城镇政府在今后的工作中应当重点解决的问题。当然，由于小城镇自身规模较小，在公共产品的提供方面也应当从小城镇的能力需求出发，建设规模适当的设施，不盲目求大求全。

2.3 小城镇政府职能的限度

政府能力有限性决定了政府职能必须适度限定，有所不为才能有所作为，政府职能只有适度界定才能更好地发挥政府的作用。目前，小城镇政府在行使其职能时常常表现为力不从心，过多的职能集于一体，导致顾此失彼。一方面对于市场的干预既花费了精力又导致了诸多问题，不得不再花力气来弥补；而另一方面又表现社会事务的关注不够。其原因在于其行为超出了其职能范围，将过多的精力花在本应由市场机制调控的环节中，而无力顾及自身职能范围内的事务。从经济角度来看，小城镇政府职能范围的界定应该取决于市场和社会的需要。来自市场的需要是矫正市场失灵，而来自于社会的需要是人们对公平和良好生活品质的渴求。因此，政府对于市场的干预应当限制在“市场失灵”的经济范围内，而对于社会事务的管理，也可以适当由有关社会机构分担，以简化职能内容，强化管理效力。

总之，小城镇政府职能的转变应当从以前无所不在又效率低下的无限政府向精简高效的有限政府转变，将过于集中的权力转给市场和社会中介组织，将有限的精力用于社会总体的调控和管理上。

3 小城镇政府职能转变实现的途径

3.1 政府内部中思维惯性的转变

转变政府的职能，首先要转变政府官员的思维模式。在计划经济时期，我国政府官员一直习惯于将地方的所有事务管理都纳入到自己的责任范围内。特别是在经济建设中，以为只有将整个经济置于自己的直接控制之下，地方经济和社会事业才能得到更好地发展。十分不信任市场的力量，或者急于求成，以致拔苗助长，置经济规律于不顾。虽然随着市场经济体制改革的深入，社会结构早已发生了深刻的变革，但这种思维性依然存在，影响到政府职能的转变。

实现政府职能的转变，要使政府官员明确政府的职能和限度，认识到主要是由市场而不是由政府配置资源，政府的任务应以宏观调控和服务为主。只有在政府内部的思维方式转变过来了，才可能真正实现政府职能的转变，而不至于使变革流于形式，形成“上有政策，下有对策”的局面。

3.2 政府政绩考量体制的转变

小城镇政府过度追求经济的发展，以致超越自身职能范围干预经济，经济指标作为重要的政绩考核标准是其主要原因之一。由于对政府的政绩考核标准以经济的增长作为关键的指标，各城镇为了实现更高的 GDP 和更快的经济增长速度，将主要的精力放在招商引资上，以达到短期内经济的快速增长，致使政府越组代庖，而地方则呈现经济大跃进式的建设方式。

政策职能转变，同时需要对政府的政绩考核制度实行改革，从社会综合效益入手，建立完整的评估体系，与政府的职能转变相适应。

3.3 财税体制的完善

我国目前的财税体制还不完善，也成为政府职能转变的一大障碍。其具体表现在，分税制体制尚不规范，事权的划分不明确。地方企业的所得税和与中央共享的增值税构成了地方税收的主体，促使小城镇政府为了增加财政收入，获得地方建设的资金，过分地关注企业的建设，以致急于求成，做出违背市场规律的行为；同时由于政府间的转移支付制度不完善，不能达到平衡各地方间财政的效果，使得各小城镇更倾向于通过简单的经济增长方式来获得建设资金。因此，要转变政府职能，需要财政体制的完善，即通过税收制度的调整以明确小城镇政府的权力，使其与政府的职能相一致。同时完善政府转移支付制度，平衡各城镇间政府的财力，使其都能有效地提供公共产品和公共服务，实现政府职能。

3.4 市场体制的健全

政府职能转变使许多原本由政府承担的职能交还给市场，这种转变需要有成熟的市场机制的支撑。如果市场发育不健全，不能有效发挥资源的配置作用，政府职能的转变仍然不能实现其初衷。只有借助于市场机制的完善，政府的宏观调控职能才能达微观经济领域，全面地调节社会经济活动，对企业产生指导作用。而只有形成了健全的市场机制，政府职能转变才可能真正到位。

3.5 社会组织的培育

政府职能转变使许多社会职能由政府转移到社会，需要有相应的社会组织来承担政府让渡的职能，接管相应的社会事务。因此，健全的社会组织同样是实现政府职能转变的基本保障。政府在职能转变的同时需要对社会组织的发展给于引导和管理，促使其不断健全和完善，从而有效地分担传统体制下的部分政府职能。

结语

小城镇政府职能的转变对于小城镇的发展和建设有着至关重要的作用，对于我国总体经济的健康快速发展也会产生巨大的贡献。同时，这一变革的任务也是艰巨和长期的，需要宏观政策的支持和相关机制的同步改进与完善。在这一过程中，也还会有更多的问题产生，有待于进一步深入研究和解决。

【参考文献】

1 毛寿龙，李梅．有限政府的经济分析．上海：上海三联书店，2000

2 郭小聪．政府经济学，北京：中国人民大学出版社，2003

3 黄恒学主编．公共经济学，北京：北京大学出版社，2002

4 余映丽，李进杰．模式中国，北京：新华出版社，2002

5 毛寿龙．中国政府功能的经济分析，北京：中国广播电视出版社，1996

【作者简介】

樊保军，男，同济大学建筑与城市规划学院，硕士研究生。

彭震伟，男，同济大学建筑与城市规划学院，教授。

高速公路推动小城镇发展的作用和成因探究

耿　虹　赵学彬

【提要】　高速公路已经成为发展小城镇和产业经济的重要空间，是区域空间联系的纽带，探究高速公路对城镇及其产业发展的作用和成因，以利更好依托高速公路，推进沿线小城镇更好发展。

引言

随着高速公路建设的快速发展，高速公路对沿线城市建设带来的巨大影响越来越显露无疑，特别是对沿线小城镇的建设发展提供了无限的商机，依托高速公路发展，乡镇产业已经成为小城镇发展的一种基本模式，高速公路不仅成为引导区域产业布局的主要通道，更是沿线及周边地区城乡一体化进程的催化剂和凝结剂。在发达地区高速公路沿线几乎分不出城镇和乡村的区别，城市与城市之间由小城镇联成一片，基本上实现了城乡一体化。高速公路沿线还主要集中了区域主要的产业布局，使高速公路不仅成为区域交通联系的主要通道，更成为城市和城市之间的经济社会联系纽带和城市发展的空间发展轴。同时，随着城市自身的结构系统越来越追求完整和谐，城市内部土地也逐步实现结构优化和功能调整，高速公路沿线的区位优势和充足的土地储备成为城市产业布局的首选。国内外的实践经验表明，一条高速公路，特别是大城市之间的高速公路建成后，就会使两端的大城市沿高速公路逐渐延伸发展，形成以高速公路为轴线的城市群，在各处出入口或立交枢纽附近形成一系列卫星城镇；同时，在高速公路沿线的原有小城镇也充分利用其提供的便利条件进行城镇功能、产业类型和土地结构的全面调整，努力使自身的功能向区域化功能分工靠拢，其中有些综合基础较好的城镇在实现对沿线中心城市功能的有益补充的同时，相应扩大城镇经济规模，并在可能的情况下迅速确立区域性的独立经济地位。

1 高速公路已经成为发展小城镇和产业经济的重要空间

从国外的实例来看，日本阪神等几条高速公路的 14 座立交枢纽投入营运 5 年后，新建工厂 9000 余家，同时使原来的小城镇逐步发展成工业城市。贯穿加拿大最大的两个省份安大略省和魁北克省的高速公路，起于西南部与美国的汽车城底特律相邻的温莎，止于东北部圣劳伦斯河畔的魁北克，全长 1100 余公里。在多伦多交通最繁忙的地区，该高速公路最宽处多达 16 车道，日均交通量达 35 万余辆，高峰期超过 40 万辆，是北美最重要的公路运输干线。在这条高速公路修建之前，安大略省的工业主要分布在多伦多南部。1962 年该高速公路建成之后，工业布局逐渐向北延伸，形成了以高速公路为轴线的工业走廊，集中了全加拿大 70%以上的工业，包括食品饮料、汽车及其零部件、钢铁、纸浆及造纸、纺织服装、电子、通讯、飞机、造船、木材加工、化工、军工等几十个工业门类，相应地促进了高速公路沿线商业、文化设施的发展和中小城镇的发展，使之成为全加拿大城市化水平最高的地区，该高速公路因此被称为“加拿大的主要街道”。

国内的经验同样是令人振奋的：我国的京津塘高速公路全长 142.69km，其中天津段 100.85km，经武清、北辰、东丽、塘沽四个区县，是天津的城乡结合部，原来以农业为主。高速公路建成后，沿线的产业结构发生了巨大的变化，两年内批准设立三资企业一千余家，沿线农业产值占国民生产总值的比例从原先的 90%左右下降到 40%（1993 年）。乡镇企业的总产值从 1990 年的

690181.5 万元增长到 1993 年的 1618200 万元，增长了 1.34 倍，年增长率达 33%。京津塘高速公路沿线的出入口周围形成了电子、机电、新材料、生物、新能源等各具特色的 9 个高新技术产业园区及相应的城镇居民区。

沈大高速公路将以沈阳为中心的辽宁中部城市群与以大连为中心的南部城市群连成一体，形成了一条经济开发轴线，沿线建设的经济开发区高新技术开发区等占全省总数的一半。既促进了原有大中型城市的发展，也促进了郊区卫星城和中小城镇的发展。1990 年，全省共有 6 个县级市、413 个建制镇，位于沈大高速公路沿线的仅分别有 2 个和 173 个；到 1993 年，全省发展到 14 个县级市、526 个建制镇，而位于高速公路沿线的就分别达到了 7 个和 227 个。

沪嘉高速公路建成后，现代化的交通条件大大改善了沿线乡镇的投资环境，从而使沿线土地价值从原先的每平方米仅 5 元人民币左右增加到 30 ~ 80 美元。不仅吸引了大量外资和内资，发展了经济，而且发展了新兴的农村集镇，促进了劳动力由农村向城镇、由农业向非农业、由第一产业向第二和第三产业转移，推动了高速公路沿线及周边地区城乡一体化进程，缩小了城乡差别。而在广深高速公路沿线，除了个别地段外，几乎已没有空地，分不出城镇和乡村，基本上实现了城乡一体化。

沪宁高速公路联系的是我国长江下游发达的长三角区域，其中贯穿的城市包括南京、镇江、常州、无锡、苏州、上海六个大城市和上海的安亭，江苏的昆山、硕放、玉祁、横山、丹阳、丹徒、句容和汤山等中小城镇。这一地区是长江流域最负盛名的“金三角”，沪宁高速公路的建成通车更是为加快长三角区域腾飞创造了优越的基础性条件，高速公路建设前后沿线城市产业的发展呈现出完全不同的规律特征：在沪宁高速公路于 1998 年建成通车之前，沿线中小城市的发展互不相关，尤其表现在城市的产业布局上，区域内部产业布局呈现无序状态，缺乏合理导向，雷同现象严重；城市与城市、城市与乡村之间缺乏宏观联系，割裂了城乡结构关系，加剧了二元结构的矛盾，呈现明显的产业结构断层；沿线小城镇占道建设现象严重，依托国道和省道进行原始的小农经济式的城镇建设，阻碍道路交通，经营效益低下，并形成恶性循环；区域资源效益不能充分发挥，导致整体经济效益低下；人口流动呈现单向性，即向大中城市集聚，中小城镇缺乏合理的产业布局来容纳农村剩余人口——凡此种种，不一而足。而高速公路的建成彻底改变了这种城市群体发展的基本规律，首先整合了区域资源，使之得到合理而充分的利用，充分发挥上海作为"长三角"经济发展的火车头的带动作用，城市群也初显雏形，沪宁高速公路沿线城市化水平也由建设之前的36%提高到现在的60%多，沿线城市与乡村基本连成一片，已经分不出城市与乡村的界线，沿线产业布局已经形成规模效应，城市群体发展依托高速公路有序进行，和以前自发生长体系呈现完全不同的态势。

从以上实例可以很明显的发现依托高速公路形成城市和城市之间的产业联系带，并带动沿线的城镇建设，这种趋势已经从我国的沿海发达地区逐步向其他地区推进，从浙江杭金衢高速公路沿线的开发建设可略见一斑。杭金衢高速公路联系的是浙江东部和中西部的交通纽带，凭借长江三角洲经济极核的辐射作用带动浙江中西部欠发展地区的城市建设，分别在沿线的金华、兰溪、衢州形成城市边缘工业园区，并和乡镇企业成功实现接轨。杭金衢高速公路自2002年10月建成通车以来迅速成为浙中地区主要的经济走廊，沿线城市建设和乡镇的发展迅速得到解放，城市化水平迅速提高，由高速公路建成前后的城市建设比较可以发现如下变化：

（1）城市外部土地利用由城市主导转变为城市和乡村共同作用，由于民间资本的雄厚，更多的呈现出"自下而上"的土地利用模式，和原来的"自上而下"的土地利用模式相比发生了根本的改变，为小城镇的建设发展开辟了新思路；

（2）和过去"村村点火，户户冒烟"的乡镇企业模式相比，逐步实现乡镇企业向城市产业园区集中的过渡；农田也逐步向规模经营过渡；实现了土地的集约利用。

（3）逐步形成城乡一体化初步结构，和过去城乡对立的局面发生了改变，主要表现在人口流动上，依托高速公路建设的中小城镇逐步成为农村人口的非农转化的蓄水池。

（4）城市之间的功能协作成为区域发展的必然选择，改变了过去单一城市复合功能的局面，形成了区域整体经济群体观念，使得城市之间的发展更加合理，也为中小城镇调整城镇功能、迅速楔入沿高速公路发展的中心城市功能链提供绝好的机会。

2　高速公路对沿线小城镇的建设作用

高速公路对于沿线小城镇的建设发展具有多方面的影响作用。总体来说，其推动小城镇建设发展的机制是复杂多变的，是由内外多重因素综合作用的结果。对这些纷繁复杂的作用因素进行归纳总结，大致可以概括为这么几点：

（1）扩大区域市场空间，建立广域的市场概念，调整城镇功能和产业结构布局，使城镇经济迅速融入区域经济体系范畴

当前我国城市化水平滞后工业化约 10 个百分点，这一水平比发达国家低很多，比许多工业化程度相近的发展中国家也要低 10 个百分点以上。由此，低城市化率愈发显现出经济发展中的深层次矛盾。城乡二元结构是造成这种状况的主要原因，其大大制约了农民收入增长和农村市场规模的扩大；同时，城乡二元结构矛盾，使城市大量工业消费品生产能力过剩，制约了第三产业发展，因而制约了城市和乡镇经济的发展。从实际反馈效益机制来看，高速公路辐射区域其城市化、社会产业化和市场化强度远远高于其他区域，尤其在发达地区，高速公路沿线基本很难分清城市和乡村，基本联成一片，实现城乡一体化的初步结构，城乡市场基本打通。另外，在经济一体化和全球化趋势之下，区域产业之间的分工和联系越来越紧密，而交通运输和通讯的高效快捷，一方面可以增强区域之间的联系，带动区域之间的广泛的经

济活动，也为推动区域化的市场发育和相互联系提供了今非昔比的便利性。由于“小城镇大市场”的概念和机制迅速建立起来，与以前相比，其产业布局和市场运作全面融入区域经济体系范畴，经济和社会发展的整体效率大大增强。

（2）促进区域产业集中，诱导资本、人力及社会资源的优化配置

高速公路以其优越的交通优势对广域空间要素进行了整合，如产业和人口的集散，以及资本流通和资本聚集等，体现出对区域经济发展的先导作用。同时高速公路的建设也有利于城市产业结构优化整合，将大城市内部部分产业置换到沿高速公路发展，利用高速公路良好的区位优势将一些流通成本较大、物流体系发达的产业布局在高速公路出入口附近，形成新的城市增长点。乡镇企业已在我国现代化建设中具有重要的地位，是我国工业化进程中不可或缺的有生力量，其发展更是离不开公路运输。高速公路建设对区域经济发展的先导作用，主要表现在以交通区位的优势，诱导大量新的资本在其沿线的投入，形成高速公路产业带，调整了产业和人口的分布，在我国乡镇企业发达的长江三角洲、珠江三角洲地区，各种经济成分的企业竞相向高速公路聚拢，并逐渐形成依托高速公路轴向发展趋势，减少了分散的城镇模式，促进产业、人口向高速公路沿线交通区位优越的城镇集聚。由此可见高速公路的走向对企业群体布局和地区人力与社会资源的重新配置有着明显的诱导作用。

（3）整合土地资源结构，全面提升土地资源价值和城镇整体价值水平

在小城镇发展过程中，依托区域大型基础设施的带动具有发展优势，而这种区域性基础设施最能对土地价值产生影响的就是高速公路，高速公路建设对国土资源的开发主要表现在以交通区位的优势，提高了高速公路沿线主要城镇以及周边区域土地资源的利用强度和价值，在地域结构上重组了土地经济结构配置，从区域上更集约的使用土地，并达到利益最优化。高速公路的建设

与城镇之间联系加强，工业布局不断扩展，呈相对集中又分散覆盖的局面，不仅改善了城市建设的规模和结构，更在调整沿线土地利用性质的同时，大大提升土地价值，并更加全面地提升了城镇整体价值水平。

用地结构的改变主要表现在高速公路沿线城镇的土地使用性质的改变，乡镇企业向城市产业园区接轨，成功实现依托高速公路，整合城乡资本，构筑城乡产业购销两旺的局面。废弃农田从向产业园过渡；乡镇分散的村庄向城镇集中居民点过渡；小规模农田经营向农场过渡；并伴随这些过渡出现了配套的商业、服务业的出现，推进中小城镇迅速发展。

(4) 推动城镇第三产业快速发展

同时高速公路的建设为人与物的流动创造了有利条件，促进商业、旅游业等第三产业的发展，整体上优化城乡经济结构。例如京津塘高速公路的建成通车极大地缩小了京津两地的时空距离，天津的水产品可以及时送达北京，丰富了北京人的菜篮子；同时公路交通本身就意味着人和物的流动，会带来沿线地区商业的繁荣，促进各类大小集贸中心的形成。高速公路也为沿线旅游业提供了便利的条件，促进旅游景点向纵深拓展并提高旅游业的综合服务水平，有利于不同的城镇实现不同的发展策略。

(5) 促进区域城镇体系结构的合理配置

交通运输网络是城镇体系发展的基础，是进行城镇体系布局要考虑的最主要的因素之一。高速公路的发展缩小了城乡之间的距离，为城镇的发展创造了有利的空间条件，会带动新的城镇群体的出现和原有城市的扩展，调整区域城镇体系的布局，加速沿线的城市化进程。从沈大、沪宁等高速公路的发展实践看，城镇体系的发展与高速公路的发展有着互为依托、互为促进的极为紧密的关系，高速公路是其空间发展轴，依托这条轴线发展不同规模等级的城镇结构，并逐步向高速公路腹地纵深发展，改变原有经济结构中社会发展落差，扩大城镇体系结构中的经济交流，有利于区域协调发展，而对于我国中西部地区来说，由于经济发展落后，更加迫切地需要实现对外经济交流，依托高速公路建设小城镇，促进城乡经济特别是贫困、边远地区城乡经济改变传统封闭、落后的面貌，向商品化、现代化的方向发展，也会极大地提高社会文明化程度。

(6) 引导城镇社会的现代化建设，推动社会文明的全面进步

全国各地星罗棋布的小城镇经济的全面发展，直接推动了地区城市化进程。但是，城市化不等于现代化，城市化水平作为一项社会经济发展指标，更包含了人口非农化之外的现代社会文明进步的诸多内涵，比如人口质量、人口素质、现代文教卫体事业发展水平、社会道德水平、社会保障制度等等。这些现代城市文明的各方面问题，既不能用城市化水平的概念表述清楚，也不是随着城市化水平的提高和城镇建设的进步自然而然地就解决了的。现实情况表明，在城市化发展的特定阶段，城市社会文明的进步程度总是要相应地滞后于城市化发展水平。在这种情况下，高速公路对于滞后的城市社会文明进步就起到了一种强力的推进作用。相对于其他地区城镇来说，高速公路沿线城镇凭借其区域化的城镇功能角色和便捷的对外交往，能够在区域中心城市的带动下，以区域化的经济建设水平作基础，较快地建立开放型的现代城市社会文明体制，对于加快实现社会文明的全面进步有着无可比拟的便利条件。

3 高速公路沿线小城镇发展可能存在的问题

高速公路是区域社会和经济发展的纽带，同时也是区域社会结构和自然结构中不可忽略的重要因素，在城市化迅猛发展的时期，沿高速公路建设行为如雨后春笋般突兀出来，从一定程度上而言，高速公路只是这种建设行为的催化剂，催化着沿线城镇凭借既有的内外部发展动力，在所处的区位和既有的社会物质基础条件下，迅速地改变原来的社会经济发展水平。同时，高速公路又是一把双刃剑，在为小城镇建设发展提供巨大便利条件的同时，也可能带来这样那样的问题，这些问题可能对城镇建设和区

域社会经济发展产生负面影响，而且，这种负面影响有可能是长远的、不可逆转的，因此，从长远来看，这些在高速公路沿线小城镇建设发展中可能存在的问题同样不可忽视：

(1) 依托高速公路出入口形成工业包围城镇的局面

依托城市高速公路出入口形成城市工业园区，但在具体操作过程中往往出现大量征用农田的现象，尤其在乡镇企业发达的浙江中部，由于城市和乡镇争夺高速公路沿线的有利区位，竞相征用沿线土地，兴建工业园区，往往在中小城市周边形成蔓延数十平方公里的工业开发区，呈现出粗放发展的态势，既占用大量农田，也对城市的进一步发展形成阻抑，不利于城镇的一体化发展策略。

(2) 依托高速公路辐射对城镇生态保护的影响

高速公路作为区域社会经济联系的纽带，同时也是区域生态廊道，生态意识在许多中小城镇的发展过程中不受重视，一味依附高速公路发展城市产业，而缺乏对生态环境有效的控制，结果导致以牺牲环境质量和生态多样性为代价的发展模式，城镇的发展越来越大，旧的工业区沦为城市中心，城镇环境恶化，高速公路割裂了生态圈层体系，阻断了生态链的连接，其自身的交通环境也受到影响。

(3) 沿线产业布局不均衡

在小城镇发展过程中，“重二轻三”的思想仍然十分严重，依托高速公路布局城镇工业园区成为中小城镇发展的共识，而相配套的第三产业却跟不上第二产业发展的步伐，其结果必将导致城镇产业结构的不配套，影响经济的持续发展。同时区域中高速公路沿线产业重复建设，既浪费大量人力财力，又不能产生区域最大经济效益。

(4) 对传统的地域社会文化生态的全面颠覆

高速公路在为沿线城镇土地资源施展点石成金的魔力、为城镇建设带来新的物质文明和精神文明的同时，也在不知不觉中影响着城镇向传统的、原生的地域文化告别。因为高速公路就像一根放在电解液中的巨大的电解棒，吸引着区域范围内的人力、物力、财力，以及各种其他的千百年来原生态地依附于这片土地之上的人文要素，像电解液中的矿物和金属离子一样，向着电解棒不断地结晶、析出。而高速公路这种单一功能与形式的现代交通要素所析出的物质文明与精神文明晶体，其内在结构自然远离了多姿多彩、各具传承的原生的社会文化生态谱系，于是，不同民族地区、民俗地区、语言文化地区的固有的文化生态环境遭到全面颠覆，天人合一的人居环境、山水相依的民俗背景、纯然朴拙的乡土民风、古意悠然的礼仪节祭，所有物质的和非物质的宝贵文化遗产都面临着迅速涌入的外部文明的冲击。在高速公路沿线城镇，这种破坏性的颠覆活动进行的速度，如果以文化遗产所产生的年代来度量的话，很可能是瞬时便完成的。即便是离高速公路较远的乡镇，由于城镇社会资源向高速公路沿线城镇的迁移和地区城镇体系与社会文化经济体系的重组，其城镇文化的没落靠自身的力量也是无法避免的。因此，高速公路快速输入的机制带给沿线乡（城）镇的文化冲击，将是这些小城镇依托高速公路发展所面临的一个最难解决的现实问题，值得很好地加以研究。

【参考文献】

1 潘海啸．大都市地区快速交通和城镇发展．上海：同济大学出版社，2002

2 曲大义，王炜，王殿海．城市土地利用与交通规划系统分析．城市规划汇刊，1999（6）

3 徐永健，阎小培．西方国家城市交通系统与土地利用关系研究．城市规划，1999（11）

4 毛蒋兴，阎小培．城市土地利用模式与城市交通模式关系研究．规划师，2002（7）

5 蔡秀玲．论小城镇建设—要素集聚与制度创新．北京：人民出版社，2002

6 邹兵．我国小城镇产业发展中的困境与展望．城市规划汇刊，

1999（3）
7 姚士谋，管驰明，房国坤．高速公路建设与城镇发展的相互关系研究初探—以苏南地区高速路段为例，经济地理，2001（5）
8 张尚武．城镇密集地区城镇形态与综合交通．城市规划汇刊，1995（1）
9 王宁，陈勇．地域城镇密集程度的实证分析与规划策略．城市规划汇刊，2002（6）
10 Andrew，Kirby，David Lambert．Land Use and Development［M］．London：Longman Press，1985
11 Warner·Sam B．Streetcar suburbs：The process of growth in Boston. 1870—1900，Publications of the Joint Center for Urban Studies．Cambridge．Ma．：Harvard University Press and MIT Press，1962
12 B．Pond，M．Yeates．Rural/Urban Land Conversion I：Estimating the direct and indirect impacts［J］．Urban Geography，1993（14）：4
13 Moon．Henry F．Interstate highway interchanges reshape rural communities．Rural Development Perspectives 4．1：35—38．Jr．1987．
14 Mackaye．Benton．The townless highway．The New Republic 62：93－95．1930
15 Wingo．Lowdon．Transportation and urban land．Washington．D. C.：Resource of the future．Jr．1961．

【作者简介】

耿虹，女，华中科技大学建筑与城市规划学院，副教授。
赵学彬，男，华中科技大学城市规划专业2001级研究生。

第 三 篇

小城镇规划探讨

经济发达地区城市边缘小城镇规划若干问题探析

赵　蕾　王士兰

【提要】 城市边缘小城镇作为城市发展中最具敏感性的地域实体，在小城镇发展研究中具有特殊意义。本文以浙江省绍兴福全镇为实例，通过对经济发达地区城市边缘小城镇现状特点的综合分析及发展动力机制的研究，探析城市边缘小城镇在总体规划中值得关注的几个问题，从而正确引导这类小城镇与中心城市协调发展，体现在小城镇规划设计中的前瞻性。

1　引言

在中国城市化进程中，随着城市迅猛发展和用地向外蔓延，城市边缘区已成为城市发展中最具敏感性的地域。城市边缘区的特征、功能及动态演变等问题已愈来愈被规划界所关注，城市边缘区的可持续发展已成为研究的重要课题。

城市边缘小城镇在城镇结构、特征、功能等方面既具有城市边缘地区的共性，但又不完全等同于城市边缘地区的发展。其在接受中心城市辐射的同时，仍将以自身相对独立的体系寻求发展，在内部力求平衡。但随着中心城市的继续扩张，其又很有可能成为中心城市的一个组成部分，分担部分城市职能。因此，在城市边缘小城镇总体规划中，要研究小城镇自身发展和与中心城市接轨发展中的平衡点，处理好小城镇空间发展中既保持小城镇的职能体系，又与中心城市协调发展的关系，从而正确引导这类小城镇的职能转变和空间动态演化。

2 城市边缘小城镇的界定及研究背景

2.1 城市边缘小城镇的界定

城市边缘小城镇位于城市规划区范围内（中华人民共和国城市规划法定义城市市区、近郊区均为城市规划区），在地理概念上主要指紧邻大中城市市区的小城镇。综观各种类型的小城镇发展，城市边缘小城镇变化最大、空间最敏感。它接近中心城市区的核心圈层，是中心城市外延扩张过程中首先影响到的区域，也是接受中心城市辐射最强烈的地区。一般来说，城市边缘小城镇现阶段仍以一个较完整的体系发展，但其各个要素从不同程度上已经受到了中心城市辐射的影响，初步显现出城市特征，如用地功能性质的转变、市政工程设施逐步齐全、强调城市景观设计、城镇居民素质渐趋提高等。

2.2 研究对象的发展背景

我国沿海经济发达，地区的中心城市随着经济的快速发展和城市建设的突飞猛进，在城市边缘小城镇空间形态上发生了很大变化，已不再局限于原有的职能，部分已参与到中心城市的经济运作中去，成为城市经济体系中不可分割的一部分。同时，城市边缘小城镇由于受到自身要素的发展，在建设中又存在着一定的盲目性，出现了诸如环境质量下降、土地利用不合理、城镇化明显滞后于工业化等不协调问题。

这种现象在浙江省尤为明显。作为以市场经济发达和乡镇企业异军突起为经济发展特色的浙江省，改革开放以来，一直以小城镇迅猛崛起为特征的城市化获得了很快发展，不少小城镇参与到浙江省中心城市的经济运作中去。但同时，浙江省大城市不大、中等城市不强、小城镇量多质低的现状已严重制约了全省经济竞争力的提升。如何结合城与镇的协调发展，将成为浙江省城市发展研究的重要课题，其中一个重要的研究内容即是对中心城市边缘小城镇的研究。本文通过对浙江省绍兴市边缘的经济发达小城镇——福全镇历时两年余的实地调研和规划设计，探讨在城市边缘小城镇发展中需要研究的若干问题，并提出一些相应的理念。

改革开放后，经过二十余年的经济社会发展，绍兴市已进入了一个新的历史发展时期，社会事业全面发展，区位和交通、环境不断改善，进一步激发了中心城市向外扩张的需求。通过行政区划的调整，绍兴拓展了市区空间。在新一轮的总规划中绍兴城市发展战略是“城市北进、旅游南延、沿江开发、多向拓展，成为杭甬间崛起的大城市”，规划提出绍兴城市的南部发展将依托鉴湖水系，重点发展休闲度假、旅游观光和人居环境。紧邻市区西南部的福全镇正处于绍兴大城市框架内，作为工业强镇在发展中如何正确处理好自身工业与中心城市环境的矛盾极其重要。然而目前，镇工业经济一直是福全镇经济发展的重点，近几年来GDP和社会总产值的年平均增长速度分别在13%与16%以上，占有绝对优势，在镇区建设用地内，工业用地占大额比例。如果现在就对工业经济的发展采取控制或削弱，势必会影响整个城镇发展的势头，是不可取的。

因此，如何处理和协调好这对矛盾，将成为今后中心城市与其边缘小城镇相互融合、共同发展的关键问题。

3　城市边缘小城镇发展现状特点研究

3.1　经济状况

中心城市边缘小城镇由于其特殊的地理位置，在经济、技术、文化、信息和生活方式等各方面都直接受城市的影响和辐射，具有鲜明的“地利”色彩。通过对绍兴市域内其他小城镇与福全镇的比较调查，得出如下结论：(1) 福全镇的经济发展水平明显高于其他小城镇，且GDP的年均增长速度较快，具有强劲的发展势头。(2) 福全镇第二产业份量明显重于其他小城镇，第二产业在经济结构中占有绝对优势，而第一产业在经济总量中的份额低于其他小城镇。(3) 在福全镇自身经济结构中，第二产业占据绝对优势，第一产业发展平缓，第三产业发展速度较快，但总量尚少。2001 年，福全镇的一、二、三产业比重为 1.9:89.5:8.6，2002 年为 1.0:97.8:1.2，如表 1。

福全镇与绍兴其他小城镇的经济比较　　表 1

城镇名称	国内生产总值（万元）				财政收入（万元）			2002 年一、二、三产业产值的比较
	2000 年	2001 年	2002 年	平均增长率	2000 年	2001 年	2002 年	第一产业；第二产业；第三产业
福全镇	98362	118944	153839	25.1%	14348	18948	15862	1.00:97.80:1.20
夏履镇	54533	62114	75057	17.3%	1716	3314	3097	1.08:96.65:2.27
漓渚镇	34957	39736	46751	15.6%	1750	2201	2951	6.85:89.69:3.46
陶堰镇	15874	18007	18141	6.9%	1114	1712	1829	8.06:87.04:4.90
富盛镇	17518	20312	23115	14.9%	762	613	1104	11.40:85.23:3.37
安昌镇	94653	107932	122679	13.8%	5305	5678	10719	1.81:96.29:1.90

从总体上说，绍兴市域范围内的小城镇第二产业发达，工业化发展迅速，在产业结构中第二产业占据绝对优势。相对来说，福全镇作为中心城市边缘小城镇，经济发展强烈地受到中心城市经济活动的辐射，已直接参与到城市的经济运作中去，中心城市的发展给城市边缘小城镇提供了发展机遇。近几年来，由于中心城市边缘地区土地的机会成本较高，从事农业生产的风险大，且经济效益低下，再加上乡镇工业发达，市场经济活跃，小城镇中大量农业人口转向非农产业，农业却成了兼业，或成为“业余”。于是在工业化初、中期，第二产业起到主导作用，占有绝对优势，而第三产业发展却相对滞后，原因之一是由于城市化水平低，城镇公共服务设施差；二是福全镇区位条件好，服务行业和

部分基础设施依赖于中心城市。

3.2 土地利用

中心城市边缘小城镇的土地利用特点主要是：（1）随着经济的快速发展，城市边缘小城镇近年来的土地利用开发总量在迅速增加；（2）城镇的土地开发主要是沿通往大城市对外交通干线沿线发展。城镇用地结构渐趋松散；（3）乡镇工业快速发展带来了工业用地急剧增加，用地结构明显不合理。

福全镇20世纪90年代初主要在镇区的中心，成为当时绍兴有名的“金三角”，对发展小城镇起到一定作用，但形不成规模；2000年开始，随着工业化进程的发展，福全镇逐渐在镇区西部沿东环线开发了特色工业园区，形成了西部工业区、东部居住区两个功能区块的形态。2002年比2001年镇区建设用地增加了一倍多，主要是工业用地急速上升。截至2003年，镇区工业用地占建设用地的比重已达71.8%。这说明相应的建设远滞后于工业经济的发展。城镇建设用地的比例失调将会给小城镇的可持续发展和生态环境保护造成不利，乃至留下隐患。

3.3 人口状况

城市边缘小城镇由于其特殊的区位、交通条件、产业发展等优势对外来人口的吸聚能力明显强于其他城镇，但外来人口的属性已经发生了明显的变化，除一部分是剩余农村劳动力进镇务工外，通勤人口的数量也在日益增多。他们流动的情况是白天来镇内工作或学习，晚上回市区居住。如福全镇镇政府干部职工80%以上是来自于绍兴市区；秋瑾中学办学质量高而较为有名，吸引了不少师生。从而，早来晚归形成了镇内一种独特的工作生活方式。福全镇通勤人口占镇区人口的50%，分析通勤人口多的原因：（1）良好的区位和便捷的交通，离市区和县城都较近，10min可达市区，20min可达县城。公交车很多，间隔5min即有车辆通往市区和县城。（2）特色工业园区建设和产业竞争力的提升使福全镇知名度日益上升，吸引中高层技术、管理人才来镇区创业。（3）秋瑾中学的高质量办学吸引了不少市区和县城的师生。（4）市区和县城的公共服务设施明显好于镇区，促使人们选择工作学习在镇区、生活在市区的行为。

3.4 空间形态

城镇空间形态的发展犹如生命体，由小及大，从幼稚逐渐趋向成熟。城市边缘小城镇也是如此，在过程中呈现出内在的规律性与秩序性。城市边缘小城镇发展初期（即工业化初级阶段）由于受中心城市辐射力影响较弱，城镇的发展呈现出一种相对孤立的空间形态，较多地依赖于自然地形。福全镇最初的镇区中心紧临镇区内主要水系漓渚江，经过发展初步形成带状结构形态，随着中心城市辐射力的增强，城镇开始依附于通向中心城市的主干道发展，逐渐形成团块状结构。福全镇区沿104国道南复线与东环线两条主要对外交通干线上，形成了“金三角”区块和特色工业园区两大组团就是这种空间形态典型的实例。在工业化初中期由于受到城镇自身发展因素的限制，内部组团联系不紧密，空间结构松散，导致小城镇发展缺乏凝聚力。因此，这类小城镇在开发建设中如何有效引导与控制已显得愈来愈重要。

3.5 生态环境及地方特色

当今有些地方小城镇的经济发展往往是建立在牺牲环境的基础上。而城市边缘的小城镇的环保意识则比其他小城镇要强。福全镇十分重视生态环境，注重绿地系统和景观效应设计，将城市设计的理念引入到小城镇的规划建设中来。但是，小城镇终究脱胎于乡镇，生态环境、城镇风貌特色的规划和建设尚处于起步阶段，水平不高，开发和保护的关系处理不当。福全镇是一个水网纵横、文化历史渊源深远的江南古镇，经济快速发展的同时，小城镇的风貌改变很多，虽然采取了避开旧区、建设新城区的做法，但城镇的原有地域风貌仍被忽视，历史文脉遭到了破坏，镇区内看到的是现代建筑建设，古镇风貌的痕迹只有在镇域内僻静的村落中窥得一斑。

4 城市边缘小城镇发展的动力机制分析

4.1 区域环境的外在影响

长三角经济发达区域内，不少城市随着自身经济建设和社会发展的快速推进，导致行政区划不断调整，城市规模持续扩大，城市对周边区域的辐射力日益增强，表现在城市边缘小城镇的动态演变尤为明显：(1) 城市边缘小城镇快速吸收中心城市的先进技术、信息、资金等，与城市之间的差异在逐渐减小；(2) 城市边缘小城镇的资金较其他城镇富足，劳动力和土地资源又较中心城市富裕，因此，城市边缘小城镇比较容易把这些生产要素和资源转变成生产力，促进经济的发展。(3) 处于区域性对外交通和城市干道结合部位的城市边缘小城镇具有良好的交通条件，其连接原料产地和市场，运输业发达，成为城市边缘小城镇较其他城镇有更多的优势。

但中心城市的“扩散效应”在一定程度上将会给城市边缘小城镇带来副作用。中心城市的“扩散效应”在给周边地区带来经济繁荣的同时，局部也造成周边地区产业结构的单一性、重复性，知识技术含量的低层次，尤其是生态环境的恶化。

4.2 自身产业的发展

城市边缘小城镇相对于中心城市具有相对低廉的土地、劳动力和较为宽松的开发条件，是劳动密集型企业发展的最佳沃土。又因为离中心城市近，城市边缘小城镇的竞争优势较其他城镇更明显。如福全镇中小企业已具有相当规模，形成金银饰品、皮革加工等 5 大特色产业，第二产业占有绝对优势。随着工业化的进一步发展，产业结构的优化，城市边缘小城镇产业发展已不再局限于原来的职能范围，开始参与到中心城市的经济运作中，成为中心城市经济体系中不可分割的一部分。

5 城市边缘小城镇发展中值得研究的几个问题

5.1 目前依然相对独立，今后依托中心城市

城市边缘小城镇现状大多以相对独立的体系发展，这是由于小城镇经济发展的主导力量所决定。如福全镇利用区位条件的优势，依托雄厚的工业实力，通过乡镇、民营等企业在镇区内部集聚成一定规模，进一步推动镇经济社会发展，加快城镇化进程。

然而，城镇的空间形态演变决定了城市边缘小城镇今后的发展将依托中心城市，表现出一种有序的外延式扩展。

因此，在城市边缘小城镇发展中应考虑到城镇功能定位、发展目标、用地布局及城镇景观与中心城市协调的各个方面。我们在福全镇总体规划中，充分考虑了小城镇与中心城市之间的协调，城镇性质定为“绍兴城市居住拓展地、绍兴中部的工业重镇”，一方面明确近期发展仍将主要通过镇区工业来推动经济发展，并保留完好的水乡风貌，保持北部鉴湖江的宜人风景和良好的生态环境。另一方面顺应绍兴市区不断向外缘扩张的趋势，发展房地产业，成为中心城市居住的拓展地，城镇经济发展新的增长点。

5.2 城市边缘小城镇可持续发展应注重的问题

5.2.1 空间形成发展的可持续性

城市边缘小城镇可以认为是一个相对独立的动态的地域实体，空间形态结构变化的直接动力来源于自身社会经济的发展。但随着中心城市用地的不断向外扩展，其空间形态必然会受到中心城市的辐射影响，如地价、交通、公共设施及中心城市对小城镇的技术、资金的输送等都影响了城市边缘小城镇的空间形态发

展。如何使城市边缘小城镇空间形态发展保持可持续性，要处理好两方面的关系：(1) 正确处理好镇区内外的发展关系，既要使小城镇本身保持良好的空间发展形态，又要与中心城市衔接，融入其中，确保建成良好的经济、社会、环境发展载体；(2) 在中心城市"城市病"产生的同时，即要以中心城市的膨胀为契机，积极发展自身，又要通过建设，缓解乃至消除中心城市的"城市病"现象。

5.2.2 开发建设的可持续性

在小城镇发展过程中"城镇化滞后于工业化"、"用地比例悬殊"等是普遍问题。如福全镇的工业用地占建设用地的72%左右，说明在工业化初中期经济发展是完全依靠工业高速发展，不能盲目平衡各项指标，用地平衡的科学性还需有一个过程。

因此，在规划设计中，主要是通过对规划项目进行建设时序控制规划或者是近远期相结合性的规划模式，使用地比例渐趋合理。在福全镇的总体规划中，根据镇的发展现状和今后的预测，对镇区的各项用地进行了调整，在大力发展工业的基础上同时协调居住、公建等其他各项用地布局，到2020年（远期）逐步完善建设用地平衡，居住、工业、公建、道路广场、市政和绿地基本控制在27.2%，31.8%，11.3%，11.7%，1.8%，15.2%，使用地比例结构较为科学。

5.2.3 生态环境的可持续性

经济发展不能以环境恶化为代价，本文所指的生态环境保护的可持续性主要是指随着小城镇发展的建设时序，每个保护环境环节的侧重点将有所不同。环境保护措施安排分三步走：在近期工业经济发展过程中，主要以提高特色工业园区内部的环境质量以及与镇区东部交接的防护绿地建设为目标，同时，适当发展生态农业，妥善保护鉴湖江以南大片的生态湿地；远期，在镇区北部进行房地产开发的同时，使其与生态环境保护相协调，在城市边缘小城镇的发展中，通过近、远期生态环境保护的综合治理，一方面促进城镇良性循环和经济快速发展，另一方面对城镇的生态环境起到了积极的保护和改善作用，推动城镇的可持续发展。

5.3 人均建设用地指标如何界定

在小城镇建设中，如何合理确定用地技术指标以保护土地资源，对推动城镇化具有重要意义。根据《城市用地分类与规划建设用地标准》（GBJ 137—90），现有城市人均建设用地指标分为4级，最低60m²/人，最高120m²/人。根据《村镇规划标准》（GB 50188—93），村镇人均建设用地指标分为5级，最低50m²/人，最高120m²/人。但目前，小城镇与中心城市的人均建设用地存在着截然不同的现状；城市人均建设用地明显偏低，而小城镇则较高，在小城镇建设用地中，据统计1999年我国建制镇人均建设用地144m²，而经济发达地区内人均建设用地高达160～180m²。

在确定人均建设指标中，用地指标与人口指标是主要依据。如福全镇随着经济高速发展，城镇的建设用地不断扩张，先期建设的是工业园区，而镇区内人口近几年没有较大增加，主要是通勤人口和流动人口的增多。因此，福全镇现状人均建设用地指标187.1m²，一直居高不下。但作为中心城市边缘小城镇，如何在人均建设用地指标中做到与中心城市协调平衡，是对今后小城镇发展起到指导作用的关键。

目前，控制城镇建设用地指标的标准规范主要有3个，即《城市用地分类与规划建设用标准》、《村镇规划标准》、《县级土地利用总体规划编制规程》。三大标准规范针对不同的对象都有各自的侧重点和不同的标准。本文通过对若干城市边缘小城镇现状与规划中的人均建设指标的总结和归类。在参照三大标准规范的基础上，借鉴了2001年立项课题“我国县（市）域小城镇体系规划的合理性研究”的部分研究成果，提出了城市边缘小城镇人均建设用地建议性指标，如表2所示。

城市边缘小城镇人均建设用地建议性指标　　表 2

现状人均建设用地水平（m²/人）	允许采用的规划指标		允许调整幅度（m²/人）
	指标级别	规划人均建设用地指标（m²/人）	
≤70	Ⅰ	60.0～80.0	应增 5～20
70.1～100	Ⅱ	80.0～110.0	可增 0～10
100.1～130	Ⅲ	100.1～120.0	可增、减 0～10
≥130.1	Ⅳ	120.0～130	应减至 130 内

5.4 如何建立与周边小城镇群的协调关系

城市边缘小城镇作为一个相对独立的经济实体，除与中心城市发生经济关系外，还应与其他周边城镇群建立密切的经济联系。

（1）城市边缘小城镇自身的发展腹地相对有限，由于受到中心城市较强的辐射影响，对中心城市的吸附性太强将有可能导致城市边缘小城镇丧失自身的发展能力，加强与周边城镇的密切联系，组合成城镇群，将能进一步拓展城市边缘小城镇的生存地域空间。

（2）城市边缘小城镇位于中心城市的门户位置，是沟通中心城市与其他城镇的必经通道，加强与周边城镇群的协调，以城市边缘小城镇的快速发展为契机，从而带动中心城市外围区域的整体可持续发展。因此，在城市边缘小城镇规划的同时，可以构建新的城镇群。如果说阶梯式发展成功地诠释了中心城市与城市边缘小城镇的发展模式。那么，网状发展模型将是指导城市边缘小城镇与周边城镇群进一步合理布局与发展的重要理念。

小城镇的网状群体空间组合发展是以区域内交通网络为基础，以多条交通发展轴的形式呈现出结构清晰的网络性配置，从而达到高强度联系。在福全镇总体规划中，通过对绍兴县域西南部地区的三个镇（福全、漓渚和兰亭）在区位条件、经济基础、城镇建设、辐射能力等方面的综合分析研究，三镇的产业布局定性为：

福全镇以发展纺织印染、制革等工业为主导产业，兰亭镇以发展观光型旅游及度假型旅游业为主，漓渚镇以发展针织印染、商贸业和苗木为主。三镇在充分发挥其特色产业的同时，相互之间有较强的互补性，从而组建成绍兴县域内以福全镇为重点的西南部城镇组群，这将对各个小城镇经济社会发展有深远意义。

6 结语

当前，在中国尤其是沿海经济发达地区，许多大中城市行政区划在不断地调整，城市规模扩张很快。城市边缘小城镇已经成为中心城市更新发展的新区建设空间。因此，城市边缘小城镇有序、协调发展必将关系着中心城市整体的可持续发展，这就要求城市边缘小城镇的发展战略、功能定位、空间布局及结构优化等方面作全面分析，统筹安排、探求一条既适应于小城镇现阶段的发展，又能接轨中心城市的可持续发展之路。

【参考文献】

1 绍兴县福全镇城镇总体规划（2002~2020 年）规划文本、说明书及基础资料汇编

2 绍兴县统计局编. 历年绍兴县统计年鉴

3 顾朝林等. 中国大城市边缘区研究. 北京：科学出版社，1995

4 包宗华. 中国城市化道路与城市建设. 北京：中国城市出版社

5 杨山. 城市边缘区空间动态演变及机制研究. 地理学与国土研究，198 [8]

【作者简介】

赵蕾，女，浙江大学建筑工程学院，硕士。

王士兰，女，浙江大学建筑工程学院副院长，浙江大学城乡规划设计研究院院长，教授。

经济欠发达地区小城镇规划若干问题的探讨

——以江西小城镇规划工作为例

齐　虹

【提要】　本文从剖析经济欠发达地区小城镇的规划工作入手，对小城镇规划工作中的相关规划技术与管理问题作出了一些探讨，并提出了加强和改进小城镇规划工作的建议。

党的十五届三中全会以来，各地认真贯彻实施党中央、国务院提出的“小城镇、大战略”，采取了一系列积极措施，大大加快了小城镇建设步伐。江西作为中部经济欠发达地区，在省委、省政府和地方各级党委、政府的领导下，近年来小城镇建设工作取得了瞩目的成就。建制镇从1998年的663个到2002年底增加到789个，城镇人口增加到1359.62万人，城镇化水平提高到32.2%。小城镇规划工作也得到了加强，全省70个县城、200个重点镇总体规划的修编已基本完成，累计编制小城镇规划1321个，占小城镇总数的78.2%。规划编制质量逐步提高，一些县城和重点镇不惜花重金聘请高资质的规划设计单位修编总体规划和详细规划，有关部门经常组织专家对新修编的规划进行评审，严把质量关。许多市、县成立规划局，强化了规划管理工作，小城镇各项建设基本上能按规划实施。

但是，由于种种原因，江西的小城镇规划工作仍存在不少问题。一是规划修编不及时。大多数小城镇规划是20世纪80年代编制的，规划期限已过，难以继续指导建设；二是规划质量较差。全省约有三分之二的小城镇规划由县建设局编制，规划文本和图纸均较简单，达不到国家标准的要求；三是规划审批不规范。有的未组织评审，未按规定的程序报县级人民政府批准，缺乏法律效力；四是规划执行不够严。小城镇建设随心所欲，“一任领导一个规划”的现象较普遍，城市规划法确定的“一书两证”制度在一些地方得不到很好执行。

存在以上问题的原因，由于地方经济欠发达，乡镇财政大多是“吃饭财政”，很难挤出资金来修编规划；即使是下决心修编规划，也总是希望不花钱或少花钱；加上基本建设总量不大，对规划的要求也就不那么迫切。当然，也存在规划意识不强、法治观念淡薄等主观因素。如何“对症下药”？针对这些实际情况，就加强小城镇规划工作提出切实可行的措施，笔者根据多年从事小城镇规划管理的经验，就经济欠发达地区小城镇规划工作中的几个问题作些探讨。

1 问题之一：小城镇规划的期限

建设部《城市规划编制办法》规定：城市总体规划的期限一般为20年，近期建设规划期限一般为5年；建制镇总体规划的期限可以为10～20年，近期建设规划可以为3～15年。《村镇规划编制办法（试行）》对村镇总体规划和建设规划的期限也作了相似的表述。由于我国幅员辽阔，各地小城镇社会和经济发展速度不一，即使在同一个省、一个县，其发展的快慢也是不一样的。发展速度快的小城镇3～5年就有一个较大的变化，这些小城镇规划的修编往往跟不上发展的速度，反过来制约了小城镇的建设和发展；但也有些边远山区和经济不发达地区的小城镇几十年来变化不大，一年甚至数年镇区内都盖不了几幢房子，其总体规划和详细规划相对来说管的时间可长一些；也有些小城镇的领导急功近利，存在短期行为，不顾原来编制的规划，一心只想搞自己的一套，因而不管原规划是否到期、是否适用，擅自决定重新修编规划，造成新的浪费。为此，建议国家有关部门在开展小城镇规划标准研究过程中，应该尽可能考虑各方面的因素。小城镇总体规划的期限不宜过短，可规定为 20 ~ 50 年，近期建设规划的期限为 3 ~ 5 年。这样即考虑到了规划的长远性，又考虑到了规划的实用性。在小城镇总体规划的指导下，可根据实际情况适时调整修编，以指导建设，促进发展。

2 问题之二：小城镇规划编制标准

科学编制小城镇规划，要有统一的标准。国家已发布了城市规划编制的若干标准和规范以及《村镇规划标准》，小城镇规划标准国家有关部门尚在研究之中，建议国家《小城镇规划标准》尽快出台。此前，国家或省可作一些原则性规定，以适应现时急需。允许各地因地制宜，可分别参照城市和村镇规划标准，编制小城镇规划。如人均建设用地指标，用地紧张的地方应参照城市规划的有关标准，反之可参照村镇规划标准；又如小城镇道路网的规划技术指标，经济发展前景好的小城镇可参照《城市道路交通规划设计规范》，经济欠发达的小城镇可参照《村镇规划标准》。

3 问题之三：小城镇规划的强制性条文

为加强建设工程质量管理，建设部发布了《工程建设标准强制性条文》，其中城乡规划部分涉及到用地规划、道路交通规划、住宅建筑、公共服务设施和绿化规划、工程规划等内容。《强制性条文》是工程建设标准中直接涉及人民生命财产安全、人身健康、环境保护和其他公众利益的、必须严格执行的强制性规定。但经济欠发达地区在小镇规划过程中，很多没有严格执行《强制性条文》。《强制性条文》也难以套用。如规划建设用地的比例，在实际当中很难做到，往往是居住用地偏大，工业用地及绿地偏小。还有管线综合规划、竖向规划中的有关规定，在小城镇规划建设中确实很难做到。建议在修编小城镇规划标准中作深入的研究。

4 问题之四：小城镇规划的编制与实施

根据国家有关规定，编制小城镇规划应委托具有相应资质的规划设计单位承担。经济欠发达地区县一级建设部门技术力量有限，既没有成立专业规划设计院（室），也没有取得《城市规划编制资质证书》，因此不能承担小城镇规划的编制业务。凡在20世纪80~90年代由县级建设部门编制的简易的、且期限已过的小城镇规划都应重新组织修编，修编工作应在上级建设部门和县级人民政府的督导下进行，规划编制所需的经费应纳入同级财政预算，对一些财政确有困难的小城镇应争取省、市、县级财政的必要的补助。修编的小城镇规划需经法定程序审批取得法律效力，政府应认真组织实施。一是要建立必要的规划管理机构。经济欠发达地区机构设置不宜过多，县一级不一定专门设立规划局，但在建设局里面要设专门的科（股）室、有专业队伍管规划。乡镇一级应设立小城镇建设办公室，配备村镇规划建设助理员，并妥善解决助理员的编制、工作经费等问题；二是要建立必要的规划管理规章制度。不仅要严格执行城市规划法规定的“一书两证”制度，还要确定并公布建设项目的规划审批程序，让建设单位和个人了解如何办理有关手续，改善政务环境；三是要按有关法律法规认真查处违反规划的行为。规划得再好、审批得再严，不监督实施还不行。为此要建立城建管理监察队伍，落实责任，辅之以经济、行政、法律手段，对违反规划的行为及时进行查处。

规划是小城镇建设与管理的“龙头”。随着经济建设与发展速度的加快，小城镇规划越来越发挥重要作用。经济欠发达地区应进一步重视小城镇规划工作，认真组织修编规划，提高规划编制与管理水平，加快小城镇建设步伐，努力实现全面建设小康社会的宏伟目标。

【参考文献】

1 城市规划编制办法．建设部．1991.9.3

2 村镇规划编制办法（试行）．建设部．2000.2.14

3 村镇规划标准（GB 50188—93）．建设部．1993.9.27

4 工程建设标准强制性条文．建设部．2000.8.19

【作者简介】

齐虹，男，江西省建设厅村镇建设处处长，注册城市规划师，中国城市规划学会小城镇规划学术委员会委员。

小城镇总体规划理论、编制内容与方法的创新研究

汤放华

【提要】 本文分析了目前小城镇总体规划存在的问题，提出了小城镇规划的几种新理论和规划编制的新方法，并将其内容创新为发展规划、建设规划、管理规划、经营规划四个层次，丰富和发展了小城镇总体规划的编制。

发展小城镇是我国城镇化战略的重要组成部分。规划是龙头，总体规划更具全局与长远意义。如何使小城镇发展与建设走上健康、良性的发展轨道，是值得研究的一个课题。我国目前小城镇总体规划基本上沿用大中城市总体规划，但小城镇有自身的发展机制、规律和特点，不能照搬大中城市的规划理论、内容与方法。因此，本文针对目前小城镇总体规划的缺陷和存在的问题进行规划理论、编制内容与方法的创新研究。

1 目前小城镇发展及总体规划存在的问题

1.1 小城镇发展存在的问题

（1）城镇规模太小。全国建制镇平均人口不到5000人，其中非农业人口中也只有2000多人，远不能对周边地区产生辐射带动作用。

（2）缺乏产业的支撑和特色产业。过去曾经对小城镇发展起到很好促进作用的乡镇企业，发展也遇到了困难；第三产业普遍

只停留在农贸交易和基层商业活动上；小城镇产业对农业、农村的服务作用不大，脱离了区域产业结构协调，小城镇发展缺乏动力。

（3）基础设施欠账严重。沿公路发展的多，道路铺装率低，上、下水设施不完善，绿地、照明、医疗、文化设施等较差，城镇人居环境缺乏吸引力。

（4）分散建设严重。如乡镇企业分散建设，“村村点火，处处冒烟”；小城镇点多面广而造成重复建设；各部门的制度不协调而造成体制上的耗散等，发展缺乏合力。

1.2 小城镇总体规划存在的问题

（1）编制总体规划时空间发展战略研究不够，存在问题研究不够，缺少发展规划支撑。

（2）缺少县域城镇体系规划和镇域村镇体系规划的指导。

（3）就城镇论城镇的现象依然存在。

（4）以规划期限确定小城镇规模的方法也有些不适当。

（5）编制规划所依据的法规、标准不配套，难以适应小城镇经济实力、地域环境差异实际。

（6）与土地利用规划、镇域规划不太协调。

（7）小城镇的发展充满变数而规划设计缺乏弹性。

（8）规划设计缺乏特色。

1.3 小城镇总体规划创新研究的意义

小城镇既不是大中城市的缩小，也不是大中城市某个局部的放大。小城镇总体规划尽管与大中城市总体规划有一定的相似性，但大中城市总体规划的模式适应不了小城镇总体规划的实际；我国的《城市规划法》虽然明确提出城市包括建制镇，但当时（1990年）的建制镇基本上是以县城和工矿区为主体，而现在90%的建制镇是以镇管村的体制为主，这样导致城市规划法规和城市规划技术标准不能覆盖小城镇；而1993年颁布的《村镇规划标准》适应村庄、集镇和一般建制镇，但不包括县城。法规和标准不配套，造成小城镇总体规划编制及建设标准不完善。

改进小城镇总体规划编制，能更好地促进社会经济的全面发展，有利于实现与区域规划、详细规划的合理衔接；接受土地利用规划的指导；合理用地、节约用地；有利于指导各项建设，并逐步形成小城镇特色，及合理利用资源、保护环境、促进城乡可持续发展。

2 小城镇总体规划理论创新研究

（1）城镇发展战略研究：研究经济、社会、环境、建设等发展战略，把战略研究或概念规划作为一种理念，指导小城镇规划。

（2）小城镇发展规划：从发展地位、条件、机制研究小城镇的发展与建设，分析小城镇在区域发展中的地位、发展条件、现状存在问题及解决办法、发展机制与发展模式，制定产业结构调整与发展方向；确定基础设施、社会服务设施、可持续发展方案；明确城镇发展性质、规模、空间发展方向；制定分阶段发展目标和开发时序；提出行政区划调整、吸引农民进城、制度与技术创新、城市经营举措等。

（3）规划时限与规模规划：有的小城镇不一定以时段推导人口，可据不定性和环境容量进行规模规划。

（4）小城镇合理发展规模：小城镇要选择有条件的镇重点发展，不同地区分别有不同的合理规模，发展小城镇重点是现有的县城和一部分有条件的镇。在2020年以前，除县城外重点建设1~2个重点镇，其合理规模分三种情况：总人口在100万以上的大县，县城发展为25万人口左右的中等城市，重点镇在5万人以上；总人口在50~100万人口的中等县，县城发展为20万人左右的中小城市，重点镇发展在5万人口左右；总人口在50万人以下的小县，县城发展为10万人口左右的小城市，重点镇在3万人左右。一般的乡镇，总人口在1万人口以下的实行撤并，使总人口达3万人左右，镇区人口发展到1万人；总人口在5万以上的乡镇，镇区人口发展到2～3万人；大中城镇规划区内的小城镇、经济发达的城镇密集区小城镇，其中心镇镇区人口应达5万以上，一般镇至少可为2～3万人；其他分散独立发展的小城镇，其中心镇合理规模至少在2～3万人，一般镇达1万人左右。

（5）规划区范围：实行两级规划区控制，即城镇建设发展必须控制地带为一级规划区，全镇域行政范围为二级规划区。

（6）总体规划与土地利用规划的协调：两个规划要统一；总体规划接受土地利用规划指导；编制耕地占补规划，实现耕地总量平衡；实行土地用途管制，除规划建设用地划定外，划定非建设用地，保护基本农田和生态环境。

（7）土地价值等级划分与土地利用配置：开展城镇土地价值定级工作，实现土地利用方式和开发强度的合理配置，以指导城市经营。

（8）关于规划设计深度：县城和规模较大的中心镇总体规划做到大中城市分区规划深度，一般建制镇和乡集镇做到控制性详细规划的深度。

（9）不同规模、不同地域小城镇的规划设计标准：大城市规划区内的建制镇和城镇密集地区的中心镇按城乡一体化要求、依城市规划标准编制，分散小城镇按村镇规划标准编制；据不同地区规划人口在3～5万以上的重点镇，按城市规划标准编制规划，其他一般建制镇和集镇按村镇规划标准编制。

（10）小城镇特色规划：依据小城镇自然环境、经济社会、历史文化特色和规模较小的特点，规划小城镇特色。

3 小城镇总体规划方法创新研究

3.1 变规划期规划为规模规划

规划期规划是先确定一个规划期（一般为15～20年），就建立一个以时间为变量的数学模型预测人口规模、确定用地规模，然后选择建设用地进行布局。由于小城镇发展有许多不确定性，对准确地预测出一个对应时间的城镇规模，一个小城镇也许在很长一段时间没多大发展，通过长期的历史积累后，在一个偶尔的触化机制作用下可能会使小城镇迅速发展。所以在一个规划期内，规模预测大了造成小城镇建设浪费，预测小了阻碍小城镇发展。

规模规划是不定规划期限，根据环境容量或城镇发展条件确定合理规模，按此规模进行用地布局和设施安排，在开发时序中规定与城镇的几个发展阶段相适应的开发地段。考虑到与土地利用规划的衔接，可以把城镇规模按 20 年的年限申报储备土地。实践证明这种方法在广东东莞的长安镇等一些小城镇的总体规划实践中比较奏效。

3.2 规划研究与设计相结合

笔者认为应当将整个城市规划工作分成规划研究、规划设计、规划管理三大部分。如果说传统的城市规划有“三分规划，七分管理”之说，当代城市规划应该是“三分研究，七分管理”。要研究与城市规划密切相关的社会经济发展战略、小城镇发展动力机制、发展模式、小城镇自身面临的各种问题及机遇和挑战、城镇特色的塑造、规划实施的可靠途径。只有把问题和社会经济总体发展战略目标研究透彻，小城镇总体规划才能真正做到有据可依。规划可以根据实际开展一些专题研究，或立一些课题结合规划编制进行研究。

3.3 全镇域整体规划

以全镇行政区作为二级规划区，在此范围内综合安排工农业生产建设，划定基本农田保护区，规定各村庄居民点用地布局的原则和标准，实行全部土地用途控制，划定非建设用地；特别是提出农业产业与乡镇企业发展的链条关系，推进城乡一体化的发展。

3.4 社会、经济、环境综合规划

小城镇总体规划的传统方法侧重物质要素的空间布局和建设，忽视非物质要素的社会、环保规划。综合规划除了考虑社会要素中的文化、教育、医疗、卫生、体育外，要加大城镇文化产业和生态空间的规划，变原来的技术过程规划为社会过程规划。

加大环境保护的力度，规划中要明确提出环境监测的布点、污染的防治、能源结构的调整、环境保护与生态保护的目标。

要用经营的理念来指导规划建设，要明确提出怎样盘活城市有形和无形的资产，实行综合开发。

变小区规划为社区规划，关心社会弱势群体的利益。

3.5 公众参与

小城镇建设的投资主体多元化，政府的投入和国有资产可能还不占主体地位，城镇的规划和建设的好坏牵涉到社会各阶层、各团体、全体市民的利益，在规划一个城镇的未来时要广泛吸收社会各界和老百姓的意见，让公众来了解规划、参与规划、支持规划。这在西方称为城镇管治，成立由社会各界代表组成的规划委员会参与和审议规划。在我国由于国情不同，我们不可能实行城镇管治，但可吸收它的先进的思想方法，变过去单由规划师制定规划方案为规划师、政府、社会各界、市民共同参与的公众规划。

3.6 刚性规划与弹性规划相结合

在市场经济条件下，对小城镇的规划，既不能十分精确地去预测未来，当然也不能一成不变地按规划去实施，但一个城镇没有规划的宏观调控也会乱套。规划的弹性主要表现在：

（1）城镇性质的弹性：只要能搞建设的项目都可以建设。

（2）用地布局的弹性：设计图上只能表达一种用地性质，但

并不是只有这种用地布局是惟一合理的，规划允许用地性质的合理调整，但要给出调整的原则。

(3) 容积率的弹性：允许在提高环境质量和社会福利的前提下同意适当提高容积率。

(4) 开发建设的弹性：开发时序上允许远期与近期建设用地互换。

弹性规划在规划许可范围内能灵活适应变化了的情况，但规划的原则不能变，强制性条文规定的内容不能变，要求规划管理人员有较高的素质。

3.7 目标规划与过程规划

城镇的规划图纸是静止的，它是建设与发展目标在图纸上的体现，但它的实施是一个过程，从今天的现状变成若干年后规划图上的现实是一个不断变化、而又始终朝着这个目标奋斗的过程，因此从这个角度上看要求规划是动态的，也是要根据变化了的情况允许弹性存在。规划不是研究一张设计图纸就完事了，要能指导实施的过程，特别是规划管理人员要了解规划，善于根据不断变化的情况在不改变规划的原则与目标的前提下随机地调整规划。所以，要变目标规划为目标规划与过程规划相结合。

3.8 多循环交叉

城镇是一个复杂的非线性系统，处理城镇问题的困难程度会随着处理过程而增加，这种系统称为难度自增殖系统。

处理难度自增殖系统规划问题用线性思维方法和单一规划手段不能奏效，应采取多种方法循环交替，逐步推进。常用的方法交替有：问题导向——目标导向——问题导向；定性分析——定量分析——定性分析；领导决策——民主参与——领导决策；宏观控制——微观管理——宏观控制；远期规划——近期建设——远期规划；行政手段——经济手段——行政手段。如此多方法交替，多循反馈，逼近问题的合理解决。

3.9 变传统规划技术为现代信息技术应用

计算机信息技术的发展正深刻影响城市规划的决策、规划的编制、规划管理、规划教育。信息技术在规划中的应用仅普及CAD技术是远远不够的，CAD技术仅仅被用来提高绘图效率，对规划分析和信息管理的作用不大，甚至还存在以漂亮的图纸掩盖规划内容的空洞和深度的肤浅等弊端。

目前，以3S技术为基础的数字城市技术正在兴起。国产的GIS平台如Map GIS、Super Map等在规划设计和规划管理方面都有成功应用。将GIS直接用于城镇规划设计能实现空间数据的可视化，实现一系列的空间分析，有利于规划决策的科学性。同时用GIS编制的规划成果本身实现了空间对象和其属性数据的关联，很有利于后续的规划管理。

4 小城镇总体规划内容框架

小城镇总体规划内容宜对传统内容作层次上的扩充，即发展规划、建设规划、管理规划、经营规划。

发展规划包括发展战略研究，城镇发展规划等内容；建设规划除了传统的土地利用规划、道路交通等各项专业规划外，还应增加包括文化、教育、医疗卫生等社会化服务体系规划；管理规划控制性详细规划的有关内容、控制方法和规划实施管理；经营规划包括城市资产盘活整理经营等，制定城镇土地分等定级、土地出让与有偿使用、城镇融资等措施。其具体内容框架如下。

总体规划各层次	规 划 内 容
发 展 规 划	（1）历史演变规律与发展机制； （2）区位分析； （3）发展战略； （4）发展规划； （5）城镇性质与城乡产业结构调整； （6）城镇规模论证； （7）城镇规划区的划定； （8）可持续发展措施

续表

总体规划各层次	规 划 内 容
建 设 规 划	(1) 用地评价与建设用地发展方向选择； (2) 城镇结构形态与功能； (3) 交通组织与路网规划； (4) 各项用地布局； (5) 各项专业（工程）规划； (6) 社会化服务体系规划； (7) 环保与综合防灾规划
管 理 规 划	(1) 路网控制； (2) 各项用地布局与地块建设规划条件； (3) 容量控制规划或控制性规划图则； (4) 用地兼容与互换； (5) 规划宣传与监督
经 营 规 划	(1) 城镇土地资产清理； (2) 城镇土地分等定级； (3) 土地出让规划； (4) 资产冠名权、经营权出让等； (5) 城镇建设融资； (6) 开发时序

总之，小城镇与大中城市协调发展是我国城镇化的一个重要方略，小城镇的发展建设有很多问题有待研究。小城镇总体规划由于它有别于大中城市的特点以及小城镇自身发展出现的许多新问题，要求我们不断创新其规划理论、方法与内容。

【参考文献】

1 袁金中，王勇．小城镇发展规划．南京：东南大学出版社，2001

2 中国城市规划设计研究院，中国建筑设计研究院，沈阳建筑工程学院．小城镇规划标准研究．北京：中国建筑工业出版社，2002

3　高潮主编．小城镇大战略论集．北京：新华出版社，1999
4　孔祥智．中国农村小城镇建设：现状、问题与对策．农业经济问题，2001.（3），47—52

【作者简介】

汤放华，男，湖南城市学院，副校长，教授。

城镇总体规划与土地利用总体规划的衔接与实践

——以舟山市小沙镇规划为例

苏明杨　龚松青

【提要】 城镇总体规划与土地利用总体规划在许多方面存在很大的差异，但这两个规划关联度高，必须进行有效的衔接和协调。本文就结合舟山市小沙镇城镇总体规划与土地利用总体规划实践，探讨一下镇（乡）域这一层面上两个规划的协调与衔接问题，并提出一些建议、措施。

1　资料口径和工作底图的统一协调

我们在编制两个规划之前，首先遇到的问题就是资料口径的工作底图的统一协调问题。小沙镇行政地域内包括14个行政村，镇域面积为21.18km^2，而土地部门提供的面积为20.78km^2，两者出现的矛盾在于两者所基于计算的底图不一致而引起的，城镇总体规划一般以1:1万的航测地形图为底图，而土地利用总体规划则采用在航测图基础上调绘的土地详查底图，其行政界限都通过与相界各方政府协商确定的。因此，为求数据和"两图"的统一，我们确定：凡涉及行政区划界线和土地面积，一般以土地详查底图界线和上报数据为准，国民经济指标以统计局公布数据资料为准，人口包括暂住人口等以公安局提供的资料为准，在镇（乡）域范围内达到规划基础数据和工作底图的一致。

2 村镇体系空间布局和土地资源的协调配置

城镇化和城镇现代化始终是社会发展进步的标志，新农村建设应顺应这种发展。根据小沙镇原有 14 个行政村布局情况，规划将新华、新光、花厅、光明、红光、潭陈、陈家、新民、乐家、海丰等十个行政村集中力量建设镇区片，五百岙、沙皎、前湾、毛峙等四个行政村集中力量建设毛峙片，土地资源以两个片区为单位统一调配（详见表 1），不强求每个行政村的自身平衡，并通过适当的迁村并点达到土地总量控制平衡略有余的目的。

小沙镇村镇建设用地分析表　　表 1

	小沙镇区片	毛峙区片	合　计
1996 年现状人口（人）（户籍 + 暂住人口）	9422	4007	13429
2010 年规划人口（人）	10500	3000	13500
1996 年城、农居、工矿用地（亩）	43 + 302 + 235 = 1580	542 + 58 = 600	2180
2010 年规划建设用地（亩）	1575	315	1890
与现状相比用地变化增减量（亩）	– 5	– 285	– 290

3 城镇规划区范围界定与土地用途管制的协调

城镇规划区范围系指因城镇建设和发展需要实行规划控制的区域。规划除了把可能影响近、远期规划实施的地域划入规划区，还应考虑远景发展的需要，并把镇域内的一些重要设施如水源地和重点文物保护点等划入规划区予以控制。我们在规划小沙镇城镇规划区时，范围为北至水江洋水库边，东、南、西至山脚线，面积为 5.0km^2。问题之一：划定规划区的基本单位是什么？是行政村范围还是自然村范围或用地单位？为便于数据统计和用地规划研究与调整，以行政村界线为划定规划区范围比较适宜。

问题之二：在城镇规划区内建设是否有优先权。我们认为是肯定的，在规划区内的土地利用原则上应首先满足城镇建设的需要，即便是基本农田保护区，也应按规定的程序进行必要的调整。因为界定规划区确实有助于城镇的统一开发和建设，城镇规划和土地利用规划必须在乡镇一级规划中得到统一和协调，并具体落实。

4 城镇总体规划建设用地确定与土地利用规划的协调研究

城镇总体规划范围是指具体进行建设用地布局和进行建设用地平衡的范围，并对这个范围内的城乡土地利用进行全覆盖规划，小沙镇城镇建设用地为105万m^2。

4.1 城镇用地规模论证

本次规划从节约用地、保护耕地的可持续发展原则出发，根据《村镇规划标准》（GB 50188—93）和有关省标，确定人均建设用地控制在100m^2以内，总建设用地规模控制在10万m^2以内。

用地规模符合小沙镇实际情况和规划建设标准。

4.2 城镇用地发展方向

本次规划本着节约投资、有效利用现有基础和条件以及近、远期相结合原则，城镇工业区向南发展，生活区向中心区聚集，使分散的自然村落状态形成团块；工业区和生活区之间以及生活区之间嵌入部分农田保护区作为城镇绿开敞的景观空间，以便城镇居民最大限度地接触自然环境。

4.3 城镇建设用地开发时序研究和土地安排

经调查研究与预测，我们对近期、远期规划建设用地开发状况在时序上作了安排，并定位、定性和定量地落实在空间上（详见表2、表3）。其结果：近期规划建设用地需新开发192亩，其中占用耕地149亩。远期规划建设用地需开发248亩，其中占有耕地192亩。

同时确定城镇总体规划用地范围内尚未建设的土地不能作为基本农田保护区，而只能作为一般农田区。

小沙镇近期新增规划建设用地开发状况表　　表2

<table>
<tr><th></th><th>项　目</th><th>内　容</th><th>用地（亩）</th></tr>
<tr><td rowspan="14">近期规划建设用地</td><td rowspan="2">道路交通</td><td>中心区块路网</td><td rowspan="2">40.1</td></tr>
<tr><td>镇南居住小区道路</td></tr>
<tr><td rowspan="5">公共建设</td><td>中心区一条街开发</td><td rowspan="5">23.7</td></tr>
<tr><td>医院</td></tr>
<tr><td>集贸市场</td></tr>
<tr><td>扩建中学</td></tr>
<tr><td>扩建小学</td></tr>
<tr><td rowspan="3">公用工程</td><td>水厂</td><td rowspan="3">4.2</td></tr>
<tr><td>邮电所</td></tr>
<tr><td>燃气储备站</td></tr>
<tr><td>绿地</td><td>中心公司</td><td>36.8</td></tr>
<tr><td rowspan="3">生产建筑与仓储</td><td>金鹰公司扩建项目</td><td rowspan="3">62.1</td></tr>
<tr><td>粮仓建设</td></tr>
<tr><td>淀粉厂搬迁</td></tr>
<tr><td></td><td>居住建筑</td><td>中心区居住区建设</td><td>25.1</td></tr>
<tr><td colspan="3">合　计</td><td>192.0</td></tr>
</table>

小沙镇远期新增规划建设用地开发状况表　　表3

<table>
<tr><th></th><th>项　目</th><th>用　地　（亩）</th></tr>
<tr><td rowspan="8">远期规划建设用地情况</td><td>公共建筑用地</td><td>13.5</td></tr>
<tr><td>生产建筑用地</td><td>56.3</td></tr>
<tr><td>仓储用地</td><td>6.8</td></tr>
<tr><td>对外交通用地</td><td>11.5</td></tr>
<tr><td>道路广场用地</td><td>5.8</td></tr>
<tr><td>公用工程用地</td><td>25.5</td></tr>
<tr><td>绿地</td><td>57.8</td></tr>
<tr><td>居住建筑用地</td><td>70.8</td></tr>
<tr><td colspan="2">合　计</td><td>248.0</td></tr>
</table>

5 农村土地整理与城镇建设用地的置换研究

在规划过程中，常面临这样一个事实，即一方面城镇建设用地指标超标，而另一方面由于城镇需要集中建设，继续占用周边农地。为了解决这个矛盾，原则上应冻结规划中需搬迁村庄的建设活动，以满足近期规划所需建设用地占用农地的指标，并且通过以下措施，实施农居点土地整理，以置换方式取得占用耕地指标，用于城镇集中建设，土地利用政策应适当向城镇倾斜。

(1) 农村土地整理是指为提高土地利用率和产业率，改善土地利用结构和生产、生活条件，按照土地利用总体规划的要求，对配置不当，利用不合理及分散闲置未充分利用的农村居民点用地和农地实施调整、开发利用。其中农居点用地整理是小沙镇取得置换指标的主要手段。

(2) 土地整理依据耕地量动态平衡和“谁投资、谁受益”原则在土地利用总体规划和村镇规划的指导下，有组织、有计划进行实施和管理。小沙镇应详细制订村庄搬迁计划后实行。

(3) 根据即将出台的《浙江省农村土地整理试行办法》第十二、十三、十四条规定。整理后耕地经确认将50%划入基本农田保护区，新增耕面积50%下达置换用地指标，实行土地整理专项用地指标台账管理，该项用地指标主要用于经规划批准的乡镇基础设施建设和中心村、小城镇以及工业小区建设。置换用地指标由县市级人民政府土地管理部门在本行政区域内统一安排使用。

【参考文献】

1 舟山市小沙镇城镇总体规划（1998~2010年）. 浙江省城乡规划设计研究院

2 舟山市小沙镇土地利用总体规划（1998~2010年）. 浙江省城乡规划设计研究院

3 浙江省农村土地整理施行办法. 浙江省人民政府

4　舟山市统计年鉴（1998 年）. 舟山市统计局

【作者简介】

苏明杨，男，浙江省城乡规划设计研究院，顾问、教授级高工。
龚松青，男，浙江省规划设计研究院，所长、高级规划师。

小城镇规划中调研工作的思考

赵守谅

【提要】 调查研究是城市总体规划的必要的前期工作，但长期以来较少对这项工作的存在基础及其所发挥的实际效用进行深入探讨。小城镇总体规划的调查研究工作有自身的特点，本文对其中存在的问题进行分析，并提出改进的建议。

小城镇发展现状的调查、整理和描述，是小城镇总体规划的基础。调查研究是小城镇总体规划必要的前期工作，需要掌握小城镇发展的自然及人文背景、经济状况，找出小城镇发展建设中要解决的主要矛盾和问题。

规划师在充分占有小城镇发展现状多方面资料（包括社会、经济、历史、文化、自然等）基础上，以专业方法进行分析研究，尽可能科学地指导规划编制。但是，近几年小城镇总体规划实践过程中，调查研究工作有一些问题值得我们深思。

1 城镇总体规划调查研究中普遍存在的问题

小城镇总体规划的调查研究工作一般有三个方面：（1）现场踏勘。必须对小城镇的概貌、新发展地区和原有地区有明确的形象概念，重要的工程也必须进行认真的现场踏勘；（2）基础资料的收集与整理。收集当地城市规划部门积累的资料和有关主管部门提供的专业资料；（3）分析研究。这是调查研究工作的关键，将收集到的各类资料和现场踏勘中反映出来的问题，加以系统的分析整理，从定性到定量研究小城镇发展的内在决定性因素，从而提出解决这些问题的对策。排除调查研究工作中的偶然性不利因素，这项工作目前仍然存在一些一般意义上的局限性值得我们研究。主要体现在以下方面。

1.1 现状调查的目的性与针对性不强

现状调查需要对基础资料的充分占有。调查是为了了解小城镇现状及发展状况，发现矛盾，为分析问题提供依据。完备性的观点认为：若要把握城市发展的规律，就要占有相关的全部信息。但事实上人类认识能力所能达到的有关信息是相当有限的，规划师也不例外。规划师总是希望占有的资料越多越好，越全面越好。在实践中，我们总担心自已的调查工作做得不够细致，资料收集的不够全面、充分，事实上资料的不完备性仍然是规划的制约条件之一。也常常为资料所累。从历史到现实，从经济到社会，从人口到环境，使规划师们不堪重负。巨大的信息量与极宽的知识面，远远超过规划师们的消化能力，更遑论分析与综合了。由于调查的目的性与针对性不强，使得规划工作者无法把有限的时间集中到真正需要解决的问题上来，导致了“事倍而功半”的后果。当我们花费了极大的精力完成了大量的调查之后，却发现真正可用来指导规划编制的资料不多，一个规模不大的小城镇，总体规划文件中也常常是厚厚的一本基础资料集，可这些基础资料中与总体规划直接相关的内容不多，能够为总体规划提供充分依据的成分就更少了。

1.2 基础资料的准确性缺乏保证

现状调查与资料收集的实际工作过程中，经常遇到资料的准确性与有效性的问题：由于资料的年代不一、数据的口径不一、各部门信息的差异等问题使得资料的准确性受到削弱。基础资料的准确性与时效性问题在小城镇总体规划编制中体现得尤为突出。小城镇的规划管理工作相对滞后，基础资料的收集与管理体制也欠完善，专业资料不够规范与完整，资料更新太慢，有相当数量的资料过于陈旧，无法使用。资料分散在各专业部门，相互推诿、扯皮的现象也屡见不鲜，增加了规划工作的难度。

1.3 调查研究工作停留在静态阶段

对“终极蓝图”式的规划思想的批判态度已成为当代规划师的共识，但正如 Brooks（1988）所指出的：“以何种方式取而代之并未达成一致”。当我们仔细的审视当前小城镇总体规划编制的技术程序和成果，可以清楚的发现其中依然强烈的渗透着“发展蓝图”的理念。与这种静态的规划理念相适应，我们的调查研究工作也往往停留在静态阶段。对一个几千人的小城镇来说，一个重要项目的选址足以改变其发展方向和用地布局。由于缺乏一个动态的机制，目前的调查研究工作难以应对这种突如其来的重要变化。

1.4 缺乏对上一层次城镇体系规划资料的分析

在小城镇总体规划的资料收集过程中，我们往往就城镇论城镇，不能从更大的区域中进行综合分析，忽视上一层次城镇体系规划中有关资料的分析，导致各个小城镇在编制自己的总体规划时各自为政，找不准自己城镇的定位、发展方向和发展规模，都过份强调自己是“中心城镇”，要“加快发展”，人口规模、用地规模往往偏大，重复建设问题、产业同构性严重，导致乡镇企业遍地开花，资源浪费和环境污染等严重问题。

1.5 城镇特色资源的调查不够重视

我国成千上万个小城镇在其自身发展演变过程中，由于其所处的地理环境各异、历史文化传统不同，因而千姿百态，各具特色。例行公事的调查研究工作往往忽略了城镇特色，不能深入挖掘特点，富有生活情趣的城镇内涵，导致了千镇一面的规划与建设。

1.6 调查研究工作缺乏公众参与

城市规划工作中存在着政府与公众的矛盾：对城市发展的理解不同，对自身利益的关注不同，使得政府与公众对于规划有着不同的要求与期望。需要在总体规划中引入广泛的公众参与，让公众充分理解规划，并有诉求自身利益的渠道，使规划真正成为一个互动的过程。小城镇居民文化素质相对较低，公众参与的难度相对较大。目前进行的小城镇总体规划编制工作，较少进行面向居民的问卷调查，对老百姓真正关心的城市问题缺乏深入的了解。

2 对解决问题的思考与建议

对于调查研究中出现的问题，应当放到小城镇总体规划编制的完整程序中进行反思。很多时候是整个编制过程的问题，只是在这个环节中得到了体现。限于篇幅，在这里仅提出几条改进意见。

(1) 现状调查和资料收集中的问题，可以归纳为有用的资料太少，无用的资料太多。在市场经济体制下，小城镇总体规划编制应该充分考虑影响发展的各种因素，考虑发展的多种可能性，留有余地。因此，企图在一次编制任务中解决小城镇所有的问题显然是不现实的，同时也将带来现状调查与资料收集中的盲目性与随意性。在小城镇总体规划的编制过程中要强调动态性与市场导向性，为此有学者提出滚动编制的观点。与此相适应，调查研究工作应该引入动态机制，面向市场，积极应对实际情况的变化。要加强信息情报的收集工作，对于能影响规划布局的重大变化，应及时反映到总体规划的编制工作中来。

如果我们能真正做到根据市场发展导向，利用相对优势参与市场竞争，壮大经济实力，加快市场建设，专注于解决那些我们目前能够把握而又必须解决的问题，那么我们的调查自然也能真正做到有的放矢、事半功倍。分期实施也许是一种可行的方法，因为这事实上就是对规划目标的分解。目标明晰以后，我们对所需掌握的资料就会心中有数，更重要的是这些信息是真正能够在接下来的规划环节中发挥重要作用的。

(2) 小城镇的基础资料管理体制亟待加强。可以由规划建设部门建立信息中心专门管理，及时更新资料；统筹协调，避免部门间相互推诿的情况，提高工作效率。有了统一的信息平台，总体规划工作的准确性就可以得到基本的保证。

(3) 要重视对上一层次城镇体系规划资料的收集，把小城镇置于全县（市）及周围地区经济和社会之中，分析其现有地域优势、制约条件及发展趋势，考虑小城镇的聚集效益和规模效益，预测其最佳规模，各镇之间要做到协调配合，分工合作，各有侧重，发挥优势，各显其能。

(4) 积极挖掘各城镇特色，这是小城镇的个性与灵魂，是小城镇的生命力与竞争力所在。重视小城镇历史文化资料、名人名事乃至民间传说、轶事的收集，为小城镇总体规划做到传承文脉、突出特色提供素材。

(5) 逐步推广调查研究工作中的公众参与。加强宣传力度，使广大小城镇居民深入了解规划；积极开展问卷调查或面对面的交流，了解居民的真实想法和迫切需要解决的问题。想群众之所想，急群众之所急，把通过调查发现的问题及时反映到规划的编制过程中去，使小城镇总体规划具有更深的内涵和群众基础。

【参考文献】

1 张兵，城市规划编制的技术理性之评析，城市规划汇刊，1998（1）
2 孙施文．城市规划哲学．北京：中国建筑工业出版社，1997
3 李德华．城市规划原理（第三版）．北京：中国建筑工业出版社，2001

【作者简介】

赵守谅，男，华中科技大学建筑与城市规划学院2002级规划专业硕士研究生。

都市村庄：快速多变下的目标选择

——以浙江省诸暨市街亭新城空间发展规划为例

陈行上　陈钢炎

【提要】　如何选择郊区型小城镇的发展模式和目标定位，这是城郊型小城镇共同面临的问题，作者结合实例，通过对现实与未来发展的分析判断，同时借鉴国外经验，为街亭镇城镇的发展模式作了科学的定位。

1　规划背景与发展判断

1.1　街亭发展的历史与现实

浙江省诸暨市街亭镇地处22省道和诸暨市域西南山水风光旅游线上，距诸暨中心城5km。全镇面积75.5km^2。人口2.86万人，其中85%为山地丘陵，惟有街亭镇区所在地为一盆地，面积约6km^2，国内生产总值10798万元，人均4775元/人，而诸暨市域平均水平为15800元/人，位于全市下游水平；城镇建成区面积约0.5km^2，自1989年第一次编制总体规划以来，城镇规模未有明显扩展，发展动力微弱，全镇以服装加工、农业等劳动密集型产业为主；镇区内自然环境优越、生态环境良好，开化江、陈蔡江和浦阳江在此交汇，形成得天独厚的“三江交汇”之自然环境与风貌。这些面上的“劣势”加上丰富的自然资料及独特的山水环境，在新的发展背景下，正逐步转化为“优势”，城镇发展正面临着一个重要的发展战略机遇期。

1.2 全球化、信息化与区域一体化背景

在信息经济、知识经济与世界新科技革命浪潮迅猛发展的力量推动下，世界经济一体化和城市化进程加速，为后发展国家追赶发达国家，实现跨越式发展提供了新的机遇、动力和挑战。全球化在信息化作用下，尤其是在高速公路和因特网的推动下，时空距离大大缩短，使得生产要素在全球范围内得以配置，一些原来相对落后的地区由于时空区位的改善，可能在短时期内实现快速跨越式发展；而城市区域化（诸暨中心城市快速扩展）和区域城市化（诸暨市域各城镇之间连绵扩展）的发展态势也使街亭难以继续“世外桃源”的田园生活。

1.3 浙江省经济社会发展态势

浙江省作为全国经济发达省份，已连续17年占据全国人均收入水平第一位置，全省经济呈现现代化，发达地区则在2010年甚至更短时间内提前实现现代化。诸暨作为浙江的经济强县(市)，已面临着工业化后期经济社会结构的急剧转型，特别是部分中产阶层生产与生活方式的变化将导致诸暨中心城市郊区化的来临。

1.4 诸暨城市发展态势

表现为两点：(1) 城市以工业为主动力，向西、北、东三面快速扩展，显现郊区城市化现象，这是工业化时期典型的地域空间演化景观。(2) 经济快速发展，人均GDP大幅提高，社会急剧转型，阶层分化现象显著，催生了一批中产阶层，这批中产阶级对城市的消费方式及生产生活模式产生了巨大影响，表现为对都市社会物质设施和乡村自然野趣的双重需求，城市郊区化现象开始崭露头角。这为一些未经工业化洗礼的相对落后地区（街亭）提供了发展契机，有可能在较短的时间内实现现代化。

1.5 诸嘉高速开通

诸嘉（诸暨到永嘉）高速的开通对街亭而言，既是机遇，又是挑战。一方面要避免工业化的普遍模式，避免资源重置与浪费以及生态破坏，走可持续发展之路；另一方面要抓住契机，抢占后工业经济制高点，后发制人，实现跨越式发展。这既是街亭面临的一大课题，更是诸暨中心城剩余不多的可思考空间，如何用好街亭这一战略空间，直接关乎母城与子城的长远竞争优势，也是本次规划的难点与重点。

2 模式选择

2.1 选择依据

理论与实践相结合，国内实情与国外经验相结合，一般规律与特殊个性相结合。这就是说，街亭作为诸暨中心城市的郊外新城，其空间发展模式的选择既要以现有的新城理论和国外的既有经验与成果为基础平台，同时又应结合国内具体实情及现阶段城市化特殊的发展环境（全球化、市场化、工业化、信息化共存），从实践中深化认识，在发展中进一步提升新城理论在中国的新内涵。

2.2 指导原则

兼顾效率与公平原则，促进城市和住区在经济、社会、文化和生态环境方面的可持续发展。既要满足中产阶段对郊区低密度建筑环境和高质量生态环境的需要，满足他们对生活的“社会阶层相对单一性”的需求，使郊区成社会精英阶层的理想居所；同时，又应避免郊区阶层绝对单一化带来的社会对抗、犯罪以及不求进取等社会安全与社会精神文化问题，避免土地的单一与粗放利用以及由此带来的交通、能源与土地资源危机。做到社会阶层“隔而不离”，土地利用单一性和多元化相结合，经济发展和社会和谐、文化繁荣及生态环境保护相统一。

2.3 整体意象

都市活力与乡村魅力相结合；集中紧凑与有机分散相结合；多元化和专业化共生共荣。也就是说，街亭的空间与土地资源利用，在物质功能建设上应注重城市文明与乡村文明的有机交融，将城市的创新育智功能与乡村的情趣陶冶功能结合起来；在结构形态上应强调集中紧凑与有机分散相结合，注重资源分配的效率性、公平性与可持续性的和谐统一。要借鉴英国新城发展的最新理念、将生活、休闲、服务、文化娱乐、工作等功能集合起来，使新城在生产就业、生活服务、农业生产与旅游观光得到全面发展。

2.4 内容与形式

2.4.1 郊区密度

在发展中国家的不同城市之间存在很大的密度差异，这是文化、环境和社会经济等方面因素的综合影响的结果，有关郊区密度问题主要包括以下三方面内容：

（1）设施和用地容量方面

高密度开发可以降低设施成本，但同时会导致开放空间合并或减少，开放空间仅存在于高收入地区。既要保持郊区本身中心的集中紧凑发展，使有限的设施和容量发挥最大的效益；同时又要兼顾高收入地区的有机开敞，防止土地价格的无限攀升，使郊区成为社会精英阶层的理想居所。

（2）交通运输方面

郊区开发门槛需要有效的需求和较高的收入来支撑，既要满足大多数人对公共交通的需求，使可持续发展与公共交通设施的高效能源利用紧密结合起来，同时又要使富裕阶层拥有更多的交通自由，使小汽车成为其选择郊区的重要条件。

（3）土地利用方面

发达国家内城宗地的产生是后工业化和大都市区分散发展综合作用的结果。在城市发展快但地均产量低的地区，适当降低发展速度将有利于城市可持续发展。密集发展与绿化开放空间的关系方面，发展中国家的人均绿地占有量低，且绿地管理水平低（常被用作堆放废弃物）。应把建设密集发展、环境优美（开放用地多）的郊区中心和低密度、高环境的精英社区有机地结合起来。

2.4.2 郊区的功能混合

发展中国家与发达国家的城市存在的一个差异是，发展中国家的城市内部已经有高度发达的功能混合，服务和设施有良好的可达性，城市具有高度的活动。产生这种现象的原因是城市经济不同的结构特征，包括在制造业、流通和服务行业的就业岗位和生产量中非正式部门占较大的比例。工业化发展的水平有限，意味着工业产品和小规模作坊广泛分布在城市和低收入社区中。在浙江，改革开放后的近二十年内，“工商住”复合体街道是一种最有效的、符合市场需要的土地利用模式。在郊区的发展规划中，应强调适度的功能混合。

功能混合对生产就业是有利的，但它同样也带来一些环境外部性问题，如拥挤、废弃物的堆放等，还有社会经济问题，如低工资、工作时间过长、剥削未成年人等。而且部门的分散布局会使社会成本增加，目前最好的解决方法就是使发展规范化。

在中产阶级集中的地区，非正式部门的发展机会不断减少，而依赖于小汽车的交通可达性正在加强。在这样的背景下，密集发展政策与土地利用、空间规划之间的整合似乎变得重要，关注点应转移到鼓励沿交通走廊和节点的功能混合。

2.4.3 郊区的形态和规模

郊区新城的形态规模与其所在的母城直接相关。在发达国家中，人们注重社会、经济、环境的综合发展，而忽略了对城市形态进行必要的操作，包括从总体规划到战略规划的转变，从物质规划到社会经济规划的转变，从针对城市中某个地块的规划建议到城市和邻里单元重构等方面。在发展中国家，人们正在努力探索创造一个可持续发展的城市形态。Cuitba 就是一个成功的案例，在过去的35年中，它已经从一个放射环状城市转变为一个线形城市。

由于巨型城市（人口大约600～1000万）的出现，城市的发展规模也成为近年人们对发展中国家城市关注的重点。1970年，城市规模经济效益关注于讨论“最佳城市”的规模。目前，争论焦点由经济效益的最佳平衡转向规模的环境影响——特别是资源的利用和废弃物的产生及布局。有关研究表明，许多城市的发展已经超过其环境承载能力。所以，未来以市场为导向的城市发展是不可行的。应通过研究制定相应的政策，在自然资源和能源的合理利用、减少污染、提高生物多样性方面引导城市郊区的可持续发展。

2.4.4 城市结构的重组

在发展中国家紧凑发展的城市中，伴随经济社会的发展而产生的大量环境问题，包括过量的资源利用和过高比例的废气的排放，都使城市结构效率降低。城市结构的重组是实现可持续发展的主要战略：改变建成环境结构，重组流通体系，协调土地使用规划和交通规划，协调建成环境与自然环境，可以减少负面的影响。Rod Burgess（2000年）曾提出以下几点建议：

（1）提出一系列的空间模式和战略：强调一定的发展密度，缩短通勤距离，使服务和设施具有良好的可达性，大运量的运输系统有序延伸，独立开发的新城和住区以及重组的公共空间等一系列环境和社会可持续发展战略措施，避免城市空气的污染。

（2）广泛采用城市结构的“相对集中的分散”：从单中心结构向多中心结构转型，选择次级中心使功能集中并与交通和发展走廊相连接。在邻里层面进行“都市村落集合”发展单元的尝试，打破单一的功能布局，采用混合土地利用和密集发展政策。

（3）尝试 Curitiba 的线形“TOD”的紧凑发展模式：重组交通系统，减少交通出行需求，限制私人小汽车的无节制使用等。

城市发展沿大运量交通线路选择结构轴线和节点，通过密集的、高强度的开发和混合土地利用措施，以及与规划、环境政策整合获得可持续发展。

（4）基于密集发展的城市结构重组：要进行与交通和土地使用规划相整合，与物质和社会经济规划相整合，减少小汽车的使用，促进建设环境与自然环境的协调发展。

3 结论：目标界定与空间结构布局

3.1 目标界定

3.1.1 总体目标：经济集约发展，社会关系融洽，生态环境良好

在产业发展上，应注重对科技型、环保型、劳动密集型加工制造业的引进与培育，大力发展旅游、休闲、观光型的城郊型农业，积极发展房地产、旅游、教育、文化、商业服务等高层次第三产业。在社会关系与社会文明方面，应加强对“新型社区”的理念探讨和实践探索，适应快速多变环境下社会结构的转型趋势，特别是社会阶层分化这一事实，在空间上为各社会群体创造“隔而不离”的社会交往环境，使他们“各得其所、各得所需”，却又“其乐融融”。在生态资源和生态环境的开发保护上，应坚持“生态产业化、产业生态化”原则，使生态资源和生态环境这一“立镇之本”在“保护中进行开发”、在“开发中得到保护”，严厉杜绝低效污染型工业的滋生蔓延，坚决取缔竭泽而鱼的短期开发行为，加强对水体、山体的保护及周边土地的开发控制，使秀山丽水的环境效应在土地价格上得到反映，并使外部效应内部化，最大程度上转化为公有资产和社会利益。

3.1.2 目标策略：以平衡的职住体系留住人，以典雅的山水风光吸引人，以创新的文化环境塑造人

街亭作为诸暨中心城市的郊外小镇，如何塑造自已的特色和个性，使自已不仅为成为镇域范围人口城镇化的中心，通过提供

充足的就业岗位和便利的生活条件来吸引“洗脚上田”的本镇或镇外农民到镇里安家、工作与生活。同时，应努力创造条件，使自已成为诸暨中心城市的“反磁力中心”，吸引“口袋里最有钱”的阶层到此安家、休憩与消费。街亭人应本着“海纳百川，有容乃大”的精神欢迎四方来客，通过在硬件（各种交往空间）和软件（制度和规章）上的建设，努力塑造一种个性化的地域文化环境，倡导“街亭文化”与“街亭精神”。

3.1.3 地域目标：诸暨中心城市面向信息化时代的郊外新城

相比于诸暨中心城周边的其他城镇，如西北方向的大唐、三都，西南方向的牌头、安华，东北方向的江藻、山下湖、店口，北面的应店街、次坞、东面的枫桥，这些城镇都处于快速工业化过程中，城镇在工业动力的驱动下快速扩展，各城镇之间、各城镇与中心城市之间出现连绵发展之势，其中的一些城镇在今天可称之为诸暨中心城的郊外工业城，明天就可能是诸暨中心城区的一部分，他们的主要职能是工业生产。而唯有诸暨市域西南区域因受到区位、交通和自然环境条件的限制，在这一轮工业化发展过程中被远远甩在后面，但恰恰是这种“落后”，成就了这一方向区域在后工业经济时代的竞争能力，也成就了街亭作为诸暨中心城面向信息化时代的战略空间地位。街亭的这种战略地位使得它拥有后发优势，能跨越工业化的低级阶段，直接进入工业化中后期或后工业经济时代。因此，街亭应有自已全新的发展模式和发展目标。

3.2 空间结构与形态布局

3.2.1 总体目标

建立一个有机集中与有机分散相结合的空间有机生长体系，使各组成部分既相对独立、互不干扰，又能达到“隔而不离”、互通有无的目的。

3.2.2 总体结构框架：一个中心、二个体系、三（四）个地域圈层一个中心：三江口城镇中心区，主要发展文化、教育、旅游和商业服务等功能。

二个体系：职住平衡体系和低密度住宅体系。职住平衡体系主要包括城镇中心区、滨水居住生活区和两翼劳密环保型工业区等集中紧凑型空间体系；而低密度住宅体系则是位于农业圈层和职住平衡体系之间的高收入住宅区。

三（四）个地域圈层：就镇区而言，可分为三个圈层：内圈为紧凑型滨水居住生活区、中圈为两翼劳密环保型工业区、外圈为低密度高档别墅住宅区；就镇域而言，再增加一个生态型、旅游休闲型、都市观光型的农业圈层。

3.2.3 总体空间形态

构建盛开的“葵花”型城镇空间形态。其中，城镇中心区为花蕊，滨水居住生活区、两翼的劳密环保型工业区、外圈的低密度高档别墅住宅区分别为层次递外的花瓣，而最外的农业圈层为葵花的外圈绿盘。

【参考文献】

1 张捷．当前我国新城规划建设的若干讨论．城市城规划 2003.5

2 H. Barton. Sustainable Settlement: A Guide for Planners. Designers and Developers. 可持续的住区：规划师、设计师和发展商的指南．1995，深圳规划院编译

【作者简介】

陈行上，男，诸暨市规划局村镇规划科科长，注册城市规划师。

陈钢炎，男，浙江省诸暨市城镇规划设计院研究所所长，高级工程师，注册城市规划师。

旅游型小城镇规划设计探索

——以南京市汤山镇为例

钟 晟 闫 海

【提要】 本文以南京市汤山镇为实例，在论述旅游型小城镇时代特征的基础上，对旅游型小城镇规划设计的方向、目标、原则、规划结构等方面进行了全方位的探讨。

国家旅游局提出了我国未来20年的目标是“从亚洲旅游大国向世界旅游强国迈进”，将成为世界第一大旅游目的地，第四大客源国。目前，国际旅游正快速发展并向东亚太转移，国内旅游已进入快速发展的阶段，旅游产品正从观光型向观光、度假和专项旅游相结合的趋势发展。

1 旅游型小城镇的时代特征

研究旅游型小城镇的时代特征，实质是探讨小城镇发展与旅游资源要素的共生关系。这种共生关系在小城镇不同的经济发展时期，表现出较大的差异。根据我国旅游型小城镇的特点可分为物质利用型共生关系和精神审美型共生关系。在不同的时期可能两者兼而有之，或以其中一种为主。精神审美型共生关系长期存在，其表现的内容和形式有一定的发展变化，但总体而言比较稳定。而物质利用型共生关系会因不同的社会生产力水平，表现出不同的内容或形式。此外，不同时期共生关系的强弱程度也不同，因此又可以划分为强共生关系和弱共生关系。

根据产业成长阶段论，由第一、二、三产业占国内生产总值

（DGP）比值不同，将经济发展分为五个时序（分别以 A、B、C 代表三大产业）：（1）A > C > B，农业经济初期；（2）A > B > C，农业经济发达期；（3）B > A > C，工业经济初期；（4）B > A > C，工业经济中期；（5）C > B > A，工业经济后期。

在农业经济初期和发达期，小城镇的发展与旅游资源之间是以物质利用型关系为主，精神审美性关系为辅。这一时期人们的物质生活对于构成旅游资源要素（山、水、林木等）的依赖性较强，所以又可称之为强共生关系，但这种依赖性表现为单纯的从自然界索取生产、生活资源、对旅游资源并无过多的破坏。

工业经济初期，小城镇与旅游资源的物质利用型共生关系演化为对构成旅游资源要素的掠夺性利用，小城镇旅游资源的精神审美型共生关系也深深打上了物质利用的烙印。一方面人们的物质生活对于旅游资源要素的依赖性降低，另一方面，追求经济利益的思想极度膨胀，导致人们与自然的精神联系减弱。这一时期两者关系表现为弱共生关系。

工业经济中期和后期开始，随着生态时代对小城镇带来的冲击，人与旅游资源要素之间又表现为强共生关系。不同于前者的是，随着物质生活的满足，精神生活需求的增强，人们对于旅游资源要素的物质利用和精神审美趋于同一，开始有意识地将城镇的发展与旅游资源要素的保护协调起来。人们的精神生活对于旅游资源要素的依赖明显增强，而物质上的利用不再是赤裸的攫取，而是服务于景观审美和生态环境的改善，人与旅游资源要素的共生关系呈现愈来愈紧密强烈的趋势。

实际上，这三个时期共生关系的划分并无明显的界限，随着社会经济的发展、信息技术的广泛应用，人们对旅游资源要素的保护意识也将越来越强，那种掠夺式的开发也将逐步消亡。

下面以南京市汤山镇为例加以具体分析、说明。

2 旅游型小城镇资源要素的诊断分析

2.1 现状与特色分析

汤山镇地处南京市东郊，是南京的东大门，交通便利，沪宁高速公路和宁杭公路穿镇而过，距离南京禄口机场约1h，距南京市中心约半小时车程，属于典型的近郊型城镇。由于位于南京1h都市圈的半小时核心圈内，吸引了一批投资项目，以旅游观光，度假休闲为主，兼及商贸、金融和房地产等，已形成以旅游经济活动和生态功能为主的功能区。镇区现状建设用地约1.5km^2，规划旅游主景区用地约25km^2，区内植被密布、环境优美。经过初步的开发建设，现已初具规模，正在向集温泉洗浴、旅游观光、度假休闲、科普教育于一体的综合性功能的旅游型小城镇发展。

汤山镇的发展极具潜力，总体景观特色主要是：(1) 生态环境优美。汤山镇境内拥有小汤山、孔山、安基山等大小山体十余座，总体呈两条带状山脉，中间是汤水河，形成两山（脉）夹一水之势。境内环境质量总体达国家一类标准，优美的生态环境和丰富的人文景观为旅游活动创造了良好的基础。(2) 文化内涵深厚。汤山镇境内分布着从古猿人到明文化、民国文化、宗教文化、名士文化一直到现代文明的旅游资源。以文化源头、皇帝赐封、山水游记、神话传说、古迹掌故、佛窟神龛等形式为具体表现，时间跨度数十万年，贯穿人类整个历史过程。(3) 门类多样、丰富。有形文化资源远至35万年前的南京古猿人洞，近至蒋介石别墅，包括碑、寺、洞、建筑等形式。隐形文化资源则以名人、名士的行踪、诗词、传说来体现，不同景区具有不同的资源组合。满足不同阶层和不同年龄游客的需要。

2.2 规划方向

汤山镇总体规划的总体思路主要涉及五个方面：

（1）保护环境敏感区；

（2）完善和优化景观结构，合理分区；

（3）通过维护一定程度的生态系统多样性达到环境自我调控目标；

（4）充分利用自然生态要素创造良好的人居环境；

（5）建立保护区，保护核心旅游资源。

汤山镇现状存在的问题和改善方向主要有：

（1）各类用地布局不尽合理，部分山体和景观面临被破坏的威胁。规划将尽量保持原有地形地貌、植被土壤，保持水系的定量，珍惜一山一水、一草一木，同时要求总体布局、游人规模、服务设施规模等都要建立在不破坏旅游资源，并且有利于保持旅游资源生态平衡的基础上。

（2）特色资源仍需进一步挖掘与突出。汤山镇具有世界罕见的南京猿人化石发掘地和浓郁的明文化与民国文化特色，规划必须尊重当地的文化传统，明确游览建筑、服务设施、村落民居等各类建筑的地方风格和历史脉络。突出明文化与民国文化特色，形成汤山镇独具风格的整体氛围、建筑风格和游览内容。

（3）构建合理的交通网络，做到既便于游客游览，同时又不干扰镇内居民的正常生活。

（4）建立统一有效的管理机构，相关立法等监控管理体系。

3 可持续规划

3.1 规划总体目标

汤山镇境内不仅具有良好的休闲疗养的生态环境，更重要的是具有深厚的文化底蕴，旅游者通过在汤山镇的观光、休闲、度假活动，不仅能享受到优美的田园风光、神奇的历史遗迹还能品味到历史的底蕴，先贤的智慧和劳动人民的伟大壮举。因此，汤山镇发展的优势主要在于历史文化源远流长，要发挥这一优势，必须把历史文化、自然、山水和现代设施有机结合起来，满足广大旅游者日益增长的消费需求。

规划目标是：

（1）文化氛围浓郁，生态环境优美，现代设施配套齐全的旅游型小城镇；

（2）邻近城市，襟山怀水，具有高文化品位的南京都市后花园；

（3）高质量、高品位的人居和休闲环境；

（4）以传统文化和现代素质为特色的爱国主义教育基地。

3.2 规划原则

汤山镇规划中，我们试图采取一种更加灵活的战略以适应变化的环境，在可持续发展的框架内保护和利用自然文化资源，制定合理的土地使用规划以控制土地的浪费，保护地方传统和文化。

（1）规划区内使用“护山保水”的原则

汤山镇位于宁镇山脉西段，境内多山地丘陵，山高林密，建设用地较为零碎。但为了顺应地形、保护本地形地貌特征，规划要求本区的基地使用不搞大填大挖，能保留的山丘要尽量保护，同时对汤水河实行绝对保护。

（2）道路规划的“迎山傍水”原则

复杂多样的地形条件，给道路选线带来了困难，但也同时带来了创造良好城市景观的契机。规划拟通过道路走向的“迎山傍水”而从自然山水之中取得佳妙的借景与对景，使城镇与自然山水建立呼应关系。

（3）景观设计的“借山用水”原则

为创造一种与自然山水密切结合且具文化内涵的城镇景观，规划要求采用景观视线分析方法，即用自然山水和地方传统文化“造景”，从而使人文景观与自然山水浑为一体。

（4）空间组织的“依山亲水”原则

根据汤山镇境内得天独厚的山水条件，规划要求境内的广场、绿地等公共开场空间尽量邻近靠植被较好的山林及汤水河，并尽量扩大镇区空间与外围田园山林的接触面，以形成“依山亲水”的城镇空间。

4 城镇景观生态保护规划

4.1 特殊景观区

特殊景观区是指由于无法以人力再造而严格限制开发的美学和科学价值很高的特殊自然和人文景观分布，对旅游业的发展具有重大意义的区域。包括山峰、森林、溶洞、造型奇特的岩石及相应的自然环境等。区内的文物古迹要严格按照文物保护的有关法规进行保护。严格控制新居民点建设，发展生态农业，形成现代田园风光，做到延续传统文脉。

根据以上原则划定汤山镇古猿人洞、伏牛山地下古采矿场及其周边 $1km^2$ 范围内为特殊景观区。

4.2 生态保育区

生态保育区是指有较好的生态环境和植被条件的区域，规划把多数山地划入此区，同时把一些独立的小丘划为生态小区。其主要作用在于保护风景区的生物多样性，维护风景区的生态平衡以及为风景区提供良好的环境背景。区内严禁改变原有地形地貌、勘采矿物土、伐木毁林，要求完整保护现有地带性植被。生态保育区以封闭保护为主，游人只允许按规定的路线游览，线路以外的地域则禁止进入。

4.3 史迹恢复与保护区

该区是指为保存重要的史前遗迹、史后文化遗址及有价值的古代或近代史迹而划定的区域，本区在保护、保存史迹的真实性和完整性的原则下，除建设必要的保护和参观设施外，不得新建其他人工设施。古迹文物及原有建筑的修缮或重建应保存其原有形态，由管理机构拟订计划。在不妨碍文化遗产的保存与观赏原则下，其附近可配合设置停车场、资料展览室、卫生设施或绿化。重点保护文物、史迹的真实性、完整性，同时保护其周边历史环境。与此不符的人工设施，应予以拆除。

根据以上原则划定阳山碑材、蒋介石别墅、美龄小学、石佛寺等史迹恢复与保护区。

4.4 服务区

服务区是指景观价值一般但具有良好的环境条件，适于接纳游憩服务和开展休憩、娱乐等活动的区域，是旅游型小城镇的重要组成部分。汤山镇旅游服务区主要集中于镇区内，需要提供丰富的服务内容，改变旅游服务项目仅局限于餐饮、住宿的单一状况。调整旅游服务系统结构，加大中档服务设施的比例，改变高档宾馆相对过剩，面向中低档服务设施不足的状况。旅游服务设施的建设必须结合当地的自然环境条件和经济发展条件，以免造成对当地环境或经济的过大压力，尤其不能对旅游资源造成破坏。服务设施的建设，特别是服务点的建设，在选址、建造和管理等方面要充分考虑到安全因素，避免遭到自然或人为因素的破坏。农村聚落区，可逐步发展家庭旅馆，使游客体验原汁原味的田园风光。

4.5 一般控制区

一般控制区是指具有资源开发利用缓冲性质的区域，即汤山镇境内除上述四种区域以外的区域。区内要求保护耕地，改善农业生产结构，提高经济效益，力求与旅游休闲相协调。维护村落的自然环境，禁止对旅游资源的直接破坏或间接干扰，禁止开山采石，滥伐树木。要严格控制区各项建设用地的规模、密度、容积率、建筑体量、风格、色彩等，形成与环境相协调的田园风光。

5 规划结构

合理的结构有利于镇区环境、旅游者和当地居民的和谐共生。依据前述原则和功能区类型划分，在认真分析汤山镇的自然资源、地形、旅游资源分布等因素后，结合土地利用现状、农田保护区现状、旅游景色的策划，构建汤山镇“一核”、“二环”、“三水”、“八景”的基本格局，确定汤山镇用地的功能分区。

5.1 一核

即汤山镇区，其职能为全镇的行政、经济、文化中心，规划布局以汤水河为纽带，几大广场为节点，传统商业街——内街为特色，镇南新区为亮点，突出汤山镇的历史古韵、时代风貌。

沪宁高速公路以南，小汤山以北的老镇区，未来以内街的改造为突破点，加快华鼎广场、中心广场、街头广场、拥军广场、寺庄广场等一系列广场的建设，带动宁杭北路的保护与更新改造。道路南侧结合汤水河的治理和沿河两岸景观带的建设，规划为温泉和民国建筑保护用地；北侧依据现状疗养用地进行合理调整与更新。汤山路和汤峰北路为老镇主要生活性干道。两侧布置文体、商业、疗养院等设施。

新镇区的建设应依托老镇区，集中成片开发，开发一片，完善一片，避免零星开发、各自为政或大片建设而设施配置不全的状况。在新区和老区的接合处注意结合城镇更新，协调发展，以新区带动旧城改建，以旧城改建配合新区开发。新区开发过程中，要注重核心地段的建设，确立核心地段的标志形象特征，增强核心地段对投资者和城镇居民的吸引力，以便带动整个新区的开发，对新区各自的特色特点应加以强调建设，充分利用其自然条件和地理环境条件。

5.2 二环

（1）内环：由汤山路、汤峰路、汤峰北路和汤峰南路组成镇区内部环路，是镇区主要的生活性干道，沿线将镇区主要的行政、商业、文体疗养等设施和绿化用地串联起来，既有饱经沧桑的雅韵古镇风貌、又有生机勃勃的新型小城镇气息；既有设施先进的温泉疗养，又有反璞归真的山林溪泉，整条线路做到景随路变，路转景换。

(2) 外环：由南外环路（新宁杭路)、北外环路（暂命名，安基山水库至南京)、东外环路（汤龙公路）和西外环路（暂命名，龙尚水库至南京）组成。是镇域对外联系的主要道路。

沿南外环路（新宁杭路）建设第三产带，疗养区、旅游商品购物区、服务区和旅游景点相互穿插，形成汤山镇的新兴产业带。

北外环路是南京栖霞新区通往安基山风景区的道路。由南京现代化的新区进入风景宜人的汤山镇境内，道路两侧丘陵起伏，生机昂然，安基湖山水相映，风光旖旎，让游客充分体验山水家园的乐趣。

东外环路（汤农公路）联系两大风景区——汤泉湖风景区和安基湖风景区，前者展现小城镇的田园居家（度假别墅区）生活，后者展现田园山水风光。

西外环路将栖霞新区大学城和江苏省足球基地（江苏舜天足球俱乐部训练基地）联系起来，形成一条文化（仙林大学城）—体育（江苏省足球基地）的新旅游带。

5.3 三水

(1) 汤山水库：即汤泉湖度假别墅区。该区主要以高档居住、度假旅游为主要功能，建设低密度居住区和度假公园。主入口为沪宁高速公路和宁杭公路。

(2) 安基山水库：即安基湖风景区。该区依托安基湖自然山水风光，建设生态旅游观光区。主入口为汤龙公路。

(3) 龙尚水库：目前正在筹建中。建成后水库容量将达 400 万 m^3。该区与江苏省足球基地相近，可与之结合起来开发休闲运动基地。

5.4 八景

（1）洗尽俗尘的汤山温泉；
（2）天下无双的阳山碑材；
（3）历史悠久的圣汤延祥寺；
（4）小型佛窟群——石佛寺；
（5）中外瞩目的南京猿人及其化石；
（6）地质宝库——汤山溶洞；
（7）永安公墓、汤山墓群；
（8）民国建筑遗址——蒋介石别墅、美龄小学、戴笠楼等。

6 规划探讨

6.1 旅游型小城镇性质的正确认识

通过规划，我们认为旅游型小城镇是指：地域文化特色明显、旅游资源丰富，以休闲度假为主要功能，通过向旅游者提供配套齐全服务设施，环境优美的建制镇。

6.2 旅游型小城镇的发展方向

分析国内外类似类型小城镇的发展过程与趋势特征，可以看出，随着旅游业的快速发展的旅游型小城镇之间竞争的加剧，准确定位城镇性质，形成城镇特色，及满足游客多方面的需求成为旅游型小城镇发展的新趋向，这些趋向表现在主题性、文化性、生态性、景观性、休闲性等几个方面。

6.3 城镇管理的重要性

城镇居民不会机械的接受所有的城镇开发形式，而这些形式是一些企业开发商品粮计划并试图强制推行的，尽管城镇的发展需要企业的营销，但越来越多的旅游型小城镇的居民和领导者开始关心自己的城镇的发展点是什么，发展方向是什么，它是不是迎合市场的需要，是不是适合当地，如何利用资源等一系列问题。

【参考文献】

1 皱统轩著．旅游度假区发展规划．北京：旅游教育出版社，1996

2 祁黄雄．度假区人居环境景风的可持续性规划．城市规划．2002

3 鲍世行，顾孟湖．杰出科学家钱学森论山水城市与建筑科学

【作者简介】

钟晟，男，江苏省村镇建设服务中心，助理规划师。

闾海，男，江苏省村镇建设服务中心，助理规划师。

弹性绿地在小城镇规划中的作用探讨

华　中　陈怀录　张旺锋

【提要】　改革开放以来，中国小城镇正处于转型期，面对不确定性大为增加的市场经济时，规划的诸多“不定性”问题日益突出。本文从经济、制度、政策、社会文化等方面分析了“不定性”形成的原因，从城市绿地入手，提出城镇弹性绿地这一概念。

改革开放以来，中国的经济取得了快速发展。但目前中国的城市，尤其是小城镇正处在经济过渡时期，早期所做的规划已不能满足小城镇发展的需要，很多经济发展较快的小城镇突破原定的规划已司空见惯，使得规划的科学性、超前性及预见性受到了严峻的挑战。因此在新一轮的小城镇规划和修编中，解决“不定性”问题就显得迫在眉睫。

1　“不定性”——经济转型时期小城镇规划面临的新问题

20世纪50年代以来，我国的城市规划模式基本上是沿袭前苏联传统的方法。迄今，仍有不少城市的规划采用这种方法，即先根据城市现状条件综合研究和确定城市性质，论证城市发展，再根据规划期估算人口规模和城市用地规模，容量及发展形态，确定城市土地利用，道路系统，安排城市各项市政设施建设用地，配置城市各项公共设施，然后编制城市总体规划及各项专项规划和详细规划。这种规划力图保持城市静态的封闭式完整，而忽视了城市生长的规律和机制。这种规划面对不确定性大为增加的市场经济时，其“不定性”的机会大为增加，不仅引起城市某个部分的发展，而且促使了城市的质变。实践证明传统规划，不仅起不到超前和引导作用，相反还起了滞后作用，束缚了城市的发展。因此我们必须对城市规划和发展的“不定性”有充分的认识，找准引起“不定性”的原因对症下药，做到临变不乱。

当然，这并不是说明“不定性”给城市发展带来的都是负面效果，在某种程度上它已成为推动小城镇发展的一种动力。城镇发展只有面对如此多的“不定性”才会及时调整自己，城镇规划工作者只有在看清这些“不定性”之后，才能为城市未来的发展空间留有余地，保持弹性，使得小城市的发展达到不同时序不同阶段的动态平衡。

城市的发展是一个物质空间的积累重构过程与人的行为城市化的叠加。因此我们应把握住如下几点：

1.1 城市建设融资手段多样化——经济原因

近几年来，随着社会主义市场经济体制的不断完善，多种经济成分并存，非国有经济得到了长足的发展，同时国家又允许他们作为单独的投资主体进入城镇建设市场，从而有效地推动了小城镇的发展。但利益最大化原则又迫使这些投资主体在进入小城镇时，在用地选择、用地规模以及对用地与项目时，常常与社会、地方政府城镇规划之间发生矛盾。投资主体所采用的回报率高于社会（规划）所采用的回报率，这就使得投资者先于社会要求的时间将耕地转为非农用地或者不按照规划的定性来使用非农用地，形成对规划的突破。

1.2 土地市场化和分权化改革——制度原因

城市用地不仅具有使用价值，还具有经济价值，其经济价值只有在土地成为商品或其某方面的有偿转移而进入市场才能显示出来。随着经济改革的推进，使得投资主体即使每亩土地多支出数千元甚至几万元的耕地保护费，仍有暴利可图。同时由于目前小城镇发展正在经济转型时期，土地市场还未完全成熟，二级市场、黑市交易大量存在，城市规划的控制作用相对还比较薄弱。

城市土地有偿使用制度的改革为我国的城市建设和发展汇集了大量的建设资金，也使地方政府的领导者看到了利用级差地租效应，利用城市本身的土地资源就可以盘活或带动小城镇的发展。同时“分权化的改革，显化和强化了中央和地方政府之间，各地方政府之间甚至政府内部不同部门的最大化”（张军，1997）。他们在意识到土地具有经济价值后，就千方百计地通过土地资金增加政府的原始积累，使得有时土地利用和开发带有很大的盲目性和随机性。同时政绩考核制度往往重视地方经济的发展，而忽视生态、社会效益，使得领导者在做出抉择时更注重急功近利，这一些都明显加强了小城镇规划和发展的“不定性”。

1.3 政府宏观调控——政策原因

在中国目前经济、政治体制下，政府行为对小城镇的发展有时起着至关重要的作用，如制定特殊的政策保护经济发展等，如果规划缺乏弹性和基于重大政策调整的预见，迅速的经济发展和城市化的提高必然造成对原有规划的突破。但目前中国政府对这方面还缺乏足够的认识，土地利用与土地管理关系不顺，政策相对滞后，政府功能弱化，因此，也显化了小城镇规划和发展的“不定性”。

1.4 农民思想的不稳定性——社会文化原因

小城镇中农村与城市交错是一种普通现象，农村融于城市的包围之中，这一部分农村的农民在市场经济体制下思想具有很大的不稳定性。他们一方面想加入城市人的行列，其实他们在生活方式已基本与城里人无差别，但他们所从事仍然是第一产业，在思想意识形态仍属于那种“现代”的农民。因此，他们在经济条件比较好后，不再满足于现状，想过城里人真正的上班族的生活；另一方面如果他们加入上班族后，意味着对原有土地使用权的丧失，同时我国城市居民的社会保障体系尚不健全，他们在进入城里以后，得不到应有的就业、教育等权利。农民思想的这种矛盾也无形中促使了“不定性”因素的形成，如可能导致土地二级黑市交易加剧等。

2 “弹性绿地”—从城市用地空间功能组织角度探索解决规划“不定性”问题

2.1 “弹性绿地”的概念

面对中国小城镇发展的现状及规划界面临的窘境，笔者从城市用地空间功能组织角度，提出了“弹性绿地”概念。

“弹性绿地”是指为了解决转型期小城镇发展中城市矛盾及规划面临的“不定性”问题，适应规划弹性需求，在城市建设资金总量投入有限的条件下，既可大幅度提高城市的绿地面积，又可作为城市发展弹性用地，为城市未来建设预留一定的发展空间，在城市规模发展到一定程度，适时将其置换为建设用地，即可做为城市发展弹性用地，为城市未来建设备用地考虑。而采取的把城市规划区范围内建成以外部分农业用地在不改变其土地所有权，土地使用性质的情况下，作为城市绿色开敞空间纳入城市总体规划范围。弹性绿地不计入城市绿地指标，但其在生产设施上属于城市设施的一部分，在产品选择上应该以城市居民消费为目标，在经营方式上应以产品增值为目的，在运作行为上应以城市管理要求为准则，使之符合现代化城市建设的要求。

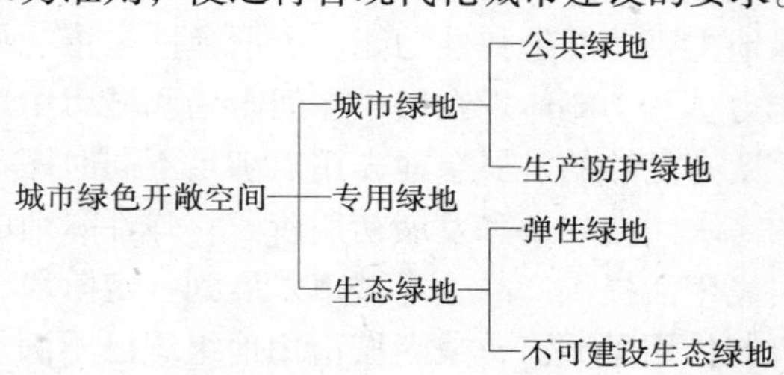

2.2 弹性绿地的功能

2.2.1 生态功能

弹性绿地生态功能与其他绿地一样，除了能大幅度提高城市的绿地面积外，还具有保持水土、贮水调洪、固碳制氧、维持大气成分稳定；调节气温，增加空气湿度，改善城镇小气候；净化空气吸尘减尘；消除噪声等功能。

2.2.2 经济功能

弹性绿地在产业结构上第一产业与第三产业的结合，其经济功能一方面通过服务于城市的第一产业的产品实现其直接价值，如蔬菜、花卉、水果等均为城市需求又难以在城市内部实现的产品，同时弹性绿地还可结合水面、山体形态等构造农业公园，供城市上班族周末度假、野营、体验田园生活等。弹性绿地既把农业用地转化为了城市用地，达到了规划的目的，同时又不必支付太多的征地费用。

2.2.3 社会功能

弹性绿地的范围是指规划区以内建成区以外的部分农业用地，弹性绿地规划实际上就是慢慢将这部分用地置换为城市建设用地或其他用地，这样就避免了一次性征地过程中引起的诸多矛盾和社会冲突，同时弹性绿地上的农村居民点已纳入城市居住区用地规划，其人口是从事一定的农事活动，但已非一般意义上的农民，实际上已为市民，让其提前享受城市文明，有利于实质城市化的发展。

2.2.4 弹性功能

弹性绿地主要功能是弹性功能。所谓弹性是指规划对外界变化的适应能力。其功能体现在城市空间布局和城市用地组织上要有适应性，留有足够的发展余地，用以满足不同时序不同阶段不同情况下的需求。在规划和发展初期阶段，弹性绿地的主要功能是为城市居民生活提供产品，当城市发展到一定阶段，当某种非城市内部机制作用于城市，或者城市用地组织已不满足城市经济发展需要时，我们就可以将这部分弹性绿地定期，适时地置换为城市其他建设用地。同时，结合“城市中的农村”规划弹性绿地，可以充分盘活农村中大量的城市存量土地。

2.3 规划原则

2.3.1 与城市其他绿地相协调，共同构成绿色开敞空间

城市空间分为绿色开敞空间和人工建设系统两部分。弹性绿地规划应统筹考虑整个城市绿色开敞空间规划，做到点、线、面均衡发展，考虑到弹性绿地的弹性功能要求，宜布局为面状绿地，但在建设区内部，被城市包围和分隔的“城市中的农村”，应结合其基本形态及城市总体规划要求布局为点、线、面多种形态。同时弹性绿地应与不可建设生态绿地，专用绿地和城市绿地三者相互融合，构成城市完整的多用途的绿色开敞空间。

2.3.2 价值原则

弹性绿地虽也具有经济功能，但其产出与城市其他用地（基础设施用地除外）相比，对城市经济发展的贡献率较小。因此在小城镇总体规划时，应首先对城市用地作经济评价。弹性绿地宜布局在城市用地经济价值较低区域、或接近郊区，这样就使得城市用地得到了合理、充分的利用，提高城市土地资源的利用效率。

2.3.3 与小城镇总体规划功能分区，尤其是工业用地保持一致

在小城镇总体规划中，工业用地弹性的需求最大。因此弹性绿地规划应充分考虑工业用地的弹性，为小城镇未来工业发展预留足够的空间，同时还应综合分析小城镇其他各功能分区的弹性需求，将弹性用地合理布局在小城镇各个功能分区里面。

2.3.4 弹性绿地的指标控制

我国《城市绿化规划建设指标的规定》中指出。2000 年城市人均公共绿地不少于 7 m^2。这与实际需要绿地面积相距甚远，因而应鼓励建设专用绿地，把弹性绿地引入城市，改善城市的环境。弹性绿地与非建设生态绿地也不计入用地平衡。弹性绿地面

积大小应与城镇发展的“不定性”成正比，小城镇合理的弹性绿地规模，应不小于总用地的15%。为了保证城市人均绿地总面积达到60m^2的要求，非建设生态绿地可确定为20%。

城市绿色开敞空间建议规划指标

名　　称	占小城镇建设用地的比例（%）
城市绿地	15
专用绿地	5
弹性绿地	>15
不可建设生态绿地	20

3　小结

总之，中国小城镇目前迎来了千载难逢的发展机遇，但计划经济——市场经济转型刚刚开始，还不完善，小城镇规划和发展面临矛盾和问题多多，如何解决这些问题，克服规划中“不定性”，从而提高规划的科学性、权威性、预见性和超前性就成了规划工作者义不容辞的责任。本文从城市用地空间功能组织角度提出的“弹性绿地”概念，只是在这个方面的一个探索，以期起到抛砖引玉的作用，共同推动我国小城镇规划和发展。

【参考文献】

1　张军．小城镇规划中的“不定性”及其对策研究．城市规划汇刊，1997.6

2　沈德熙，熊国平．关于城市绿色开敞空间．城市规划汇刊，1996.6

3　田洁，刘晓虹，姜连忠．城市用地置换的特点、问题与对策研究．城市规划，2000.8

4　耿慧志．论我国城市中心区更新的电力机制．城市规划汇刊，1999.3

5　沈德熙．当前城市总体规划应体现的指导思想．城市规划汇

刊，1997.5

6 同济大学主编．城市规划原理（第二版）．北京：中国建筑工业出版社，1989

【作者简介】

华中，男，兰州大学资源环境学院硕士研究生。

陈怀录，男，兰州大学城市规划设计研究所副所长，副教授。

张旺峰，男，兰州大学城市规划设计研究所所长，副教授。

生态小城镇漫谈

陈　林

【提要】　本文从三个方面简要阐述了建设生态小城镇的必要性，分析了生态小城镇建设问题上的三个误区，指出建设生态小城镇对于中国的可持续发展具有重要的意义。

作为“城市之尾，农村之首”的小城镇，近几年在中国大地上获得了蓬勃的发展，并一直受到世人的关注。这不仅因为它能成为解决农业、农民、农村问题的有效途径，而且因为它对于我国的整个现代化建设和全面建设小康社会目标的顺利实现具有重大的战略意义。它处于可持续发展理念深入人心、经济全球化趋势势不可挡的国际大背景和国内快速城市化的双重背景之下，如何建设好小城镇，一直是人们思考的问题。我认为，以较高标准建设我们的小城镇——建设生态小城镇是历史赋予我们的机遇与责任。虽然我们会遇到各种各样的困难，但只要我们抓住这个历史的机遇，勇敢地迎接现实的挑战，我们不仅可以顺利地解决“三农”问题，而且以此为契机，将会使中国的整体生态环境、整体国民素质、整体经济发展有一个质的飞跃，实现国民经济的持续稳定的发展。

1　现状及生态小城镇的概念

1.1　背景及现状

人类可爱的家园——地球，如今已不堪重负：大气污染、温室效应、海洋污染、陆地生态环境污染……，地球向人类敲响了警钟。对于发展中的我国，大地母亲也亮出了黄牌：频繁的沙尘暴、蔓延的酸雨、严重的大气污染、沿海的赤潮、水土流失、水缺乏、人口基数大等。而我国的小城镇，特别是一些乡镇企业，在20世纪90年代，一年就排放工业废水18.3亿t，工业废气1.22万亿m^3，工业废渣产生量1.15亿t。人们也越来越关心我们的地球、我们周边的环境以及人类未来的环境和发展。1978年联合国环境与发展大会第一次在国际社会正式提出“可持续的发展”的观念。自此以后，可持续发展的观念为各国所接受。

1.2 生态小城镇概念

生态小城镇是小城镇生态化发展的结果。所谓城市生态化，简言之，就是实现城市社会——经济——自然复合生态系统的整体协调，从而达到一种稳定有序状态的演进过程。这里的“生态化”已不再是单纯生物学的含义，而是综合、整体的概念，蕴含着社会、经济、自然复合生态的内容。因此生态小城镇是社会和谐、经济高效、生态良性循环的人类社区形式，自然、小城镇、人类融为有机整体，形成互惠共生结构。它的目标是实现人与自然的和谐、人与人的和谐、自然系统的和谐。

2 建设生态小城镇的必要性

2.1 片面追求发展的启示

城市是人类文明的伟大成就之一。但自从20世纪后半叶以来，城市的发展与急剧膨胀带来了一系列的生态环境问题，尤其是发展中国家，城市化的需要与有限的资源承载力、脆弱的生态环境间的矛盾愈演愈烈，出现了各种社会问题、经济问题和环境问题，有的甚至演化为区域性的或全球性的问题。

历史的演变终于使人们认识到，虽然人的能动性在工业文明时代创造了辉煌的物质成果，却也给人类赖以生存的自然环境造成了难以弥补的损失，以至危机四伏。于是有些城市把一些污染严重的企业转嫁给周边地区，特别一些急于谋求发展的小城镇。同时，一些乡镇企业为了得到更好的发展，也开始向小城镇集中。这中间就有相当大一部分污染严重的企业。据中国农业部等三部委于2001年联合下发的《关于促进乡镇企业向小城镇集中发展的通知》精神，到2005年，中国东部地区乡镇企业的聚集度将达到40%，中部和西部地区分别达到30%和25%。

处于"城市之尾、农村之首"的小城镇，天生有着一种典型的过渡性质。由于处于城镇体系的下层，数量巨大，如果不重视生态问题，不仅所有的城市陷于一片小城镇污染的汪洋大海之中，城市的持久发展得不到通过农村城镇化了的较高素质人才的供给而停滞不前，而且对于广大的农村来说也将是灾难性的，从前几年有些乡企业所带来的环境污染中我们不难看出这一点。

我们再也不能重蹈城市"先发展、后治理"的覆辙，生态小城镇的建设是历史赋予我们的最佳机遇。

2.2 建设生态小城镇是小城镇自身发展的需要

高速公路将人们的生存空间延伸到更远，发达国家的"郊区化"运动向我们展示了这一点。"网络时代"（虚拟的高速公路）的到来，也在深深地改变着人类的生活方式、生产方式，网络到底会给人类多大的改变，人们目前还不能预料。但有一点可以肯定：随着社会的进步，人们将越来越关注身边的环境。21世纪的经济发展主要是依赖科技的竞争，追求三个效益最佳的生态小城镇无疑对高素质的人才具有强烈的吸引力。

只有建立在可持续发展的基础上，小城镇的发展才有后劲，才能获得持久的繁荣，否则这种繁荣只是昙花一现。同时，为农业、农村和农民提供服务，是小城镇建设的出发点和着眼点，也是小城镇建设的基础和动力。因此小城镇建设还担负着提高居民（特别是农村城镇化的居民）素质的重任。社会的发展，归根到底都是为人服务的，社会的和谐是人类不懈追求的目标，生态小城镇的建设本身就是谋求一种全面的发展。

2.3 建设生态小城镇是带动农村发展和促进城市发展的需要

农业是建立在一种脆弱的生态基础之上的产业，任何的环境污染，对农村经济的打击都是巨大的。而生态小城镇的建设，良好的生态环境，较大的发展潜力，较高素质的人才，必定会对更为广大的农村产生积极的扩散效应，基于当地资源条件的生态农业将会有一个可靠的保障。

目前中国正进入城市化的加速发展阶段，众多的城市面临产业结构升级的关口，作为小城镇上游企业的汇集地——城市，生态小城镇的建设，无疑会促进城市的健康发展。生态城市的建设建立在生态小城镇的基础之上，也许会创下第二次“农村包围城市”的伟大社会变革。

3 建设生态小城镇的三个误区

3.1 误区之一：生态小城镇的建设会延缓小城镇经济发展的步伐

“改革开放20年来，我国经济建设取得了举世瞩目的成就，GDP每年以10%左右的高速度增长。然而，…这辉煌成果的相当一部分（每年约数百亿人民币），被环境污染的损失抵消了。”先发展、再治理的发展模式已走不通了，一意孤行只会处处被动。而且我们国家的发展是谋求一种实质性的发展，而不是流于表面的“虚发展”。发展是指多层次、全方位的发展，除了经济的发展，在现阶段我们更加重视社会的进步，讲的是一个公平问题，是当代人的公平问题；建设生态小城镇同样体现一个公平问题，更偏向于代际之间的公平。

小城镇的建设问题，是当前与长远、局部与整体之间应郑重作出抉择的战略问题。生态小城镇的实现虽然是一个需要几代人为之付出不懈努力的奋斗目标，但那种把建设生态小城镇当成经济建设发展障碍的观点无疑是一种只求当前利益，而忽视长远发展的短视行为，其结果只能是吃光祖宗粮，绝了子孙路。看看新加坡的今天优美的环境、完善的城市建设管理，我们还能再走弯路吗？发展的时机稍纵即逝，我们不应临渊羡鱼，我们更应做好扎实的实际工作，定好战略目标，为着梦中的鱼，结好自己的网。

3.2 误区之二：搞好绿化就是建设生态小城镇

毋庸置疑，生态绿化是建设生态城市的重要的物质载体，但生态小城镇中“生态”的内涵已经远远超出了原来在生态学中的含义。从生态小城镇的含义中我们不难看出，生态小城镇有三个特征：生态特征（讲求生态平衡和人与自然的和谐）、经济特征（持久发展，既富当代，又富后代）和社会特征（和谐、共享、共存，主动适应社会关系的变化，重视人的精神需要）三个方面，是三者的有机统一。搞好绿化建设是迈向建设生态小城镇的可喜的一步，但也不能是人为的“拔苗助长”行为，如前些年的“大树进城”，如此的“速成法”，是以破坏农村的“大环境”来改善城市的“小环境”的行为，从根本上违背了生态规律。把绿化搞好，只是其中的一个部分，当然是生态小城镇重要的物质基础，但我们决不能片面地理解生态小城镇中隐藏、寓于其中的多重内涵。

同时我们也不能光讲生态平衡，而不讲经济发展、社会的和谐，经济的发展是生态小城镇建设的根本保证，没有一定的经济作后盾，生态小城镇的建设也是一句空话。

3.3 误区之三：生态小城镇的建设仅仅是小城镇自身的事

小城镇是一个多元、多介质以及多层次的复合生态系统，除了自然的生态要素之外，还包含有社会生态和经济生态的要素，各层次、各系统之间和各生态要素之间的关系错综复杂。

从生态学观点看，小城镇本身就是一个不完整的生态系统，它又是从属于更大的小城镇区域系统的组成部分，只有在小城镇及与其发展相关的区域之间形成一种良性互动的关系，才能实现各种生态流的循环，从而保持生态平衡。

从产业的布局角度来看，我们更应从区域的角度来审视本镇的优势：区位的、资源的、人文的优势等，从而形成与本地资源相适应的主导产业，为农村的特色农业搞好服务工作，同时为城市的相关产业搞好配套。

总之，生态小城镇的建设只有在区域之中定好自己的位置，才能形成特色产业，发展特色经济，塑造特色景观，呈现特色风情。

4 结 语

21 世纪，是全球化的时代，是注重生态环境与人类社会协调发展的时代。我们的小城镇建设只有运用生态规划原理，结合社会的和经济的因素，建设生态小城镇，才能使小城镇的经济、社会发展与生态环境保护达到和谐，成为人类社会可持续发展中有机整体中的一个，为我国的生态农业发展服务，为生态城市的建设当好配角，为我国的长远经济发展贡献出自己的力量，托起我们伟大祖国辉煌的明天。

【参考文献】

1 李星学，王仁农编著．还我大自然—地球敲响了警钟．北京：清华大学出版社，中山：暨南大学出版社

2 白晓平．我国城市生态化建设应遵循的原则．中国工程咨询，2003.6

【作者简介】

陈林，男，华中科技大学建筑与城市规划学院硕士研究生。

古镇保护探索

——重庆走马古镇保护与发展的实践

胡纹 杨玲 董颖

【提要】 本文从物质、社会、经济三方面对古镇的保护与发展进行了探讨，并着重就其保护与发展的策略和运用方式进行探索和研究，以期能够对重庆，乃至全国范围内的传统古镇的保护与发展具有理论和现实的借鉴意义。

1 引言

传统古镇是历史沉淀的成果，是某一特定地域的历史文化载体，是人类文化丰富遗产的重要组成部分。随着城市化建设和社会经济的高速发展，历史古镇面临巨大的变异与挑战。

保护传统古镇是尊重其发展规律的必然。早期形成的古镇，蒙上了地区衰败、发展缓慢、居住环境质量低下，公共服务设施不完备等阴影。从人类文化的根本意义出发，传统古镇的更新改造，恢复活力是必须的，是古镇可持续发展的必由之路。

目前，我国对传统古镇的研究已取得了相当的理论和实践成果，但是，其研究内容还是侧重于古镇物质环境的保护更新，而对古镇保护所涉及的社会、经济等方面的研究相对还比较少。

2 走马古镇的历史背景

走马古镇位于重庆市九龙坡区，坐落于江津、巴县、璧山三县的交界处，面积 29.9km^2，因其形似奔马的山岗而得名“走马岗”。历史遗存下来的走马镇，自古以来就是当地经济贸易的重要集散地。据考证，东汉时期人口就已相当稠密，在明清时发展兴盛，清末达到极盛。经过历史的沉淀和积累，走马镇形成了以古镇街道和民间文化为主线的巴渝文化，具有重要的历史文化价值和旅游价值。

走马镇是巴蜀古道的必经之地，走马一直为白市驿站与璧山县来凤驿站之间的重要驿站。因其特殊的地理位置，走马成为川渝古道上的重要场镇。当时来往于走马镇的商贾行人很多，马帮是主要的交通工具，走马镇成为商旅落脚之处，因而兴盛起来。

走马古镇由于经济的繁荣也带来了文化的繁荣，单戏楼就有三座，茶馆 12 家。走马镇素有“三宫五庙”之说，仅仅长四百余米的走马正街，就分布了关武庙、戏楼、万胜宫、王庙、南华宫、文昌宫、魁星楼等各种寺庙，其繁荣兴盛程度可见一斑。走马镇的魏显德、魏显发兄弟被联合国教科文组织授予“中国民间故事家”的称号。

解放后，随着社会、经济的变革，农业自然经济的主导地位逐渐被城市工业经济代替，集镇地位明显下降。由于铁路、公路建成，交通的变迁导致经济的衰退，现在走马古镇也面临大多数古镇同样的问题。经济发展缓慢；建筑年久失修，居住环境差；公共服务设施和基础设施不完善以及人口老龄化等。另外，古镇的传统历史文化遗存也遭到自然和人为的严重破坏。

3 保护与发展的探索——以走马古镇为例

一般来讲，古镇的保护与发展研究涉及三方面的内容：

（1）物质形态的规划设计：包括古镇的总体规划与空间布局，建筑单体的保护与整治等。

（2）社会组织的协同运作：即古镇保护与发展的实现方式，包括政府对古镇保护与发展的投入，民间力量的开发和政府与民间的合作更新等。

（3）经济社会发展策略：包括古镇保护与发展的资金来源，文化经济和旅游发展等。

在走马古镇的保护中，我们从以上几个方面分别进行如下的探讨。

3.1 物质形态的规划设计

（1）保护古镇空间格局、原有的道路骨架和街巷格局

走马镇位于浅丘地区，其“山—坝—沟”之势决定了其用地条件复杂，坡度大的地形地貌特点，属于典型的山地城镇。走马城镇整体空间形态和与周围地形、环境紧密结合。总体规划中因此确立了保护其依山就势的山地空间格局。

古镇历史上形成的道路网对城市的空间形态构成起着举足轻重的作用，因此在保护规划中，应保护老街传统的路网格局，将其设为主步道，进行恢复修整，限制机动车辆通行，以维持原有道路的空间形态，并保留原有的青石板铺地，保持原来的传统风貌。而车行道规划在老街核心区的外缘，尽量减少对老街的干扰。

（2）街区与建筑单体保护

针对现状院落格局和房屋质量的评估，我们对古镇建筑单体的保护与改造提出了保护、更新、改造、拆除重建四种方式见表1。

古镇保护的方式 **表1**

方式	现状	规划设计要点
保护：保护维修	建筑价值高，格局与造型保护完好	加固结构，更换破损的构件，修复建筑色彩和装饰
更新：立面保存	建筑价值较高，立面保存完好	立面保护维修，内部功能和结构更新，保持沿街立面风貌
改造：新建筑外观改造	新建，材料、色彩、形式与老街风貌不相协调	立面进行改造，更换建筑构件，增加青瓦屋面或挑檐，对其外墙进行粉饰和装饰

续表

<table>
<tr><th colspan="2">方 式</th><th>现 状</th><th>规划设计要点</th></tr>
<tr><td rowspan="3">拆除新建</td><td>拆除后重建</td><td rowspan="3">质量较差，格局不完整或不适应居住</td><td>根据历史资料重建历史上该古镇中曾经存在的建筑</td></tr>
<tr><td>新 建</td><td>新建在风貌上与历史古镇环境较为协调的建筑</td></tr>
<tr><td>拆除不重建</td><td>将空地更新改造为公共空间、环境设施、公共通道或绿化等</td></tr>
</table>

（3）重点建筑的更新改造

重点建筑即指古镇镇区内典型的传统民居院落和寺庙戏台历史建筑。维修时采取“整旧如旧”的方式，必须尊重历史面貌，不可随意更改、加建、增建。对重点建筑采取利用和维护相结合的原则，具体的利用方式包括：继续原有的功能和用途，如关帝庙戏楼，维修整治后仍作为民间活动场所开放；作为家庭旅馆与茶馆使用；作为特色民居进行旅游参观的民居维修改造；作为旅游参观对象及茶馆休闲场所的改造等。

（4）功能置换

即改变原来的用地功能和重新整合旧建筑的使用功能。该项目中，为便于传统民居院落的保护并获得一定的经济效益，街区利用基础较好的院落、地段建成博物馆等文化用地，将建筑质量差的、但区位较好的院落作为家庭茶馆、旅馆类商业用地。这种土地功能的置换既缩小了居住密度，同时也在一定程度上减轻了政府保护改造的经济压力，提高了总体经济效益。

3.2 社会组织的协同运作

古镇历史街区中的传统特色民居以及重点保护的古建筑是构成走马镇旅游资源的重要部分。但是古镇的保护更新工作，涉及保护、维修、拆迁、建房等多方面的重要内容，且限制多，投资大，效益低，单靠政府来完成保护更新工作或单纯靠民间力量开发难度很高，应引入房地产开发的经营模式。这一古镇保护与发展的新思路，其运行机制可以分为三种：

（1）政府控制更新方式——地方政府对古镇进行整治更新内容包括：对有历史价值的建筑进行保护和维修，对危房予以拆除重建，市政基础设施和配套公共设施的建设，更新中的改建开发可以采用目前已形成的综合开发方式。

（2）居民自我更新合作方式——居民与规划师、建筑师合作制：走马古镇两侧建筑，我们倡导居民能够自我改造。走马镇还是一个经济相对落后，并不富裕的小城镇，政府拿出资金专门用于传统民居的整体改造还相当困难。传统民居的成片改造，对自然有一定的破坏，缺乏传统民居建设的延续性。而居民的自我更新却有很多优越性，它能够灵活适应不同的地形条件，不同的家庭需求，不同的经济条件，并创造具有个性和多样性的空间形式，为社区不断注入新的生活痕迹。因此，居民自住房自我更新方式值得提倡。

居民自住房改造，能充分调动居民的积极性，吸引小规模资金投入到古镇的保护。这种改造方式是一种“活着”的传统，是古镇传统民居改造中常见的一种“微循环”现象。

但同时也要注意到，由于居民的思考方式和价值观的不同，建设追求时尚和现代，缺乏对传统历史风貌的整体维护意识，因此需要建立一种制度，有效地引导居民的自我改造与保护传统风貌的有机结合。我们选择了古镇两侧居民与专业人员合作方式，共同完成居民房的自我改造过程，其优点是：

1）通过宣传、教育，提高人们珍视传统意识，使保存工作具有深厚的群众基础。

2）协助政府主管部门制定政策、建议，并实践于所管辖范围内的房屋建设。比如，提出建筑限高、红线、外观材料、色彩以及细部等具体建议，使传统居民的改造尽量维护原有街道的走向、尺度和特色。

3）按住户需求成图，为住户提供设计图纸，实现住户个性化要求与维护古镇风貌的结合。这种做法可以大大加强住房改造的灵活性；同时，也使房屋的改造更加科学、规范、合理。特别是一些典型的传统民居改造，可以进行多方案比较。经当地建设行政主管部门组织专家审查同意即可施工。

4）提前介入住户改造房屋计划之中，根据住户实际经济条件，做好可行性分析，避免住户盲目建房，以便及时修改计划、解决设计以及施工中出现的问题。

这种居民与专业人员合作方式，为居民、专业人员和当地建设规划行政主管部门之间建立了一种联系，让住户认识到所建房屋在历史古镇中的地位和作用，使古镇保护贯彻到房屋建设从计划、设计到施工的全过程，保证维护古镇风貌从理论、政策到时间的连续性，变目前被动的维护状态到主动的维护状态。

(3) 公私合作方式——通过调查访问后，发现当地居民改善居住环境的最大障碍是经济收入偏低，加上政府规划部门出于对古镇风貌的保护，近年来对古街地段采取控制措施，规定居民不得随意加建和改建自己的住房，致使古街稍有经济能力的居民都无法对居住环境进行改善，古街呈现出一种衰败的气象。针对于此，我们在规划中建议政府直接或委托房地产开发商作为投资者，建设古街可提供民俗文化旅游服务的商业网点，建成后由当地居民租赁或购置后经营。由于买房者不一定有足够的钱把房款一次付清，买房者以自己所购买房屋作抵押向银行贷款，并一次性把房款付清，消除建房者的投资风险，并可将此收益进行后续建设投资。

这种政策与居民在非营利原则下，共同承担更新改造的责任，在更高层次上实现了古镇整体利益与居民个人利益的“双赢”，是摆脱目前古镇保护与发展困境的又一有效途径。

3.3 经济发展策略

(1) 经济是推动古镇保护工作的原动力

古镇保护需要经济支持，资金缺乏是古镇保护的首要难题。

如何积极筹集资金，调动走马古镇保护可能的资金来源，对走马古镇的保护工作有着重大的现实意义。结合古镇实际，我们提出建设资金分为政府城建专款、政府主导的开发性银行贷款、个人投资、城镇外开发商投资几部分。并对这几种资金构成还作出使用安排建议。

对政府城建专款，主要投资在重要的基础设施方面（道路、给排水、电力、电信、燃气等）和城镇减灾工程建设（消防等）。

镇内投资，主要用于基础设施的建设，环境的整治和镇区内重点建筑的维修重建，并且数量非常有限。

民间投资主要用于城镇旅游商业服务设施建设（旅馆、餐馆店、茶馆等）以及地方特色手工作坊的扩大再生产等。

通过包装走马的方式，积极引进外地资金前来投资，并尽可能吸引那些与走马地域文化特色有关联的投资者，提高投资的成功率。这类投资主要用于旅游项目的开发、投资办厂、商品住宅区建设等等。

(2) 以旅游业为龙头带动走马镇的发展

走马镇具有良好的地理优势，自身旅游资源丰富。历史中走马所遗留下来的以古镇古街和民间文化为主线的巴渝文化遗产保存较好，使走马拥有了比较良好的旅游开发条件，具有潜在而巨大的旅游开发价值。与重庆其他旅游项目相比，走马旅游有着“近”、“活”、“真”、“全”的特点，具有较大的竞争优势。

针对走马镇的现实情况，采取了保护古镇特色，展示传统风貌，保持历史文化遗存环境，同时引入现代生活方式的融合性开发方式。居民生活与旅游观光共存，把当地优秀文化和产业，如习俗，传统艺术，民间艺术，民间文学，庙会等组合起来，开发出市民表演地区文化传统，而且游客能亲身体验交流的场所和设施。这样既恢复了古镇生活气息与活力，又不会给古镇带来环境压力。具体的操作方式有以下几种：

1）文化观光旅游，以面向大众的文化旅游和古代生活体验为主题。其中，“走马一日，巴渝千年”以民俗风情展示等。“巴山夜雨”以开展民宿式度假旅游，让游人夜宿古镇，感受古镇幽静的文化韵味。

2）恢复当地手工作坊，根据现有类型选择一两种销路不错的品种，扩大生产规模，并发展土特产加工业和零售业、特色餐饮业、娱乐业。

3）发展特色交通运输业，如恢复古道驿站，让游人步行或骑马重游古驿道。

4）以政策优惠为吸引点。为促进旅游业在走马的发展力度，政府给予了税收、土地出让价、开发强度等方面的优惠。镇政府可组织旅游项目招商团，扩大广告宣传，到重庆、成都等地进行招商引资活动。政府对居民投资建设的如茶馆、家庭旅店、土特产商品店等也给予业主在房租及税收上的优惠。

【参考文献】

1 重庆大学课题研究组．重庆市走马镇保护与发展研究大纲．重庆大学建筑城规学院．1999.12

2 胡纹，李和平．走马镇保护与发展规划——总体规划

3 胡纹，李和平．走马镇保护与发展规划——街区保护与更新设计，重庆大学建筑城规学院．2001.12

【作者简介】

胡纹，男，重庆大学建筑城规学院教授。

杨玲，女，重庆大学建筑城规学院，硕士研究生。

董颖，女，重庆大学建筑城规学院，现留学美国。

论历史文化城镇的可持续发展道路

——以浙江省兰溪市诸葛镇总体规划实践为例

陈婷婷

【提要】　本文介绍浙江省诸葛镇及其总体规划的基本情况和实施效果；并以此为例，探讨历史文化城镇保护的目的与原则、方法，以及历史文化城镇的可持续发展问题。

位于浙江省兰溪市西郊的诸葛镇，是一块神奇而美丽的土地。古老的村落，白与黑的质朴色彩，清新的山水和悠闲恬淡的农耕文化，无不令到访者留连忘返。如何保护诸葛镇历史文化遗存？又如何使它们在经济发展的大潮中延续自身风貌？这些历史文化城镇的保护与发展问题已成为我国城市规划中重要而紧迫的课题。我们在编制诸葛镇总体规划的过程中，对上述问题进行了探讨和分析，并取得了一定的成果。

1　诸葛镇概况

诸葛镇由两个聚集着明清建筑群的古村落——诸葛村和长乐村组成，诸葛村位于镇东，长乐村位于镇西。其中诸葛村保存较完好，有三千多居民，两千五百多人姓诸葛，是蜀汉丞相诸葛亮的最大一支后裔的原住地。

1.1　村落布局

诸葛村的地形独特，房舍及巷弄布局因地制宜，多有变化。作为一个血缘聚落，它的结构是团块式的，每个团块都以祠堂为中心，而全村又以丞相祠堂、大公堂为最大的总的礼制中心。村子四周以丘陵围合，俗称“外八卦”，使得村子较隐蔽，这也是诸葛古村得以完整保护的关键所在。

1.2 水系布局

诸葛村地势较高，为了保证村民用水，村中较大的祠堂旁必有一水塘，岸边开掘一口水井。最多时全村有十八座水塘，其中以上下塘规模最大。目前由于城镇建设，上塘已被填埋。这些遍布全村的水塘，不仅给村民日常生活带来极大的便利，也改善了小气候，美化了村落景观。

1.3 传统建筑风貌

诸葛村建筑风格以徽派建筑为主，清新古朴，千姿百态，商业区的店铺采用三种类型：排门式、石库门式和水阁楼式，其中以水阁楼最有特色。它是建造在水塘靠岸水面上的店面，全木结构，多用作茶馆，都布置在上下塘。

1.4 镇区现代化建设

随着社会的进步，工商业在诸葛镇发展起来，在原有传统商业的基础上形成商业街，一个小有规模的工业区目前已建在了镇区北面。

2 存在的问题

2.1 生活与环境质量的恶化

古镇的水环境现在已经遭到严重破坏。居民的生活污水大都直接排入塘中，最近几年随着旅游业的兴起，饭店服务业发展迅速，污染更为严重。

2.2 老龄问题的突出

调查中我们发现由于古村落中现存的建筑老化，基础设施不全，具有火灾隐患等，难以符合现代人的居住要求。出于自身发展考虑，很多年轻人不愿住在老镇上，或出外打工赚钱，或迁往大中城市，只留下老人独守祖屋。老龄化现象带来了许多社会问题。

2.3 古镇自身的衰退

岁月流逝，古镇原有的城镇空间肌理已被破坏，如上塘被填埋，水阁楼被拆毁，高隆岗的毁坏。同时原有的人际关系、家庭结构早已变化：原来独门独院的天井式住宅被分隔，原有的天井庭院也变成了堆放杂物的地方。

2.4 经济落后，缺乏强有力的产业支撑

诸葛镇旅游资源丰富，但开发利用却相对滞后，缺乏系统规划，不成体系。镇区工业企业规模较小，难以为古镇发展提供强有力的经济支撑。

3 规划理念

目前，规划理论界和许多小城镇都把“可持续发展”摆在城市建设的首要位置。在处理保护与开发建设、保护与旅游发展、保护与居民生活等多对矛盾关系时，要以历史保护为甚础，旅游开发为手段，以彻底改善居住环境，提高市民的物质和精神生活水平为最终目的。所以在规划伊始，我们就提出了“保护与发展并置”的规划思想，总体构思提出了城镇发展的总目标：“山水交融、古今相接、文旅为先、工贸并重、村落古风化、新区现代化”，即完整的保护诸葛长乐两个古村落，使它们也成为古镇经济发展的重要资源。同时大力发展镇区的工商业和第三产业，以支持和刺激旅游业的蓬勃发展。将保护名胜古迹，恢复历史文化

环境与发展旅游业，发展地方工商业和农耕经济的思想融汇到规划的各个方面。规划理念可归纳为：“走可持续发展道路，正确处理两大关系。”

3.1 正确处理保护与发展的协调关系

3.1.1 保护——以修旧如旧的手法，维护古村落的个性特征

遵循“不变的材料、不变的结构、不变的风貌”的原则，保护诸葛镇的历史文化特色，包括古建筑文化，人文景观文化，农耕文化，血缘文化和中药文化；空间尺度保持不变，未建房地段不得新建房，原有建筑修缮、翻建时，必须做到修旧如旧；保护近两百栋明清古建筑，保护村落聚集的完整性，恢复上塘商业街；恢复主要的水塘；保护传统的农耕经济和田园风光；保护祠堂这一代表血缘文化封建宗族的重要标志；挖掘中药文化。

3.1.2 发展——注意整体风貌，推动城镇整体经济发展

诸葛古镇有别于其他历史文化名城，其价值不在于某幢建筑，而在于其整体风貌。这种独特的风貌是将山与水、居住环境完美有机的结合在一起所形成的。任何对古镇组成部分的破坏和随意改变，都会使其整体价值大打折扣。因此，要全面保护传统风貌，保护古镇的主要构成要素，包括原有的城市空间形态、水体水系、建筑群体环境、地方历史建筑以及具有地方特色的人文景观和风俗风情。在这次总体规划前期调研中，我们了解到诸葛村，不仅村落内部布局结构错综复杂，吻合九宫八卦之意，而且村落外围八座小山，似连非连，在形似八卦的八个方位形成了外八卦。由于镇区建设的需要，外八卦之一的高隆岗已遭到破坏。出于对整个历史环境的尊重，我们在规划中恢复高隆岗，重现了外八卦的景观意境。

诸葛—长乐景区开发作为兰溪旅游业发展的第一品牌，进行重点发展。该区紧邻330国道，且已被列入黄山—千岛湖黄金旅游线的重要组成部分，景区的开发必须与诸葛镇的整体规划建设紧密协调，集镇的规划都要体现旅游城镇的特色。

采用保护古村的规划手法，充分保护古村落外部空间和生态环境，新区包括现代化镇区和工业园区，以毛巾纺织业为主，与旅游业一起带动整个镇区经济发展。

3.1.3 更新——改善居民生活，完善设施配套

古镇保护和文物保护不同，不能把古镇当成博物馆，要做到既保护历史环境，又维持并发展其社会功能，改善古镇基础设施，提高居民生活质量，做到“水清、路朴、绿多、建筑古、设施现代化”。

（1）提高绿化率，改善环境质量

结合旅游开发，布置绿化广场，停车场。发动古镇居民培植庭院绿化，并利用空地见缝插针地种植乔木。

（2）增设公共建筑，方便居民生活

设置满足居民日常生活需要的基层服务点和卫生站、农贸市场等设施。

（3）改造传统民居，改善居民的居住条件

在诸葛镇的总体规划中，如果只考虑发展旅游事业为目的，过多过急地外迁居民，这样做不仅可能会违背居民的意愿，同时也会影响古镇内的生活气息，违背生活真实性的原则，所以在规划过程中，进行了居民是否愿意迁往新镇区的调查抽样。规划小组成员根据分类统计，得出相应建设措施：

1）在诸葛古村一级控制保护区内禁止再建其他建筑，对原有古建筑进行保护更新。

2）在诸葛古村一级控制保护区外围新建建筑要延续徽州古民居的风格，就建筑形式、色彩和风格都作了明确的要求和控制，不得损坏原有古村落的整体风貌。

3）随着新镇区的建成也可提供一批适应现代化生活的住宅小区，以满足当地居民的需求。除重点保护民居外，其他传统民居在保持外观原样的同时，可按现代生活方式进行内部改造，如增大采光面积、增设厨卫、适当装修等，以改善居民的居住条件。

（4）加强基础设施建设，完善设施水平

无论诸葛古村，还是新镇区，都应对基础设施进行完善，尤其是加强对污水的处理，塑造诸葛镇更协调美好、舒适卫生的环境。

（5）提高抗灾防灾能力，保证诸葛镇的安全

现状古镇中多为巷道，最大宽度不足3m，古村落中建筑布局紧凑，建筑密度高，很难满足消防间距和消防通道的要求，在规划中消防问题显得尤为重要，我们采取了以下措施：

对部分质量较差的建筑进行拆除，进行个别用地的调整，适当降低古镇的建筑密度和居住密度，增加疏散通道，维修保留建筑和新建建筑要按抗震及防火要求建设。

道路系统规划中要保证消防通道可到达古镇绝对保护区边缘，基本可满足辐射整个古镇范围。

完善消防机构，配备适用于古镇的小型消防车及各种消防设备，增加消火栓密度，有效利用古村落中水系作为消防水源。广泛开展防火消防知识讲座，提高居民的抗震防灾意识和能力。

3.1.4 文化——挖掘文化内涵，提升旅游品质

旅游事业的发展应直接给当地老百姓带来好处和实惠，通过发展“老字号”店铺，开发有地方特色的旅游纪念品和土特产品，推动第三产业的全面发展，增加新的就业机会，从而给整个城镇发展带来生机和活力。

诸葛镇特有一种“孔明锁”，堪称华夏一绝。但属私人手工作坊加工，不成规模，且受到假冒伪劣产品冲击，使得正宗的孔明锁反而打不开市场，那可不可以组织这些手工艺人合作办厂呢？针对这种状态，我们进行了个案调查，走访手工艺人诸葛文苍先生，诸葛文苍先生表示，如果能够发扬这门手艺，打开市场为镇上谋福利，基本同意合作办厂，为繁荣诸葛经济尽一份力。

另外，规划实施中通过组织合理的旅游线路，形成游、购、娱、吃的一条线，由走马观花的低层次旅游，转变为从历史、生

活、文化、民俗艺术等方面感受独有文化底蕴的深度旅游。

3.1.5 实施——因地制宜，就地取材

在诸葛镇更新整治过程中，需消耗大量的物质材料，在实际操作中，基本以当地材料为主，这样既可保持古村落的原真性，又降低了投资成本，如上塘商业街的恢复建设，铺地全部采用当地的红长石。“老字号”古建筑的重建则大量采用当地的木雕艺术，基本保持了原汁原味。

3.2 处理好政府、公众与规划三者之间的协调关系

在规划全过程中，政府的“赋予能力”与公众参与的重要性不可被忽视，它对规划能否顺利进行起到关键性作用。

(1) 政府的“赋予能力”体现在建立起保护管理机构，进行资金筹集，严格按照规划组织建设，进行规划宣传等工作上。对于历史文化古镇的保护与发展，仅提供设计图纸是不够的，必须靠政府“赋予能力”的作用，建立强有力的投资体制和管理体制，为古镇建设提供有力保障。

(2) 公众参与的观念应贯穿于规划的各个阶段，普通大众是支持规划与参与规划的原动力，让广大群众关心规划，了解规划并积极参与到规划中来，从而切实保证规划编制与实施管理的一致性和规划的有效实施。

1) 建立城市规划公示系统

在诸葛镇重要地段将规划成果进行公开展览，开展规划咨询，是实现规划民主监督的有效途径之一。我们前往诸葛镇做深入调查时，正赶上诸葛镇第十四届人民代表大会，镇政府借此契机公开展览宣传规划成果，通过专业人员深入浅出的讲解，让人们更多地了解、关心、支持规划工作，实现民主监督，广泛征求社会各界的意见，增强城市规划法制观念。

2) 建立规划听证会制度

为了能使居民广泛积极地参与规划的各个阶段，我们广泛开展了由地方和规划主管部门领导、规划设计专家、村镇领导及村

民代表参加的规划动员会，规划座谈会，规划方案汇报会以及规划评审会等，对其社会效益、经济效益、环境效益及规划的可行性进行广泛的论证，尽可能使领导、专家、群众三者达成共识，使规划编制、审批及实施管理从一开始就相互配合协调。

4 反馈和总结

在规划设计实践中，我们往往疏忽规划实施反馈调查这一环节。要检验一个规划方案是否成功，最好的方法就是亲眼看到它的实施效果。

出于这种目的，在规划实施一年后，我们又一次来到诸葛镇进行一周的社会调查。由于诸葛镇各届政府领导都保持了密切的合作，并得到了浙江省兰溪市有关领导的支持，诸葛古镇的发展严格按照规划逐步实施，并取得了令人欣慰的成果。根据规划要求，镇政府首先进行了上下八字门，环钟池及上塘商业区古建筑的复原工作，其整改内容包括：新建景点3个，建筑整改，合理布置公厕，电力、电讯地埋，以及旅游线路组织。整改后的诸葛镇整体面貌焕然一新，它带动整个地区以旅游业为首的各项产业的迅猛发展，取得了较大的回报率，经调查得知：二处复原后诸葛景区的门票从现在的25元增加到40元，每年增加门票收入150万元。上塘古街和老字号恢复后，恢复的水阁楼店面屋出售能收回100万元。按以上回报率计算3～4年即可收回全部建设投资。

【参考文献】

1 汪正章著．建筑与时尚—由安徽建筑想到的．建筑学报，1998.8

2 张松著．历史城镇保护的目的与方法初探．城市规划，1999.7

3 阮仪三，邵勇著．精益求精返朴归真—周庄古镇保护规划．城市规划，1997.7

4 朱光亚，黄滋著. 古村落的保护与发展问题. 建筑学报，1999.4

【作者简介】

陈婷婷，女，华中科技大学建筑与城市规划学院2002级城市规划硕士研究生。

城市文化生态学视角下的旧镇改造

——以温州市永中镇旧城改造为例

万　昆

【提要】　本文以温州市永中镇旧城改造为例，介绍了城市文化生态学思想在旧镇改造中的运用。

随着我国城市化进程的健康发展，城镇空间由盲目扩张转变为有序发展，新区建设的热情正逐步减退，旧城改造正成长为新的增长热点。然而近年来，旧城改造往往是采用大拆大建的方式，虽然能够带来一定的经济效益，但常常是伴随着城市特色的消失。全国各地普遍出现了“特色危机”和“记忆消失”的城市问题，这种现象在非历史文化名城的一般城镇更为突出。粗俗的城市文化和文化趋同正蚕食着我们对故土的记忆，旧镇改造中如何延续城市文脉成为难点问题。

1　旧镇改造中的新视角：城市文化生态学

城市文化生态学诞生于20世纪70年代，它研究某一环境背景中人类的行为和文化，考察人类如何与其周围环境适应以及环境如何在一定程度上塑造着文化；或者说，人类文化如何在其环境背景中取得发展，而人类的谋生方法又在如何影响着其文化的其他方面。

简单说来，城市文化生态学是研究城市中的人、城市文化和地理环境：即研究人、文化、环境三者间互动关系的学科。其中在这三者间人是核心，人传承着文化，受特定的环境影响；反过来人又改造着文化，改造着环境；特定的环境下又会产生特定的文化，形成三边互动的关系。因此作为文化载体的人，在特定的地理环境下即一定的地域生态条件下所作出的选择就理应成为规划设计的关键，这种建立在特定选择上的规划就是一种新的规划理念。

2 从社会调查中获得灵感

2.1 永中镇概况

本文选择温州市永中旧镇改造为实例来介绍。永中旧镇位于温州市区以东约 20km，北起瓯海大道、南临城北路、西接新大道、东连永强大道，规划总面积 444.41 公顷。规划范围周边西靠大罗山、北枕黄石山、东眺大海、西面是规划的龙湾区中心、南端是国家级文保单位永昌堡。

2.2 住户的选择

基于城市文化生态学思想，在永中旧镇这个特定环境下居住住户的选择就应该是此次规划的出发点，在规划中如何充分体现出这些住户的选择，并做出合理的取舍以及思考当地居民为什么会做出这种的选择，这些都是值得认真分析的问题。

调整中采取问卷调查的方式，前后共发放调查问卷 1000 份，回收有效问卷 800 余份，涉及到 11 个行政村。调查内容主要集中 3 个方面：(1) 当地居民的自身情况调查。(2) 当地居民对现状旧镇环境、文化等方面的评价。(3) 当地居民想要怎样的生活环境以及相应的经济承受能力的调查。

3 五大规划理念的提出

通过对调查问卷的分析，提出了五大规划理念：迁居落户——人文理念；环境优先——生态理念；个性塑造——传承理念；区域协调——整合理念；弹性规划——市场理念。其中前三大理念的提出，正是根据城市文化生态学中人与文化、人与环境，文化与环境三者之间相影响相融合而得出的。

3.1 迁居落户——人文理念

旧镇改造大多难逃大规模的“拆”与“迁”的模式，永中镇也不例外，这样的做法虽然给城镇带来新的发展建设空间，但也带来了很多社会问题，特别是对原住民社会文化结构的冲击。永中旧镇的用地是传统的商住用地，当地住民有相当好的人缘与地缘结构关系，但随着拆迁的进行，这种有利于社会稳定的结构关系将荡然无存。经过深入的社会调查，发现当地居民有70%希望回迁，从当地居民的多方面要求与愿望出发，永中旧镇的改造应慎重对待原住居社会关系的解构与重构的过程，一定要尽可能把公众意愿和精神需求体现在未来的发展建设中，特别是通过合理的解决回迁安置问题，有效地促进社会关系重构过程的顺利进行。

3.2 环境优先——生态理念

充分利用现状水网系统、滨水绿地进行规划区生态廊道的建设，与温州市总体规划确定的瓯海快速路沿线城市生态廊道和南部大罗山城市生态涵养区保持连贯，使规划区周边的自然生态环境和自然景观有机地引入永中镇生活区内，与区内的城景、水景相互交融、有机结合，构成生态宜人的良好城市居住环境。

3.3 个性塑造——传承理念

旧镇改造由于受经济利益的驱动，极易带来高强度的开发，而忽略了规划区内的历史文化和传统内涵，永中地区经商传统悠久，地域文化丰富，是本地区居民引以为豪的精神财富。通过调查知道本地区有很多历史文化古迹，除了南片的永昌堡国家级文保单位外，在这个地区内有一个张璁祖祠市级文保单位，还有一系列的宗祠、庙宇、教堂，这些构成了永中的地域文化脉络和文化底蕴。因此为了提升规划区的整体品位，应该有意识地留住地域文化与民俗文化的物质精华（如宗祠、庙宇、古桥、商铺及其环境等），做到传统文化与现代化相结合，把规划区真正建设成为一个让记忆留在身边的新型生活社区。

3.4 区域协调——整合理念

本镇最突出的特点是集镇、旧镇、新区多主体的开发，规划范围内共涉及1镇11个村，同时规划区西侧的龙湾中心区正在启动，形成了城市副中心的基本构架。因此，规划应跳出区划的束缚，从整个区域开发建设的科学合理性出发，实现与温州城区的区域总协调和规划区内的工业用地调整、龙湾中心区开发、旧村旧镇改造、公共设施和基础设施配套方机的全方位整合。

3.5 弹性规划——市场理念

旧镇区建设最显著的技术特点表现在土地运作上的资金平衡和城镇环境的有效改善，而房地产开发和建设的特点都是土地需求的不定量性，有的大、有的小。为了适应土地买方市场需求的不定量性，就要求规划应保持一定的弹性，在镇内道路组织和地块大小布置上，有利于配合不同类型、不同规模房地产企业的进入。同时在开发位置与时序上也要具有相当的灵活性，易者先行，回笼资金，难者后动，厚积薄发，从而保证开发建设具有持续性的市场支撑，并且能够保证城市环境得到持续有效的改善。

4 新的文脉延续：山水成州、云归故里

在经过了社会调查，提出了规划理念后，最终形成了此次规划的规划结构“山水成州，云归故里”。

4.1 生态景观结构

山水成州——永中旧镇山环水绕，钟灵毓灵，南北向的北洋大河、西支河及东西向横贯的上沧河，沧河三纵一横四条主要河

道给了创作灵感，规划由城南永昌堡引一条楔形绿地蜿蜒而上向城北巍峨的黄石山延伸，由此绿地、山水共同组成了温州“卅”字，中国书法的神韵跃然纸上，由此谓之“山水成州”。

4.2 文化意识结构

云归故里——碧海潮生，双峰神女。神游九州，云归故里。碧海万顷，潮长潮落，养育了温州人商海驰骋的胆识，脉脉盈水，祥云回归，恋家的温州人终究舍不得这片生他养他的热土。改造建设不能割裂传统，根的依恋体现在对传统的精神文化（宗祠与宗教建筑）的现代诠释之中。

4.3 城市功能结构

一带两轴五心三片——一条绿化景观带、两条商业文化轴、五个景观核心区、三个生活片。

5 小结

结合城市文化生态学思想，永中旧镇改造作出了新的尝试。这说明旧镇改造并不是意味着特色丧失。文脉的延续，环境的保护需要我们每个人的努力。每个城镇都必须保护她的文化环境；维护鲜明的地方特色，只有这样一个城镇才能以其独有的文化内涵、景观风情、特色环境而成为我们记忆中的故土。

【参考文献】

1 黄育馥．20世纪兴起的跨学科研究领域——文化生态学［J］．国外社会科学，1999.06

2 王紫雯．城市文化生态学初探——杭州市北山路街区改造的前期调查与研究［J］新建筑．1993，04

3 张松．城市是时间的艺术［N］．文汇报，1999.7.27

4 高巍．从城市文化生态学到城市社会学［J］北京联合大学学报．2003.01

5 Bates. Daniel G. 1998. Human Adaptive Strategies: EcologymCulture. and Poliics, 1/e, http: // www.adacn.com/books/ab-0205269982.htl

【作者简介】

万昆，男，华中科技大学建筑与城市规划学院城市规划专业，硕士研究生。

第四篇

村庄规划建设思考

小城镇“城中村”规划的相关问题的探索

——以浙江省玉环县为实证研究

游宏滔　王士兰

【提要】 小城镇“城中村”是我国城市化进程中的一个特有的现象。本文以浙江省玉环县为实证，重点研究了“城中村”规划的技术经济指标和改造建设的问题。

引　言

自我国改革开放以来，城市化进入快速发展的新时期，以小城镇为载体的“据点型”城市化和大城市空间扩张为特征的“辐射型”城市化相得益彰，共同推动着中国大中小城市的全面发展。

在我国行政体制上，小城镇主要指县城及以下的建制镇，处于城市和农村之间，兼有城市与农村的特点。小城镇“城中村”是我国城市化进程中的一个特有的现象。从社会分工层面看，“城中村”的居民因已失去土地，大多从事二、三产，已不再是从事农业生产的传统农民；从城镇发展层面看，尽管空间分布上“城中村”完全是城区的组成部分，但它们又是坐落无序、建筑杂乱、高低不齐、新旧不一、道路狭窄不畅、市政设施残缺的农舍，与周边现代城市建筑形成了强烈的反差，显得极不协调；从政策体制层面看，“城中村”人口仍然是农民户口的“失土农民”，建制仍挂“村民委员会”的牌子，行使着与城市管理体制差异很大的农村管理体制，成了城市中的特殊社区。

从中国城市化进程看，农村人口向城镇集聚是必然的趋势，加快小城镇的撤村建居，撤镇建街是城市化的必然结果。目前“城中村”的现状与城市（镇）的不协调，成为城市（镇）发展的主要障碍，急需改造建设，使其融入城镇，这是迫切需要解决的问题之一。由于“城中村”改造建设涉及经济、社会、城镇、政策等各个领域，涉及各利益主体和各有关部门的协调，亟待研究，以期探索出一套切实可行的建设标准、办法和政策。

本文选择浙江省玉环县为实证研究。浙江省以小城镇迅猛发展为特征的城市化获得了很快发展，成为全国小城镇最发达的省份之一。近十年因城镇空间不断扩张，大量村庄进入城镇内，形成“城中村”，改造建设任务繁重。本文仅就改造建设标准进行研究，并提出相应的技术经济指标的建议。

1　玉环县现状“城中村”存在的主要问题

玉环县原为一海岛，建国后与大陆相连成为半岛，地域378km^2，人口38.9万人，城镇化水平达43%。现有一个中心城镇——县城和25个镇，由于城镇扩张，有较多的村庄即“城中村”归并入城区内。现状“城中村”的规模（指村庄的人口、用地）不一，从空间上分布也有不同特征，现从县城、坎门镇、珠港镇抽取三合潭、里澳、青马、渔岙、双峰、九山、双庙、李家、红旗、13号小区等10个“城中村”作为实证，这10个“城中村”均已编制了规划，即将实施改造建设或正在实施中。本文在上述10个“城中村”规划和现状调研的基础上进行实证分析，试图研究制定出科学、合理、符合实际的“城中村”规划的各项技术经济指标，以利“城中村”的改造建设，促使城乡过渡型的“城中村”尽早融合到城市中去，真正成为城市的一部分。

1.1　“城中村”的三种类型

在城镇发展中，玉环县形成了在空间地域分布上具有不同特征的三种类型的“城中村”。一是位于老城区内，这类“城中村”用地比较紧凑，人口和用地规模一般不太大；二是位于新建城区内，大多是在原有村庄的基础上进行规划改造建设，多数村人口、用地规模不大，如双庙、李家、13号小区等村，但也有一些如三合潭、渔岙等村是在撤村并乡后，成为有一定人口和用地规模的大村；三是处于城镇边缘区的如九山、青马、里澳等村，与城镇有一定距离，人口、用地规模较大，大多是撤村并乡后的新农居点，与新农村相似。划分上述类型的目的是从地域空间上可以分类指导，区别对待。

1.2 现状“城中村”存在问题

1.2.1 住宅建筑质量等级各异，住宅建筑布局很乱

现状“城中村”的住宅建筑新旧夹杂，以2~3层的低层建筑为主，较多是独户独院，建筑质量大致分三类：一类是近期新建造的混凝土结构住房，卫生设施全，装修较好；二类是20世纪70~80年代建造的砖混结构住房，部分卫生设施不全；三类是建国前后建造的木石或砖木结构，陈旧破烂，无卫生设施。现状一、二类建筑占少数，大量是三类建筑。因无规划，无序发展，住宅建筑布局混乱，呈一定的拥挤状态；住宅建筑密度较高，但均为低层。

1.2.2 市政设施不配套，公共服务设施欠缺，环境脏乱差

现状“城中村”虽均可通水、电，但管线杂乱；排水不成系统，污水横流；无垃圾收集或垃圾处理，大量垃圾遍地或靠近山坡乱堆放，环境极差；公厕奇缺，且大多是简陋旱厕。公共服务设施欠缺。没有菜市场设施，多数在沿道路摆设；幼儿园规模小，无活动场地；文娱、医卫设施和商业服务等均不全；现状道路狭窄、曲折，多断头路，许多地方不能通车，不能满足正常的出行需求，更不能满足消防、急救、环卫等车辆通行，严重影响居民的生活质量。

1.2.3 “城中村”规划中主要技术经济指标超出国家和省的法规、规范的标准

10个参加实证分析的“城中村”普通存在着指标超标的情

况。最主要的人均居住用地指标，有 7 个村超出国家和省的规范、法规的规定标准；同时还存在着指标的离散性大的现象，“城中村”之间指标差距甚大，如人均居住用地面积最小的红旗旧区仅 45m²/人，而九山村的人均居住用地面积竟高达 179.5m²/人，差距大且无规律性。为便于分析，现将已规划的 10 个“城中村”的用地平衡表和部分经济指标列于表 1。

规划“城中村”用地平衡和部分

技术经济指标汇总表

表 1

项目	三合潭		渔岙		双庙		李家		13号小区	
	面积（ha）	百分比（%）	面积（ha）	百分比（%）	面积（ha）	百分比（%）	面积（ha）	百分比（%）	面积（ha）	百分比（%）
居住用地	92.01	100	29.3	100	10.43	100	9.17	100	7.64	100
其中：住宅用地	66.45	72.22	20.37	69.53	6.44	61.7	6.01	65.5	4.97	65.1
公建用地	4.12	4.48	2.09	7.13	1.65	15.8	1.58	17.2	0.81	10.6
道路用地	11.32	12.3	3.69	12.59	1.26	12.1	1.02	11.1	0.89	11.6
公共绿地	10.12	11.0	3.15	10.57	1.08	10.4	0.56	6.2	0.97	12.7
总建筑面积（万m²）	56.17		22.81		7.48		11.47		8.71	
容积率	0.61		0.79		0.72		1.25		1.14	
居住户（户）	2000		761		380		460		391	
居住人口（人）	7000		2664		1300		1600		1369	
人均居住用地（m²/人）	131.5		110.0		80.2		57.3		55.8	
人均住宅用地（m²/人）	94.9		76.5		49.5		37.6		36.3	
建筑密度（%）										
规划前现状居住用地估算（ha）	3675		2031		580		493			
规划前现状居住人口（人）	7.79		1.73		1.05		0.75			
规划前现状人均居住用地（m²/人）	21.2		8.52		18.1		15.2			

续表

项　目	双峰小区		红旗小区		里　澳		青　马		九　山	
	面积（ha）	百分比（%）	面积（ha）	百分比（%）	面积（ha）	百分比（%）	面积（ha）	百分比（%）	面积（ha）	百分比（%）
居住用地	13.04	100	11.27	100	63.23	100	57.89	100	25.13	100
其中：住宅用地	8.47	64.95	7.31	64.86	47.25	74.73	33.34	57.59	17.35	69.04
公建用地	1.74	13.34	0.74	6.57	2.85	4.51	8.03	13.88	2.21	8.79
道路用地	1.91	14.65	1.52	13.84	8.44	13.34	5.38	9.29	3.52	14.0
公共绿地	0.92	7.06	1.66	14.73	4.69	7.42	11.14	19.24	2.05	8.15
总建筑面积（万 m^2）	11.5		12.046		48.37		44.01		18.60	
容积率	0.88		1.10		0.76		0.76		0.74	
居住户（户）	497		715		1815		1732		686	
居住人口（人）	1676		2503		6349		5500		2400	
人均居住用地（m^2/人）	77.8		45.0		99.6		105.3		179.5	
人均住宅用地（m^2/人）	50.5		29.2		74.4		60.6		72.3	
建筑密度（%）			20.84				35.36			
规划前现状居住用地估算（ha）							2178		2217	
规划前现状居住人口（人）									2.15	
规划前现状人均居住用地（m^2/人）									10.0	

从上表可以看出已编制的“城中村”规划的人均居住用地面积过大，虽然比现状人均居住用地有了大幅度的提高和改善，但仍超出了国家和省的规定，10 个“城中村”居住总面积 319 .1ha，总人口 32361 人，平均人均居住面积高达 98.6m^2，接近 100m^2，显然是高的。

2　“城中村”规划的主要技术经济指标的初步剖析

2.1　“城中村”居住级别的认定

现将10个“城中村”规划的技术经济指标对照国家、省规定的指标进行比较分析。在比较前，首先需对“城中村”居住级别加以认定，才能参照有关规范、法规进行同口径的比较分析。按照人口参照《城市居住的规划设计规范》，10个“城中村”可定为居住小区和组团二级；参照国家《村镇规划标准》，10个“城中村”对应为集镇层次的中型的一般镇和中心镇；参考国家“九五”小城镇重点研究课题《小城镇规划标准研究》提出的小城镇居住体系构架中，对应为Ⅱ级居住小区和Ⅰ、Ⅱ级住宅组群。因此玉环县的10个“城中村”以人口为依据对应相当于城市范畴的居住小区和居住组团；相当于村镇的一般镇和中心镇；相当于小城镇居民体系的居住小区和住宅组群。

2.2　“城中村”规划人均居住用地指标的初步分析

现将玉环县10个“城中村”规划的人均居住用地与对应规范的标准作比较分析列于表2。

从表2可见这10个县“城中村”规划，其中：三合潭、渔岙、里澳、青马、九山等村的人均居住用地明显高于对应的规范标准；而双庙、双峰稍高于对应的规范标准；只有李家、13号小区、红旗旧区三村与对应的规范标准相近。由于人均居住用地的超标，势必由此带来了建筑密度、容积率、开发强度等一系列的影响，人均居住用地定得过高，必然与当地的社会经济发展水平脱节，直接影响到开发强度低，导致改造建设成本高、效益低下和政府、房地产、开发商不堪重负的局面。因此在“城中村”规划中，首要的是要合理确定人均居住用地指标，制定人均居住用地指标是规划的“纲”，“纲举目张”这个指标制定的合理，其他指标都将随之改善，改造建设的难点迎刃而解了。

玉环县“城中村”人均居住用地比较表 **表 2**

村名		规划人口数（人）	对应规范的等级			规划人均居住用地（m^2）	对应规范的人均居住用地（m^2）		
			城市	村镇	小城镇		城市	村镇	小城镇
新建城区	三合谭	7000	居住小区	中型中心镇	Ⅱ级居住小区	131.5	20～30（低层） 15～22（多层）	36～45	36～54
	渔岙	2664	组团	中型一般镇	Ⅰ级居住组群	110	20～25（低层） 14～20（多层）	40～50	36～54
	双庙	1300	组团	中型一般镇	Ⅱ级居住组群	80.2	20～25（低层） 14～20（多层）	40～50	36～54
	李家	1600	组团	中型一般镇	Ⅰ级居住组群	57.3	20～25（低层） 14～20（多层）	40～50	36～54
	13号小区	1369	组团	中型一般镇	Ⅱ级居住组群	55.8	20～25（低层） 14～20（多层）	40～50	36～54
老城区	双峰旧区	1676	组团	中型一般镇	Ⅰ级居住组群	77.8	20～25（低层） 14～20（多层）	40～50	36～54
	红旗旧区	2503	组团	中型一般镇	Ⅰ级居住组群	45	20～25（低层） 14～20（多层）	40～50	36～54
城镇边缘区	里澳	6349	居住小区	中型中心镇	Ⅱ级居住小区	99.6	20～30（低层） 15～22（多层）	36～45	36～54
	青马	5500	居住小区	中型中心镇	Ⅱ级居住小区	105.3	20～30（低层） 15～22（多层）	36～45	36～54
	九山	2400	组团	中型一般镇	Ⅰ级居住组群	179.5	20～25（低层） 14～20（多层）	40～50	36～54

注：1. 对应《村镇规范》规定的村镇三级的人均建设用地为 80～100m^2/人。折算人均居住用地为：中型中心镇（80～100）×0.45＝36～45m^2/人；中型一般镇（80～100）×0.5＝40～50m^2/人。

2. 对应《小城镇规划标准研究》相当于一、二级人均建设用地（同浙江省村镇规划标准三四级）为 80～120m^2/人，属Ⅱ级居住小区的，折算人均居住用地为：（80～120）×0.45＝36～54m^2/人；属Ⅰ、Ⅱ级居住组群的，折算人均居住用地为：（80～120）×0.4＝32～48m^2。

3. 表中栏目中的“城市”、“村镇”、“小城镇”分别是“城市居住区规划设计规范”、“村镇规划标准”、“小城镇规划标准研究”的简称。

2.3 玉环县“城中村”规划的四类建设用地的构成比例也存在一定的问题

从汇总表分析得知，一是住宅用地偏高。最高的村70%左右，如三合潭、渔岙等村；二是公建用地个别偏小，如三合潭、渔岙、红旗旧区、里澳、九山等村，均比规范规定的10%的下限还低，考虑到处于新建城区和老城区的三合潭、渔岙、红旗、三村，这些“城中村”规模不大，尽管公建用地少，尚可就近得到相邻街区的公共设施的服务，只是需要多走一段路，但处于城镇边缘区的里澳、九山等村应适当提高公建用地比例，以满足本村居民的生活所需；三是道路广场用地基本合适；四是公共绿地略显偏高，这可能与地形多丘陵山体有关。

2.4 人均居住用地指标过高的原因

“城中村”在规划中保留了相当一部分的现状住宅建筑，这部分建筑基本上都是独户独院，用地过宽且均是低层建筑，直接影响了人均居住用地指标。这部分建筑保留得越多，人均居住用地指标就越高。

由于现状住房均是在无规划情况下无序建造的，布局杂乱，用地不规整，影响了用地完整性，保留的住房建筑周边，基本上无法成片开发建设，除了规划道路、停车场、绿地外，大部分成了宅间用地，直接加大了人均居住用地指标，降低了建筑密度和容积率，削弱了开发强度和影响到土地开发利用效益。

成片开发建设的用地比重小。尽管这部分用地的容积率和建筑密度相对较高，但对整体影响小，对降低人均居住面积作用不大。

上述问题究其根源，笔者认为不在于规划设计，而在于对待“城中村”改造建设所采取的决策。因为规划设计人员对国家和省的规范、法规是清楚的，过于超前，不综合考虑现时的社会、经济发展水平，势必导致“城中村”改造建设难度大、实施难的局面。

3 “城中村”规划技术经济指标的建议

3.1 合理制定“城中村”规划技术经济指标的思想和原则：

从建设现代化城镇出发，贯彻“以人为本”的思想，以改善“城中村”居民居住条件及环境和提高居民生活质量为目标，合理地制定各项指标；

制定指标要与当地经济社会发展水平相适应。追求过高的指标，超出了经济社会的承受能力，即使有良好的愿望，也无法实现；

要统筹兼顾到各方利益。既考虑到人居环境和生活质量的改善和提高，又必须兼顾到开发成本和效益。

3.2 制定“城中村”规划技术经济指标的思路

根据玉环县实际情况，参照国家和省相关规范、法规的规定，并参考杭州、绍兴等大中城市的“城中村”的指标，适当放宽人均居住用地指标，但原规划提出的人均居住用地指标应予降低。按照10个“城中村”的三种类型，宜区别对待，对处于新建城区的“城中村”，宜以李家村、13号小区为基础，略加可增的调整幅度；位于老城区的“城中村”一般用地偏紧，可参照建城区指标的基础上略降低；处于城镇边缘区的里澳、九山、青马等村因离城镇有一定距离，可在新建城区的“城中村”指标基础上再适当放宽。

在适度降低规划的人均居住用地指标同时，要强化开发强度，提高土地利用率，即在适度改善和满足居住条件环境和提高生活质量的同时，也要适度提高容积率和建筑密度，鼓励建造多层住宅和排屋。

完善建设用地构成比例。住宅用地比例作适当压缩；对位于城镇边缘区的“城中村”公建用地比例不宜少于规定的下限

10%；公共绿地比例视当地地形状况，确因小丘陵多，这部分山体成为绿地后比例加大，作为特殊情况可视作允许。但同时应尽量压缩平原地区的公共绿地面积，以平衡公共绿地的比例过大。

3.3 “城中村”规划技术经济指标建议

3.3.1 “城中村”规划的技术经济指标取值。

“城中村”规划的经济指标取值建议用表3数字。

“城中村”规划的经济指标取值　　表3

项　目	单　位	建　议　值
人均居住用地 (1) 地处老城区； (2) 地处新建城区； (3) 地处城镇边缘区	m^2	45~55 45~60 50~65
建筑密度	%	30~40
容积率		0.8~1.5

3.3.2 “城中村”规划居住区四类用地构成比例。

“城中村”规划居住区四类用地构成比例建议用表4中的数字。

“城中村”规划居住区四类用地构成比例　　表4

用地类别	位于老城区		位于新建城区		位于城镇边缘区	
	居住小区	居住组群	居住小区	居住组群	居住小区	居住组群
住宅用地	55~66	75~85	54~62	75~85	50~60	70~80
公建用地	<10	5	5~10	5	10~12	8~10
道路广场用地	10~13	2~6	10~13	2~6	10~13	2~6
公共绿地	7~12	3~4	7~12	3~4	7~12	3~4

4 对策建议

4.1 实施“城中村”改造建设应注重的问题和原则

与本地经济社会发展水平要相协调。改造建设的目标要适度；标准、指标定得要松紧得当，统筹兼顾；改造建设项目财务评价要过关。

实施市场经济机制，遵循市场经济规律。改造建设的主力应是房地产开发企业，政府作政策导向，起扶持的作用；要创建一种吸引房地产企业和调动村民积极性的新的开发模式，谋求“城中村”改造建设进入良性循环的轨道。

“城中村”村民大多是“失土农民”，关系到村民切身利益的问题，在改造建设中宜加以适当照顾和考虑。譬如农民的宅基地和自留地，但生产农田不在此范围内。

要注意吸收和借鉴其他城市的有益经验，避免走弯路。

4.2 对策建议

“城中村”改造建设作为一个建设项目，在规划设计和制定政策同步进行时，宜首先共同进行项目的可行性研究。在调查研究基础上，研究拟定规划的各项技术经济控制指标和拆迁补偿安置标准的多方案比选，并作出建设项目的财务评价分析，找出盈亏平衡点，指导“城中村”的规划设计和制定拆迁补偿安置政策。盈亏平衡点是项目可行的核心问题，依此来权衡掌握项目盈亏、政策松紧、规划控制的尺度。

按照国家和省的法规、标准、参照其他城市结合本地实际情况，本着适度超前，又量力而行的原则，合理制定人均居住水平、安置建筑面积的标准。笔者认为宜比照全省目前高收入家庭的人均住房建筑面积，在这个范围内考虑，但不宜超过规定的标准。其中位于新城区和旧城区的“城中村”，用地、住房面积标准要比位于城镇边缘的“城中村”紧一些。当然这些标准还必须经可行性研究考核通过。

“城中村”改造建设宜推行异地地基安置办法。这是目前多数城市房地产开发普通推行的办法。异地地基安置有实物和货币补偿两种，目前盛行货币补偿办法，玉环县宜试行这种办法。对实行异地地基实物补偿办法的，应作适当调整，主要是压缩安置异地地基面积和降低级差补偿标准。

“城中村”改造建设实行调产安置即原地安置办法的，应作较大的舍取和调整。玉环县“城中村”改造建设宜在借鉴这个办法的基础上结合实际情况研究制定。或原拟定的办法进行调整，调整的核心是降低安置标准和适当提高新房成本结算价格。

在“城中村”改造建设项目策划时，宜适当扩大用地规模，主要是扩大一部分村周边的无拆迁或少拆迁建筑的土地，以增加开发建设商品房的规模，加大建设商品房比重，谋求投入产出的改善和提高项目的经济效益。

引进新机制，建立新的开发模式，提高项目经济效益，使村民得到实惠。考虑到改善“城中村”村民的生存条件，缓解村民的部分困难，建议政府专门成立非盈利性的“城中村”改造和开发建设（包括商品房开发）的房地产开发公司，“城中村”和村民以宅基地和集体土地作为开发用地折价入股，组成股份制的房地产开发公司，实施“城中村”的改造和商品房开发。公司在改造开发“城中村”时还可得到政府政策的扶持和尽可能的财力支持，使村民直接从项目中得到实惠。

实行一村一策和政府的控制、管理。“城中村”新的开发模式如能付之实现，村民与项目的利益紧紧相连，从追求经济效益出发，拆迁补偿安置的各项标准将得到自动调节，各村将根据自己的情况，会有不同的标准和办法，形成了“一村一策”。政府在“城中村”改造建设中，可在调查研究的基础上从宏观层面和实施原则、平均水平等方面出发，制定改造建设的有关拆迁补偿安置的实施细则和各类推荐和控制的指标和标准，指导、调控、监督、服务“城中村”的改造建设。

【作者简介】

游宏滔，男，浙江大学长三角国际研究中心，硕士，规划师。

王士兰，女，浙江大学建筑工程学院副院长，浙江大学城乡规划设计研究院院长，教授。

村镇建设可持续发展框架与案例研究

彭震伟　钱兆裕

【提要】　本文从村镇建设可持续发展的理念与框架分析入手，以辽宁省本溪市南芬区思山岭黄柏峪村为实例，从规划设计思路、生产结构模式、土地利用和居住模式、生活配套设施、建设技术和建筑新材料的应用诸方面，深入探讨了村镇建设可持续发展的实现途径和方法。

1　村镇建设可持续发展概况

20 世纪 90 年代以来，可持续发展作为我国的国家战略，其发展理念已越来越为人们所接受，在可持续发展的行动层面上也有着明显的进展和成绩。在可持续发展的地域层次上，农村在我国占有重要的地位，农村的可持续发展是我国可持续发展的根本保证和优先领域。自从 1994 年我国政府颁布《中国 21 世纪议程——中国 21 世纪人口、环境与发展白皮书》以来，村镇建设的可持续发展已取得了很大的进展。但是，这是一个广泛的领域，涉及的面非常广，而且规模巨大。2002 年底，我国共有 1.92 万个乡，69.45 万个村，乡村总户数为 24569 万户，乡村总人口为 78241 万人，占全国总人口的 60.91%。由于农村经济发展条件和土地制度等的限制，总体而言，我国农村的村镇建设布局分散，设施配套能力弱，生活环境质量差，农民的总体生活质量远远低于城镇居民。村镇建设的可持续发展任重而道远。

2 村镇建设可持续发展理念与框架

1962年诺贝尔奖获得者Crick博士在其著作中描述了一个生物体维持生命的最低需求的必要条件是该生物体是一个开放的系统，维持生命的化学物质可以在该系统中流动，并在流动的过程中获得必需的物质和能量，以进行新陈代谢，这些能量可以来自阳光。

村镇可持续发展建设的主要规划设计理念正是营造一个类似于生命体的开放系统，各种物质在系统中进行流动，获得太阳能，进行特质的新陈代谢，并在该代谢过程中保留下有价值的物质，以保证其增长和发展。在这个系统中不存在任何废物，任何物质都处于循环之中，每一个过程中排放出来的废物都将成为其他过程中所需要的物质，并使各个过程取得平衡。

可持续发展的村镇建设涉及到乡村土地与产业结构布局、农民生产及生活方式、农村居民住宅、村镇服务设施及市政基础设施配套、村镇建设的适用技术以及适宜的能源和建筑材料等要素。

3 村镇建设可持续发展案例

3.1 基本概况

自2003年起，在国家科技部的协调下，中美可持续发展中心组织对中国村镇建设的可持续发展进行范例研究，由美国William McDonough设计事务所与同济大学共同承担可持续发展村镇建设示范案例的规划设计。

由科技部推荐的村镇建设可持续发展试点位于辽宁省本溪市南芬区思山岭黄柏峪村。黄柏峪村靠近304国道，距沈大高速公路收费口仅5km，距沈阳市车程1个半小时。除种植业外，黄柏峪村的支柱企业为生态养牛场，以饲养、屠宰和销售为一体，并有一些配套的企业如酿酒厂、动物饲料厂、食用油厂、红鳟鱼养殖场等，形成了较为紧密的生产链，如饲养红鳟鱼，用牛的内脏作为鱼的饲料，酿酒厂生产所产生的酒糟则可以作为牛的饲料等。黄柏峪村现状人口1374人，分散分布于全村内10个自然村。村中大部分劳动力的就业与村里的养牛业及相关产业有关。

3.2 规划设计思路

黄柏峪村可持续发展建设规划的主要思路是希望以村镇居民布局的调整为契机，强化土地的集约利用，以适宜当地的资源和技术进行集中的农村居民点建设，集中配套村镇必需的服务设施和市政基础设施，提高和完善农村居民的生活居住环境及居住水平，探讨可持续发展村镇建设的技术运用，实现村镇生产和生活过程中各个环节之间的循环和平衡。同时，通过居民点土地利用的调整和置换以及退耕还林等措施，完善农村产业结构的布局空间。

3.3 村镇生产结构模式

黄柏峪村以养牛及相关产业为主的农村产业结构创造了一个生产链和物质的循环，在这个循环过程中，每一个生产环节所创造的物质除了最终进入消费外，其余的废物都将成为其他生产环节的原料，使整个过程中最终的废物尽可能降低到最小规模。如肉牛被屠宰后牛的内脏被加工成为红鳟鱼的饲料，酿酒产生的酒糟被作为牛的饲料，牛及其他动物的粪便经收集后作为制沼气的原料。农村产业链的形成对相关产业的空间布局提出一定的要求，因此，对农村生产空间的调整和农村居民居住的集聚成为可持续发展建设的重要前提。

黄柏峪村现状的农业收入主要来源于种植粮食，随着作为该村主导产业的养牛业、酿酒业、水产业及林业的发展，村域经济将从种植业转向经济附加值更高的养牛业，水产养殖业、木材业及其他农业产品，劳动力也将实现从业结构的转移。在农业生产结构上，目前的农业用地可以转变为森林、牧场以及种植饲料等。农村土地的退耕还林还将给农村生态环境带来新的变化和完善，可持续的森林业不仅可以发展经济林，也为人类的生存和发展以及作为野生动物的栖息地创造了良好的条件。不仅是动物可以在林地里的放牧，动物的内脏、粪便也可以给林地增加肥力。

3.4 土地利用与居住模式

农村居民居住地的集中紧凑布局，既节约了土地，也通过集中的农村社区建设提高农民的生活质量。规划黄柏峪村农村居民点将集聚成约400户家庭的新的农村聚居地，利于享受集中的公共服务设施以及为每个家庭提供高质量的生活，分散的农村居民点用地的置换和新居民点的集中建设也为农村土地的多样性使用提供了可能。

规划的黄柏峪村居民点分为4个组团，每个组团规模为100户左右。居住组团主要布局于304国道的西侧，产业布局于国道东侧。随着村庄的发展。每个居住组团至服务中心、学校等的距离都将在步行范围内。根据农户人口数的不同，规划的农村居民住宅的宅基地面积为200～300m^2，不同面积和位置提供了村镇住宅建设景观的多样性，也为农民住宅未来的扩大留有余地。

依据最大程度利用太阳所提供能量的原则，居住建筑布置尽可能保证南北朝向以充分利用日照和利用太阳能设施，沿道路的绿化则能够保证夏天的遮阳。居住建筑的形式是当地传统的形式，这种形式的住宅建筑经过功能的完善和平面的改造后既能提高农民的居住质量，又符合当地居民的传统生活习惯，如将原来设置在户外庭院的厕所移至室内，部分坡顶的住宅被改为平顶，屋顶上可以进行种植被以提高接受太阳能量的面积。建筑的平面和立面设计有利于更多地直接利用太阳能和建筑室内的自然通风，以及夏天的遮阳等需要。

黄柏峪村的产业区域主要布置在国道东侧，便于居民就业，创造就业与居住在空间与系统上的平衡，如社区的沼气设施可以利用农业及其他生产过程中排出的废物进行沼气生产。

3.5 村镇生活配套设施

村镇的公共空间利用了原基地的两条溪流，在这两条溪流的交汇处规划了一个供休闲的湖面和公园，公园位于社区学校旁。有利于学生能够得到更多的户外活动空间。集中的居住形式为农村居民方便地享受到齐全的公共设施创造了条件，这些公共设施包括村委会、社区中心、诊所、邮局、零售商业设施、餐馆、老年活动中心、农产品市场等。由于黄柏峪村的养牛及销售的需要，还在村镇内设置了银行等设施。在每个家庭内，还设置了以沼气作为能源的燃料管道系统、可饮用水管网系统、电话和互联网等。

3.6 村镇建设技术应用

适宜的村镇建设技术的应用是保证村镇建设可持续发展的关键，其中主要包括能源生产技术、农村生产和生活废弃物处置技术以及采暖技术等。

村民生活废水、农业用水、动物废水以及动物饲养场所的清洗用水将被收集到沼气装置，用以沼气生产，生产出来的沼气将通过管道输送到需要采暖、做饭的建筑和设施以及部分生产活动。沼气生产装置必须靠近需要沼气的场所，以至可以通过大气的压力传送沼气。沼气生产所需的原料以及沼气的需求量之间的平衡则需要通过计算来获得。

为了达到沼气生产与原料之间的平衡，村民的生活废水在输入沼气装置进行沼气生产前，先由各家通过管道输送并储存在废水池内，然后根据需要量被输送到沼气装置。

每个建筑都将使用沼气作为燃料，利用锅炉加热水供厨房和卫生间使用，也可使热水流过预埋在地板内的水管，使房屋能得到采暖流。锅炉燃烧以后，其热量也将保留在管道内，保证对房屋的热辐射。同时，规划也更有效地利用太阳所提供的能量，这个热水系统通过安装在屋顶的太阳能热水装置而获得热量的补充。每个家庭做饭也同样使用沼气，并保留传统的“炕”来传导做饭所剩余的热量，补充冬天室内的采暖。

为了补充和增加水源，每个家庭还可设置水池以收集雨水用以绿化或其他非饮用的用途。同时，村镇中心的湖也将成为贮积雨水的空间，以备紧急使用如消防、灌溉等。

在平屋顶的住宅建筑还可以在屋顶上安装风力涡轮机，它是更有效的小规模分散化的电力生产的技术。

3.7 适宜的建筑材料

可持续发展原则指导下的村镇建筑应主要采用当地适宜和丰富的材料，并且这些所使用的材料应是可循环利用的。在黄柏峪村居民住宅设计中采用草砖作为建筑的填充墙和其他的建筑结构部分，已有的试验已经证明草砖作为建筑外墙材料在安全、保温、隔热以及其他建筑物理性能方面完全符合要求。当地丰富的草资源提供了充分的建筑材料保证，同时，这些建筑材料也可以被回收和再利用，减少了最终废物的产生量。建筑的屋顶层还可通过结构计算和试验，采用当地易于获得的较小的树枝。

【参考文献】

1 国家计委等．中国21世纪议程——中国21世纪人口、环境与发展白皮书．北京：中国环境科学出版社，1994

2 陈秉钊等．可持续发展中国人居环境．北京：科学出版社，2003

3 许学强等．中国乡村——城市转型与协调发展．北京：科学出版社，1998

【作者简介】

钱兆裕，同济大学建筑与城市规划学院，教授。

彭震伟，同济大学建筑与城市规划学院，教授。

快速城市化地区"城中空心村"现象及其改造对策

范红轮

【提要】 本文分析了我国快速城市化的背景下，阐述了"城中空心村"现象及基本特征，并基于可持续发展的观念提出列入城市规划范围的"空心村"发展规划的可行对策。

城市的发展经历了古代城市、近代城市和现代城市三个阶段。古代城市给人类文明带来了初步繁荣，创造了以农业文明为主体的历史文化。"较之工业的高速发展，农业的缓慢发展给人一种安全稳定、千年平衡的印象。与工业的狂热相对照，农业的明哲适度似乎是永恒的：城市和工业吸引着所有的能量，但乡村始终哺育着恬静美满、安全永恒的田园牧歌式的幻梦。"（摘自法国著名农村社会学家孟德拉斯《农民的终结》）在工业革命以来的约200年时间里，近代城市的发展及其影响就远远超过了以往几年来的积累。工业化的突飞猛进打破了城市原有的自发发展的内在平衡，从根本上改变了整个社会结构和城市形态。

1 我国城市化进程现状评析

改革开放二十多年来，中国经济快速发展，相应城市建设也进入一个快速发展阶段，城市化水平得以较快提高。我国的城市化水平由解放初期的约10%提高到20%左右，用了30年；由20%提高到30%，用了20年；由20%提高到目前的40%，用了10年。根据世界各国城市化发展规律，城市化水平超过30%以后将有一个高速发展的时期。今后我国经济将持续稳定快速增长，城市化进程将进一步加快，大量农村人口转化为城镇人口，城镇数量和城镇建成区面积急剧增加。我国区域经济社会发展很不平衡，以东部地区经济最发达、中部次之、西部再次之，相应城市化水平也有东、中、西部之分。在改革开放以来东部尤其东南沿海地区的城市化发展更加迅猛，有连绵成片的趋势，可称为“快速城市化地区”。

2 “城中空心村”的发展机理

从城乡关系看，城市地域空间在向乡村快速扩张的过程中形成了“城中村”的现象：在快速城市化过程中，城市的拓展受到户籍和地域行政区划管理上的相对滞后、土地产权限制、拆迁补偿等因素的影响。原农村居民点开发成本相对较高、开发周期较长，相比之下，农村居民点周边的农田荒地等土地开发成本相对较低。这促使城市绕开这些农村居民点，迅速向其周边扩展。农村居民点周边土地被征为城市用地，经大规模开发建设在较短的时间内（往往两三年即可）形成现代化的城市景观——规划严整、道路笔直通畅、高楼林立、公共绿地及市政基础设施配套。而原有的农村居民点则变化较小，逐渐被城市所包围，成为“都市海洋”中的“孤岛”。城中村及其村民在各种因素的影响下逐渐走上了一条不同于周边地区的发展道路，形成了“城中有村、村中有城、城市包围村庄”的格局。城中村表现出与城市功能要求不相适应的方面，主要是建筑布局混乱、质量参差不齐；内部道路不畅、不能满足机动车通行要求；市政管网配套不足，缺乏必要的公共绿地及户外活动空间等等。快速城市化对农村居民点原有的社会生活形成了巨大的冲击：传统生活习俗不复存在，原有的传统历史文脉难以为继；外来租住人口增多，社会治安存在许多隐患等等。从可持续发展的观点看，这样的城市化进程其实也是地方文化传统特色消失的过程，是一种历史与文化传统上的断裂。

从空间形态的发展来看，许多城中村形成了“空心村”的状况，即城中村范围的中心部分用地往往处于闲置状态。这部分用地实际是1980年代以前村落的范围，改革开放以后，经济快速发展，富裕起来的村民开始在村落外围新建住宅并形成规模。而原有旧村部分则无人居住渐渐衰落，形成“空心”。进入1990年代以后，这些村庄为城市的扩张所包围，而“空心”状态依旧，形成“城中空心村”。

3 “城中空心村”现象的空间类型

从实践经验看，城市化进程并非匀速、整体推进的。农村与城市之间在城市化进程中呈现错综复杂的互动关系。在一个城市规划范围内，农村居民点与城市的发展在空间关系上一般可分为三类：

（1）城中空心村：基本上位于现状城市建成区以内，尚未完成从农村到城市的转变过程。此类居民点一般区位条件较好，周边的城市基础设施较为齐全，具备近期纳入城市统一改建的条件。

（2）城郊空心村：主要位于城郊结合部，在现状城市建成区和城市规划范围之间，以及卫星城镇的镇区范围之内，即将或刚刚开始从农村向城市转化。此类农村居民点近期主要以城市基础设施建设、城市整治为主，涉及局部改造；中远期将纳入城市统一建设。

（3）城外空心村：一般位于城市规划范围和卫星城镇范围以外较为分散的零星农村居民点，也包括因城市生态建设和山区移民需整体搬迁和控制的农村居民点。

4 对“城中空心村”改造的可行对策

下面以《厦门杏林区山后张村改造详细规划》为例，说明从空间上对“城中空心村”进行改造的可行对策：

杏林区是厦门市域岛外以发展面向台商的外向型工业为主的

城市分区，山后张村是杏西工业区内的一个自然村，西临厦门湾。原属村里的大多数田地已被征为工业区用地，农村居民点用地被限定在几条城市道路所框定的范围之内，实际占地 14.22 公顷。该村是典型的“城中空心村”，旧村范围基本没有村民居住，新建部分虽建筑质量较好、建筑面积足够使用，但属未经规划的自发兴建。存在的问题有：(1) 建筑布局凌乱、朝向和间距不合卫生要求，存在防火死角和无法利用的零星地，造成用地浪费。(2) 道路不成系统，基本由建筑间距形成，宽 3 到 5 米不等，狭窄且线型不畅，车辆出入不便。(3) 公建设施缺乏，绿化差。村中除了几株榕树外无完整绿地供村民休憩。(4) 文化设施落后，村内现只有一个露天戏台、一个篮球场和一座青山宫（庙宇）供村民进行体育和传统民俗活动。(5) 市政设施不完善，卫生状况有待提高。

在现状调查分析基础上，规划提出了以下思路：整体上不应大拆大建，这样做不仅粗暴地割裂了历史文脉而且经济上也不可行。对于旧村即“空心”的部分应以拆除、新建为主，同时注意传统文脉的保留与发展。旧村部分是本村发展的核心、传统精神之所在：围绕青山宫和祖屋，许多传统习俗得以开展，富于特色的传统民居建筑得以保留。规划中应寻找场所精神、体现历史文脉延续，应发展一些由来已久的公共空间、轴线。对于近年来的新建部分，则主要在道路系统的整理打通及绿化环境质量的提高上下工夫。

由此规划作出以下详细布局：

根据现状，在“空心”的边缘上形成一个道路内环，以该环路将规划范围内新旧两个部分区分开来，再整理现状道路线型、适当拓宽并使之连接城市干道和内环，形成一个完整的路网骨架。交通组织上，内环以内为步行，内环以外允许通行机动车。“空心”部分是规划的重点——对于质量较好的历史建筑予以保留，在空地及部分现状拆除后的宅基地上兴建多层单元式住宅和联排式小住宅。内环以内偏北部分是全村的中心，是供村民休憩和从事传统民俗活动的空间。规划在南北干道交汇处安排大面积绿地，保留并改造原有池塘，视线在此开阔通透，可直视公共中心。公共中心设置了两条轴线——一条是南北向干道的沿续，步行道两侧分别安排了绿地、水池、球场、文化中心及戏台等；另一条是传统的青山宫前东西向轴线，安排了步道、下沉广场等。两条轴线一条代表过去、一条预示未来，其交汇处则安排雕塑作为点睛之笔。在建筑风格上，各类新建住宅、公建的设计富于闽南传统建筑特色，统一之中蕴涵变化。

5 总结

该项目完成之后我们又做了几个类似的改造项目，总结出“城中空心村”改造规划的可行对策：首先是路网的整理改造，一般是结合地形及用地现状形成内环加放射路的道路系统，以内环把原有的“空心”部分和近年来新建的部分区分开来，并界定公共活动空间。近年来的新建部分不可能也不主张大拆大建，主要是路网线型的整理、成型，小路伸入用地内部；在一些零星空隙地及拆除的建筑基地上营造小片绿地及少量泊车位。“空心”部分为环路所界定，下一步详细规划主要是场地的“填平补充”，这是规划的重点所在。对于原有破旧住宅拆除后的新建部分，要注意建筑体量控制及建筑立面上传统元素的运用，形成宜人的尺度和统一的风格并体现历史文脉的沿续；内环以内公共中心部分的详细布局应考虑历史建筑的保留、传统活动空间的拓展、村民日常户外休憩活动的开展和公共绿地的规划组织，要研究有哪些传统的空间轴线需要保留以及如何与新的轴线配合等。规划的关键就是要找到原有的场所精神并结合时代发展，对以上问题统筹安排使之形成新的整体。

【参考文献】

1 林广，张鸿雁. 成功与代价——中外城市化比较新论. 南京：东南大学出版社，2000

2 阳建强，吴明伟．现代城市更新．南京：东南大学出版社，1999
3 吴良镛等．发达地区城市化进程中建筑环境的保护与发展．北京：中国建筑工业出版社，1999

【作者简介】

范红轮，男，华中科技大学建筑与城市规划学院研究生，讲师，注册城市规划师。

城镇规划与村庄

连一枝

【提要】 本文分析了对村庄的有关政策、村庄发展的动力、都市中的村庄成因及出路、村庄与城镇发展的关系，在城镇规划中如何加强村庄规划，探索各种规划建设途径，分析和展望城乡一体化的前景，以解决目前村庄规划建设中的种种问题，提高村庄的建设品位。

1 “工业村”的新形态——超级村庄

从统计资料看，目前浙江省70%～80%的乡镇企业办在村庄。小城镇人口在乡村人口中所占比重不高，人口聚集规模较小，农民就地“转移”和异地“流动”也在相当程度上落脚在经济发达地区的乡村。工业化的推进并没有大幅度减少农村人口数量，工业化与城市化特别是政策支持的城市化并未能同步进行，相反，却强有力地刺激了乡村社区特别是村庄社区的超前发展，造就了“工业村”的新形态。出现了为数可观的，十分引人注目的“超级村庄”。

超级村庄的兴起，在小城镇理论之后提出了一些新的问题。工业和企业制度不仅进入了村庄，而且在村庄扎住了根。在“工业村”基础上发生的“自然城镇化”过程（内源性发展），并没有彻底消灭乡村社会的结构和文化，反而使之对新引进的历来为城市所垄断的企业制度具有了适应力，在村庄基础上造就出了一种新的非农社会经济区。积极有效地再造了村庄，创造出了“超级村庄”这样一种典型的社区形态。目前这一类在村庄基础上发展起来了的新型社区，其规模不断扩展，经济总量在当地村、镇中占有主要份额，综合发展水平大多已经超过周边的乡镇，而且作为新的“地方中心”的作用也日益明显，已经出现了超前发展的趋势。

由于工业办在村庄，也带动了与之相配套的其他产业，各种公用事业和设施就设在村子里，非农人口也大量地聚居在村域内，使这类村庄的传统形象发生了很大的变化。不仅原有的传统村庄破裂了，呈现出非城非乡又亦城亦乡的社区特征，而且村庄结构的膨胀和身外的扩展也是惊人的。这些地方已经在原有村庄的基础上，生长出一个结构复杂、规模庞大的“非农社会经济区”来。传统意义上的“村子”只是这个社区结构最基本最核心的部分。这个社区还包括聚集在村里的和分散在周边地区的以及在外省区的为数众多的村属或村属以外的非农产业、人口和外联区位关系。

“物业”的发展使村庄的空间规模比以往扩展了数倍，由老村一直延展到新区，这些设施规模宏大，配套齐全，质量上乘，支撑着村庄新兴产业和服务业的发展。

调查研究表明：事实上，浙江省超级村庄在发展中是以自己为中心向城或乡双向进取和扩展的。超级村庄作为“发展极核”，还形成了反向推动城市化的力量。农村内生的现代化要素在浙江省农村发展过程中已经有了相当的发挥。内源性发展是强调现代化的要素必须由村庄主动引进。决定超级村庄发展的主要因素在于村庄内源的开发，在于内部力量对外部机遇的回应。

2 超级村庄的成因及对策

各种规模的城镇城区都包含有村庄。因受土地产权制度，这些村庄必存在于城区或城市中心区中。受村庄经济水平和农村意识的影响，建房形式单一，与城市建筑形成强烈反差。在小城镇，这种反差不明显，在大城市就显得特别明显。随着城市的发展，这种农居点将成为更新改造的对象。一个大城市经历漫长时间的发展历程，未能在城区见到村庄与城市建设的反差。但对新发展的城镇，20~30年仍明显存在。

2.1 超级村庄的成因

宪法规定农村土地集体所有，土地的所有制使村庄难以移向村外，加上固有的村的地域意识，村的理念十分强烈，因而在规划编制时对农居点调出村外的难度十分大。随着城市发展区位优势十分明显，位于城市中心区、城区地价增值，这样村民当然不会离开这个地方。

超级村庄的形成，使得城市用地功能难以充分发挥其作用。有大量农居点的城区或城市中心区使居住人口数大大降低，因为目前农居点都是以间建房，竖向空间利用不够。在制定城市总体规划时是以套型人口居住用地计算人口数，而实施过程中这部分居住用地成了农居点。在一些城镇出现了由于农居点的建设发展量大，使得城市总体规划远期的居住用地，在近期就安排使用了。

在城区特别是城市中心区，超级的村庄各户形式雷同，建筑面貌单调，而紧邻城市公建区，使城市整体面貌很受影响，与城市建设形象难以和谐。

2.2 采取的对策及措施

（1）应充分认识超级村庄在城市化进程中的复杂性、艰巨性。制定一系列村庄城市化政策、法规。一些城市引导村庄建设套型公寓住宅。

（2）用市场经济的手段来实施村庄建设，达到用地尽可能往城市合理功能用地转换，另一方面让村民在用地功能转换中得益。目前都市里村庄宅基地的隐形市场不利于用地功能的转换。

（3）强化村庄的规划设计，跳出过去村庄规划模式，进行改造策略研究，并注重村庄用地商业价值研究。提倡设计的精品意识。

城区中的村，特别是城市中心区的村，基本上已不从事农业，大都设立了公司，主要是以土地为资产经营，应做好村的经济发展战略，特别是如何把现存的村庄土地按城市总体规划的要求，用市场经济的手段来发挥效益最大化。在满足村民居住的前提下安排土地作为能实现其他功能用地。

(4) 新城的总体规划编制中，同时制定都市村庄的有关政策，并进行策略研究，从而确定合理的城市总规功能用地，创造出一个城市与村庄和谐的城市整体形象。

3 对农村土地产权制度的认识

二十多年来的浙江省乡镇企业发展建设，小城镇规划建设，村庄规划建设，出现了规划理论难实现的现象：乡镇企业向小城镇集中难，村办工业遍地开花到超级村庄，村庄居住地不可移动性（无论在乡村还是在城市）等。农村很少将自己的工厂和住宅建在别村的土地上，深层的原因是土地产权制度，都市里的村庄也就因此出现。有人提出“乡镇企业能否像人们希望的那样向小城镇集中是非常令人怀疑的”。

很多城镇的大部分农民实际上早已不从事直接的农业生产，但是他们为什么仍然选择居住农村，或者在城镇居住，户口仍在农村，很大部分原因就是因为他们在农村的资产（土地、住房、宅基地）无法带走，为了占住自己在集体财产中的份额。

朱镕基总理《关于国民经济和社会发展第十个五年计划纲要的报告》里第一次提出“在长期稳定土地承包关系的基础上，鼓励有条件的地区积极探索经营权流转制度改革”，并放在积极推进农村各项改革的首位。

4 超级村庄规划的几个要点

4.1 要明确规划的村庄在城市中的区位

在城市总体规划城区范围某位置（远、近期规划区），对城市的发展趋势作出分析，对村庄规划作相应的考虑。在远期规划区内的村庄规划特别要了解城市道路网的设计，对本村庄的关系。在近期规划区内的村庄规划，对城市的道路交通、功能布局等要十分了解，以求作出符合城市整体要求的村庄规划。融入城市的村庄（都市里村庄）要制定符合城市总体规划的社会、经济发展策略、产业特点及农居点的规划建设发展规划。

4.2 新房拆旧房与旧村更新改造

享受新宅基地建新房，必须拆除旧房进行整理还耕。出现新建的农居点，旧村面貌无存（城市发展旧房拆迁别论）。有些地方农民建了新房老屋难以拆除，继续他用（出租）。新建的农居点规划、建设面貌理想的不多。应该重视不在城市发展拆迁范围内的村庄进行更新改造规划。对近年建设的质量好的农居在规划合理的前提下予以确定，充分分析原农居的建筑质量和布局进行新的规划，待日后视村民经济条件逐步在老屋基建新，或作适当调整。这样可以节省许多新的宅基地。为满足一部分近期急于建房，可规划一部分新的住宅，新区、旧区规划成统一的村庄的农居点。保存了村庄原有的文脉和肌理，通过新区，又展示了村庄的发展。政府在政策应鼓励旧村更新改造，对在旧址建新房的村民经济上应给予奖励。

4.3 村庄规划整齐划一，还是变化中求统一

这个问题需在规划实践中来解答。由于目前对村庄规划投入的力量和精力不够，精品不多，出现整齐划一的规划较多，这种规划虽整齐却单调无美感。新区的村庄可以做出好的规划，旧村更新改造规划更能做到既有变化又整体统一。

5 加强村庄规划

国家一系列政策有利于提高农村广大农民的收入，改善农民的居住条件。村庄量大面广，目前村级经济日益提高，要求有一个良好的居住条件和环境。村庄与城镇或大城市的整体形象关系

密切，做好村庄规划有利于提高城市整体形象。

要加强村庄规划设计和管理力量。目前村庄规划的设计主要由一个县级规划设计单位为主设计，地市级规划设计单位也参与设计。设计缺乏竞争，因而在规划设计深度方面尚有不足。在县、市级增加一些小型的规划设计机构，侧重于村镇规划设计(较多的设计内容是村庄)。几个规划设计单位竞争，从设计质量、服务质量，加上前期及建设全过程的咨询服务等方面进行竞争，以提高村庄的规划设计水平和质量，推动村庄的规划和建设。可充分发挥退休的规划设计技术人员的作用，由他们带动年青的规划设计人员组建登记小型规划设计单位，在村镇规划编制中（大量的村庄规划）发挥应有的作用。

【参考文献】

1 赵燕菁. 制度变迁，小城镇发展，中国城市化. 城市规划，2001（8）

2 林杰. 都市里村庄的世纪抉择. 城市规划，1999（9）

3 折晓叶，陈婴婴. 社区的实践“超级村庄”的发展历程. 杭州：浙江人民出版社，2000

【作者简介】

连一枝，男，浙江省台州市环境规划建设咨询事务所，所长，教授级高工。

"城中村"的变化特征及成因分析

王先文

【提要】 从亚文化角度探讨了"城中村"形成及特点，初步分析了"城中村"形成的背景和原因。

"城中村"是在特定历史条下出现的具有中国特色的城市化现象，具有复杂的历史背景和社会经济根源。"城中村"现象已引起我国城市规划界的注意，部分青年专业人员已开展了一些研究，涉及的专题有城中村现象评析（田莉 1998，吴晓 2001），城中村调查报告（杜杰 1999），城中村规划建设管理对策（敬东 1999，赵崇仁、徐忠平 2000，蔡克光 2000，隆少秋 2000，刘淑英 2000），研究正沿纵向发展，但许多问题仍需进行深入研究和探索，本文试从城市亚文化角度来探讨城中村现象。

城市作为一种复杂的社会生活和社会组织方式，明显地表现在核心文化和亚文化属性。美国社会学家 Cloude Fisher 在美国社会学家 Louis Wirth 和 Herbert J Gans 关于城市生活研究的基础上提出亚文化理论，认为城市是变革的中心，是与传统道德观念冲突最激烈的地方，正是这种强烈的反传统行为形成了城市这种特别的组织和生活方式。当城市规模、密度、人口混合度达到一定程度时，就能产生亚文化，它们通常作为差异、隔离、冲突的结果而出现，并常表现为居住社会形式，亚文化在维护社会结构稳定性、提供社会流动性和形成社会成员群体认同感方面都有重要意义。

1 我国“城中村”的变化特征及存在问题

“城中村”本是城市边缘的农村，只是因为城市发展需要征用农民的土地进行城市建设而保留下来的农村居民点。在城市规模逐渐扩大和城市逐步提升的同时，城中村也在发生变化，特殊的村落“城中村”逐渐形成，其变化特征是：

1.1 变化特征

1.1.1 村内人口总数增加、人口密度增大

城中村人口增长除了人口自然增长外，主要是迁入人口增加。增长途径表现为：地处城中、村里小伙容易娶到外地媳妇，本村姑娘不愿外嫁他乡而是招婿上门；已往迁出和嫁出的村民往往返村居住或接受遗产；招商引资随迁的人口，这是外迁人口的主流；城中村凭借优越的区位、低廉的房租和松散的管理吸引了大量的进城务工人员。深圳罗湖区城中村情况调查报告似乎显示一种现象：大城市或沿海发达城市城中村外来暂住人口往往多于本村常住人口，有的甚至高达数倍，城中村成了人口高密度区。

1.1.2 村民职业转变

由于耕地逐渐减少，村民逐渐脱离种植业专门从事非农产业。除了极少数人由国家安置和部分条件适宜的进入村办企业外，大部分村民得自谋职业，加上受劳动技能和资金限制，他们主要从事一些初级饮食娱乐、交通运输、建筑业、农副产品和蔬菜零售等行业。外来人口的寻住，引发了城中村房地产业和商业服务业迅猛发展。村民普遍改建新建房屋，增加房屋层数，扩大居住面积，增添室内设施，装修房屋立面，村容村貌出现改观。

1.1.3 生活方式城市化

伴随着职业转变、收入提高和城市文化熏染，村民的生活方式逐渐远离传统农业社会模式，城市化倾向越来越明显。自来水和有线电视的普及、有线电话甚至移动电话和空调的使用、道路的辅装是他们物质生活的一个缩影。他们的精神生活亦与城市紧

密地联系在一起，村民们适应或乐于参加城市文化体育娱乐活动。大部分村民较快地适应了城市节奏快和变化快的特点。

1.2 存在问题

(1) 职业问题。现代城市代表了先进生产方式和先进文化的高度组织化社会。城市里除了蓝领工人外，大部分是白领工人、职业人员如律师、记者、教授、医生、高级企业管理人员和政府公务员。这些职业阶层一般具有较高文凭和较丰富工作经验，工作较稳定，收入水平较高。国家对他们的就业、收入、住房、医疗等方面有一系列明确具体的政策和规定，充分保证他们生活安康。而脱离农业的村民只能选择那些进入门槛低、竞争激烈的初级行业，不能享受国家提供的培训、就业、住房、医疗、保险。

(2) 居住环境问题。城市居民由于享受国家住房政策，例如安居工程，一般都能住进统一规划设计、设施配套的社区，甚至是品质比较高的花园社区。村民由于家庭收入和家庭组成的差异，适宜采用自建方式分散建设。部分村民聚起一定财富后，为提高居住水平，对自己的房屋进行翻新改建，扩大居住面积，增添室内设施，进行室内装修，但村民在对自己的房屋进行改扩建的同时，未能有效对道路、排水、绿地等公共设施进行同步改造，未能增添垃圾处理设施，导致村中道路狭窄、铺装差、排水不畅、垃圾无处堆放或乱堆放、管线布置杂乱等现象，室外居住环境较差。尤其是一些城中村，由于吸引了大量的外来人口，违章占地超容量建设住房，使建筑密度过大，公共通道被挤占，导致村中公共空间十分狭小，采光通风、消音、排烟、消防都受到了影响，环境质量更加恶化。

(3) 社会生活问题。城中村是在特定条件、特定地点形成的特别的社会经济群体，其社会化组织程度不高，社会管理比较松散自由，成员整体素质比城市居民差，村中容易出现逃避国家计划生育政策、房屋建设管理法规和拖欠国家或集体税费现象。城中村地处背街小巷，受市场经济的负面影响，容易孳生一些违法犯罪行为：城市的一些丑恶势力，也容易移植村中；一些城中村出现的村霸、路霸、肉霸、菜霸、砖霸就是其典型反映。还有一些村开办的文化娱乐一条街，实际上是一些暗中从事色情活动的场所：一些外来人口甚至把城中村当作计划生育的逃避所。城中村人员混杂，管理难度大，社会治安状况较城市社区差。广州一项民意调查表明，广州对城市问题不满意的五项问题即外来人口管理、社会治安、环境管理、脏乱、交通，往往都集中于城中村或城乡结合部。

另外，城中村的亚文化性还从村民的价值观、行为规范、支出模式、休闲活动、信息接受处理等方面体现出来。

2 城中村形成的主要原因

城中村及其亚文化性不只是个别城市的个别现象，它不同程度地存在于我国的大中小城市中，而沿海经济发达地区、大城市地区，这种现象似乎更明显一些，它的出现有着深刻的历史背景和复杂原因：

(1) 新中国是在半殖民地、半封建社会的基础上建立起来的，建国历史仅仅五十年，虽然建立起了门类齐全的、技术装备比较现代化的国民经济体系，但仍然处于社会主义初级阶段：12亿人口中9亿农民，农业人口占很大比重；传统手工业与现代工农业、高新技术产业并存；占很大比重的自然经济半自然经济，与沿海较发达的社会主义市场经济并存；占很大比重文盲半文盲人口，与受过高等教育的人口并存；占很大比重的贫困人口与生活比较富裕的人口并存。我国初级阶段的国情及其长期性，为我国城市出现不同层次群体、不同层次街区提供了可能性。

(2) 政策体制的制约。建国以后长期实行城乡分割体制，形成了城乡二元社会结构，并通过实行户籍制度、粮食供应制度、住房分配制度、就业制度和社会保障制度，把城乡对立分割开来，使城市居民基本上靠国家供养，农村居民主要是自养。改革开放以来，特别是实行社会主义市场经济后，一些政策体制逐步发生了根本性改变，但其核心制度如就业、医疗、住房、社会保险等制度仍保持不同程度的延续性，这些制度仍对城乡居民的就业、职业、居住方式产生重要作用，是城中村出现的政策体制原因。

(3) 我国城市空间分布特点。在我国，人口稠密、农业发达地区，往往是城市分布最密集的地区，如我国长江中下游、珠江三角洲、华北平原、成都平原等农业发达地区，都是城市分布最密集的地区。密集的城市和发达的农业并存是城中村出现的空间地理原因。

(4) 城市发展的需要。改革开放和实行市场经济体制后，城市快速发展客观上需要一个相对过剩的廉价劳动力市场提供多层次的质高价廉的劳动力，以降低生产成本、提高市场竞争力。同时在经济高速增长和快速城市化过程中，城市也需要一个缓冲区，接纳大量从农村转移过来的富余劳动力，外来人口也需要一个过渡区来适应城市化生活，避免文化休克现象。因此，城市对低价劳动力的需求和缓冲带的存在，为城中村的存在和发展提供了难逢的机遇，是城中村存在和发展的主要经济根源。

(5) 城中村形成的主观条件。充分发挥地处城中、拥有土地使用权和各项宽松政策的优势，利用各种社会经济资源发展自己，是城中村能够存在下来的主观原因。

【参考文献】

1 James A. Inciardi/Robert A. Rothman Sociology: Principles and pplications. Harcourt Brace Jovanovich. Publishers. Florida, 1990

2 朱林兴等. 论中国农村城市化. 上海：同济大学出版社，1996

3 辜胜阴等. 当代中国人口流动与城镇化. 武汉：武汉大学出版社，1996

4　中国科学院国情分析研究小组．城市与乡村：中国城乡矛盾与协调发展．北京：科学出版社，1994
5　陈颐．中国现代化和城市现代化．南京：南京出版社，1998
6　城市规划，城市规划汇刊，规划师各期

关于中心村规划建设探讨

陈行上

【提要】 中心村建设是农居点演变发展的必然结果，如何把中心村规划好、建设好，在当前来说，是一个十分重要而紧迫的课题，作者从中心村规划的目标与原则确定入手，系统分析了中心村确定的条件等问题，阐述了中心村建设中应把握的若干问题。

1 中心村规划建设的目标与原则

中心村与其他村庄聚落相比，具有特殊的职能作用。从职能作用看，把中心村规划好、建设好，不仅要为本村居民提供生产、生活服务，而且还要为周边村庄居民的生产、生活提供一些最基本的服务，同时也要为上一级层次的城镇和集镇提供一些必要的配套。因此，作为介于集镇与基层村之间的中心村在规划建设时必须有特殊的要求。具体地说，要把握以下几点：

1.1 中心村规划建设的目标

(1) 农业生产基础扎实，生产条件良好，农业产业化程度高，并成为维护市域生态平衡的绿色空间。(2) 经济繁荣，农民富裕。(3) 村庄规划布局合理，环境优美，建筑档次高，居住条件好。(4) 功能较为完善，基础设施健全，具有为本村和周边村庄居民服务的功能。(5) 成为基本实现农业、农村现代化的有效载体。

1.2 中心村规划原则

(1) 有利生产、方便生活，满足生产发展，经济繁荣，改善农村居民生产、生活条件，为农村经济建设营造良好的发展空间。(2) 统筹兼顾，综合部署，使农村人口资源、经济、环境相协调，力求经济效益、社会效益、环境效益相统一。(3) 节约土地，保护环境，提高资源利用效益，降低发展成本，促进农村经济可持续发展。(4) 合理布局，完善功能，增强中心村的服务效能。(5) 保护传统，体现特色。对具有保护开发价值的传统民居建筑等要切实保护，维护其历史传统和地方风貌，体现中心村的个性特色。

1.3 确定中心村的条件

(1) 自然条件好。地势平坦，自然资源丰富，具有较大发展空间。(2) 经济基础实。经济实力相对较强，农民较为富裕。(3) 区位交通优。有较好的区位条件，处于几个村的几何中心位置，并有与周边村、镇联系较便利的交通条件。(4) 村庄规模大。相对于周边村庄人口较多，规模较大。具有较强的集聚辐射能力。(5) 有一定数量的基础设施和社会服务设施，能为周边村庄提供最基本的生产、生活服务。

2 中心村规划建设中应注意的几个问题

2.1 中心村建设必须有一个科学合理的规划

为使中心村规划更加科学合理和更具操作合理性，在规划时，要体现“八个一”:

(1) 一条路：即一条7m以上的主路。该路即是连接对外交通干道的通道，又是该村的中心道路，能满足机动车辆双向交通和内外交通快速便捷的要求。(2) 一个农贸市场：能满足本村及周边村庄居民生活所需的农副产品交易。(3) 一家综合性商店:

能满足本村及周边村庄居民需要的基本的生产、生活资料，方便居民生产、生活。(4) 一座小学（幼儿园）：能满足本村及周边村庄居民的适龄儿童就近入学的需要。(5) 一个医疗服务网点：方便村民就近求医。(6) 一幢综合办公楼：含村委会办公室、会议室、老年活动室、村民文化活动室等功能。(7) 一个操场：具有篮球比赛、文艺演出、电影放映、群众集会等功能。(8) 一个公园：为本村及周边村居休憩、娱乐服务。

2.2 中心村建设必须坚持分期实施、分类指导原则

在中心村建设过程中，必须坚持分期实施、分类指导原则，切不可急躁冒进，搞一刀切。建议每个乡镇选择一个基础条件好的中心村作为试点，及时调整规划，制订实施计划，落实班子和工作措施。镇乡党委政府必须高度重视这项工作，列入议事日程，切实加强领导，一把手亲自抓，并作为考核有关镇乡干部和村级班子的重要依据。在抓好试点的基础上，逐步面向推开，争取用 3~5 年时间，建成一批经济繁荣、农民富裕、环境优美、功能配套、具有一定集聚、辐射功能的中心村。

2.3 村建设必须走合理撤并，有序发展之路

在中心村建设实践中，必须坚持“扩大中心村，缩并自然村”的原则，走合理撤并，有序发展之路。具体地说，要运用规划和政策等调控手段，对已被确定的中心村要积极建设，扩大规模，完善功能，提高档次，增强其集聚辐射功能。对于地处偏远，山高路陡，环境条件较差的小自然村，要实行严格的控制，采取不再规划，不再审批宅基地，不再大投入改善道路、电力等基础设施，让其逐步萎缩。

2.4 中心村建设必须以政策调控来保证

在政策调研、制订过程中，要重点研究和解决以下问题：(1) 目标问题：即通过若干年的努力，中心村建设要实现什么样

的目标。(2) 标准问题：即中心村规划建设的标准和自然村撤并的标准，标准要尽量做到细化、量化，具有操作性。(3) 方式方法问题：主要研究中心村建设的实现途径，用什么方法来推进中心村建设，用什么方式来建设中心村。(4) 激励机制问题：要重点研究土地、户籍、资金等问题，采取倾斜、优惠政策，激励中心村建设。(5) 加强领导问题：如何落实镇乡、村领导重视中心村建设，有严格的考核办法，严密的工作计划，保证各项工作措施落实到位。

【作者简介】

陈行上，男，浙江省诸暨市规划局村镇规划管理科科长，工程师，注册城市规划师。

东北地区小康村建设规划探析
——以奢岭镇幸福村为例

黄祖群　于冬波

【提要】　本文从党的十六大提出的“全面建设小康社会”发展目标为出发点，研究小康村的建设模式。通过奢岭镇幸福村建设小康村的评价，确定产业的主要发展方向和小康村建设的重点内容。

改革开放以来，我国的城镇化水平得到了显著提高，目前已达到了40%左右。整体来说，我国已经进入到快速城市化阶段，20世纪末我国提高了“积极发展小城镇、快速推进城镇化”的战略决策，把城市化的重点转移到小城镇发展上。同时，党的十六大的召开，提出全面建设小康社会的宏伟目标，然而，全面小康社会的实现，离不开农村小康社会的实现，并且这也是我国建设全面小康社会的重点。

1　东北地区小康村的建设规划模式探讨

1.1　小康村示范建设规划模式

从我国经济发展水平来看，东部经济发达地区已经迈入了城乡一体化的阶段，开始走向了中心城市的都市化阶段，区域都市化已经成为小城镇建设和村庄建设的重点。

然而，东北地区等经济欠发达地区仍然处于中心城市的高极化状态，城乡一体化进程处于发育初期，中心城市对周围小城镇带动辐射能力较弱，更谈不上村庄经济发展了。

因此，对于经济发达地区，就不是小康村示范建设问题，而是整体村庄建设规划的整合优化问题，重点是小城镇“城中村”建设规划问题。对于经济不发达地区，包括东北地区，农村村庄和小城镇建设规划相当滞后，经济总量发展不足，农民观念落后，产业化进程缓慢，仍然是我国传统农业的二元格局。这就决定了东北地区等落后地区的农村村庄建设和小城镇建设，就不是解决“城中村”问题，而是以点带面，建立示范村庄，发展经济，来提高农民的经济收入，促进农村村庄达到小康社会。

1.2 小康村示范建设规划的主要指标分析

由于经济基础薄弱，东北地区小康村的建设发展，无论在基础设施建设方面还是在环境建设方面的投入都会很大，因此我们必须认真分析、研究，挖掘资源，抓住机会，在稳定中求发展，发展中探新路，寻求符合东北地区经济发展区情的建设规划指标，从而通过小康示范村带动周边村庄的发展，加速小城镇中心功能的聚集，以达到农村共同小康，共同富裕。

按照国际国内城市建设规划标准和东北地区小康村城市化进程的建设规划情况，对东北地区小康村示范建设规划指标分析如表1。

东北地区小康村建设规划指标分析表　　表1

指标类别	指　标　项	国际城市标　准	中国城市标　准	小康村标　准
经济类	人均GDP	2万美元	5000美元	3000美元
	三产占GDP比重	70%	50%～55%	40%～45%
社会类	恩格尔系数	低于15%	低于25%	低于30%
	每万人拥有医生人数	50人	13人	9人左右
	社会保障覆盖率	95%	95%	95%
	人均图书占有量	30本	20本（深圳）	30本
	家庭彩电普及率	100%	100%	100%
	电话普及率	90%	90%（深圳）	90%
	家庭电脑普及率	50%	20部/百人	20%

续表

指标类别	指 标 项	国际城市标 准	中国城市标 准	小康村标 准
教育类	人口文盲率	低于 2%		低于 5%
	劳动力文化指数	15 年以上	12 年以上	12 年以上
	教育投入占 GDP 比重	5%	5%	3%
科技类	每万人拥有科技人员数（人）	2000	500	50
居住类	人居居住面积（m^2）	30	15 ~ 20	25
	每万人轿车量	4000 辆	1500 辆（武汉）	100 辆
	每万人商服网点	700 个		1 个
基础设施类	人均道路面积（m^2）	25	8 ~ 15	8 ~ 15
	燃气普及率	100%	90%	80%
	人均生活用水	40 升/日	40 升/日	40 升/日
	人均生活用电（kWh/a）	2500	500	400
环境类	人均绿地面积（m^2）	30	30	30
	人均公园面积（m^2）	20	10	15
	污水排放达标率	100%	95%	85%
	住宅区园林化率	80%	30% ~ 35%	30% ~ 35%

资料来源：中国市长协会、《中国城市发展报告》编辑委员会．中国城市发展报告（2001 ~ 2002）．北京；西苑出版社，2003，237—238。

1.3　小康村示范建设规划模式的阶段性过程分析

第一阶段：资本投入阶段，也可以说是扶持阶段，通过政府给予一定的优惠政策或经济扶持，促使小康社会进入正常发展的轨道，该阶段是小康村起步建设的关键阶段。主要是通过扶持加强基础设施和生活环境方面的建设。对于东北地区等经济欠发达地区，小城镇和村庄的基础设施建设欠缺很大，势必影响小康村的建设速度，因此，该阶段建设时间大约为 2 ~ 3 年。当然基础设施的建设应该是一个不断完善的过程，它贯穿与小康村建设的始末。

第二阶段：快速发展阶段，该阶段是小康村由完善到发展，到再完善再发展的过程。随着小康村的各方面设施条件的完备，廉介的土地、廉价的劳动力都对一些企业或第三产业的发展有强在的吸引力。产业的发展，农村剩余劳动力得到安置，在“聚集效应”的影响下，使小康村的发展进入一个良性循环的轨道。

第三阶段：稳定发展阶段，该阶段应该说是小康村经济积累的关键阶段。由于小康村的经济增长核基本形成，单位产出已达到峰期，由于总体规模受到环境容量的限制，在项目的发展与建设上要注意引导，对于初期形成的企业要通过优胜劣汰的方式进行筛选，逐步使小康村的建设达到优化。

2 实证分析：以长春市奢岭镇幸福村庄建设规划为例

2.1 幸福小康村示范建设的可能性分析

对于幸福村庄来说，能够成为长春市市政府首批确定的小康示范村建设规划试点村庄，主要具备以下三个方面的优势因素：(1) 自然景观的吸引力；(2) 交通干道的吸引力；(3) 现有城市中心的吸引力。在这三个力的作用下，中心城市长春市的人口、产业等要素正在逐步向城市周边、交通干线周围和自然景观较好的地方转移，尤其是人口居住功能郊区化已成为长春市城市居住功能扩散的重要趋势。因此，对于长春市中心城市发展来说，东南部的幸福村庄有发展成为小康村的潜在可能性。

2.2 幸福小康村示范建设的可行性分析

奢岭镇幸福村位于长春市的东南部，距离长春市中心区仅15km，北与长春市净月旅游经济开发区接壤，境内有“长清”一级公路穿过，是幸福村的一条主要经济发展轴。幸福村总人口2002人，总用地22km^2。幸福村北、西、东三面为林地（净月国家森林公园的延续)，中部为平地，在山地之间有一些自然的水面，为发展旅游业和建设高档次住宅提供了良好的自然条件。同时由于土地廉价，已经成为众商家在长春市周边乡镇发展的首选之地，为了使幸福村能够做到保护资源、节约资源、有效利用资源，幸福村的发展建设一定要在规划的指导下进行合理、有序的开发。

长春市每年在蔬菜和副食品方面的需求量很大，但是据统计，其中仅有10%左右来自周边乡镇，如此大的市场没有得到足够重视。因此幸福村依托现有的优势，发展绿色食品生产和加工基地的前景十分广阔。

2.3 幸福小康村示范建设规划分析

幸福村作为奢岭镇小康村的带头村，在建设时应该首先以完善基础设施为主（例如发展秸杆燃汽工程解决农民的供热问题、卫星电视入户和电话入户工程问题等)；其次发展新区，对于新区引进的产业应该以洁净产业和为旅游服务的相关产业为主；再次通过幸福村带动其他村的发展。

2.3.1 小康村建设目标

经济目标

幸福村国内生产总值平均年增长11%以上；2005年、2010年人均国内生产总值分别达到3000美元、3500美元。经济质量和效益大幅度提高，财政收入增长幅度、国内生产总值增长幅度有明显提高。

第一、二、三产业国内生产总值比例2005年、2010年分别为50:20:35和35:20:45。

社会目标

2005年、2010年恩格尔系数低于35%和30%，每万人拥有医生人数为9人和10人，社会保障覆盖率为75%和85%，人均图书拥用量12本和15本，电话普及率为95%和100%，家庭电脑普及率为15%和25%。

生态目标

充分保护和利用原有的自然环境，实现居住环境优美、生态良性循环和空气质量稳定在Ⅰ级。建设区域人均绿地面积 20m^2、人均公园面积 15m^2、住宅区园林绿化率 50%以上、污水排放达标率 100%、烟尘排放率 95%以上、固体废物综合利用率 80%。

2.3.2 产业布局

幸福乡的产业布局以调整原有第一产业比例过大，第二、三产业比例过小的产业结构，充分利用和挖掘自身的优质条件，提高二、三产业的比例，特别是第三产业的比例。

第一产业的市场竞争能力很差，应该逐步利用幸福村南部土质比较肥沃的基本农田，使原来的传统产业向生态农业及观赏农业转变，农产品加工由精加工向深加工转变。第二产业由于受地理位置的影响，主要在新区发展洁净工业，从而减少对其下游（长春市水源地）水质的污染。第三产业主要是在临近净月国家森林公园处的保护区以外 1000m，结合山地发展旅游业和房地产业。

2.3.3 总体布局

（1）规划结构

结合幸福村自身的发展优势和区位条件，完善幸福村村落和新区建设，同时加强三个基地（“绿色安全蔬菜”基地、“绿地农产品”基地、“蓄禽养殖”基地）、两个园区（“都市农业观光园区”“农业示范园区”）、一个旅游风景区的建设。

（2）用地结构

在幸福村的建设用地中，居住用地占 40%，公共设施用地占 15%，道路用地占 20%，绿化用地占 25%。

（3）村屯布局与建设

根据幸福村各屯落的现状分布特点、居住环境以及未来基础设施的投入情况，对现有屯落进行合并，集中发展两个屯和新区，改善居住环境的同时也减少了基础设施的投入。对于合并的屯落进行统一规划，逐步改变传统的建设模式和生活方式。每户占地面积 300 ~ 500m^2，每户建筑面积 120 ~ 150m^2；屯中集中饲养牲畜和家禽，不但能够减少劳动量，而且能够通过集中防治，减少畜禽传播疾病。

（4）新区布局与建设

幸福村的建设主要以建设新区为主，新区位于两个屯落之间，总用地为60公顷，起步区为20公顷。新区通过两条水系分成三个部分：其中临近长清公路一侧的100m防护绿带外为各类服务配套设施（学校、托幼、商场、宾馆、娱乐中心、休闲保健中心等）用地；两水系之间为高档住宅区；另一部分为产业区。

新区以“自然、生态”为主题进行建设，结合水系形成自由式路风格局，把新区的既有树木保留，并栽植一些树型美观的乔木和灌木，来美化环境。把水面局部扩大与休闲娱乐中心结合在一起，作为新区的集中活动区。高档住宅以二层为主，每栋占地面积800～1000m^2，建筑面积400～500m^2，其中一部分作为休闲度假用房，一部分为长春市富人住宅。产业区总用地10公顷左右，主要作为绿色食品的生产加工基地。在新区的东部、靠近山区的丘陵地建设高尔夫球练习场。

3 结语与展望

我通过东北地区欠发达地区的小康示范村建设规划实践研究，认为我国农村经济发展需要相当长一段时间，才以实现成功跨越。毕竟，东部发达地区的农村地域占我国整个农村地域的比重较少，我国大部分农村根据党的十六大提出的全面小康社会的建设标准还有较大差距，我国农村全面小康社会建设的任务仍较艰巨，目前，在部分农村仍然处于经济发展的起步阶段。因此，在现有的国情下，小康村的建设不应盲目操作，而要合理规划，逐步实施。面临机遇与挑战，只有积极探索与实践，努力推进中国小康村健康有序的可持续发展，才能实现中国经济的全面腾飞。

【参考文献】

1 桑东升. 珠江三角洲地区乡村——城市转型研究. 城市规划汇刊 2003（4）

2 赵燕菁. 制度变迁，小城镇发展. 中国城市化. 城市规划 2001（4）

3 郭荣朝. “边缘效应”与城镇发展宽间组合研究. 城市规划汇刊 2003（4）

4 石忆邵. 中国农村人口城市化及其政策取向. 城市规划汇刊 2002（5）

【作者简介】

黄祖群，男，注册规划师，工程师，现任长春市城乡规划设计研究院详细规划所所长。

于冬波，女，讲师，东北师范大学城市与环境科学院硕士研究生。

浙江沿海地区中心村建设规划的思考

——以温岭市为实例

陈前虎　游宏滔

【提要】　本文以温岭市为实例，分析了浙江沿海地区农村的现状与存在问题，中心村建设规划的现实意义，指出中心村建设是实现城乡一体化目标的关键环节之一，也是解决目前农村存在问题的有效途径，并对中心村规划的意象、理念与选址问题提出了一些思考。

1　浙江沿海地区农村的现状与存在问题

1.1　村落分布散而密

浙江沿海地区农村村落分布散而密。以温岭市为实例，近千个行政村加上星罗棋布的自然村，使全市每平方公里有村落11.7个，每个行政村的管辖半径570m。这种分散的特征是由传统的耕作方式决定的，也与农村长期以来单一的主导产业——农业生产的规律直接相关的。虽然随着农业生产技术的提高，耕作方式和规模都有了很大改变，但农村形态的调整还需很长时间。这种分散的村落分布带来了一系列的“农村病”：尽管村庄密集，但村庄建设各自为政，虽有不少豪华楼宅，但建筑物的群体形象欠佳；由于达不到合理的规模，公共服务设施和基础设施水平低下，生活不方便；缺乏社会性，精神文化生活枯燥，缺乏社会交往和机遇。同时由于占地多、浪费多，加上不少人外出打工经商，出现了不少空房率达20%的空心村。

1.2 剩余农村劳动力仍较丰富

浙江沿海地区农村人多地少，虽然近年来农村劳动力已有大量转移，但剩余农村劳动力仍然相当多。以温岭市为例，市域总人口113万，其中劳动力人数占总人口的比重约60%，其中非农劳动力人数约占总数的65%，农村劳动力为23.73万人，如果按每个劳动力负担4亩耕地计算（温岭现有耕地55.56万亩），则只需劳动力13.89万，尚剩余9.84万。随着农业现代化程度的不断推进，农村剩余劳动力将进一步释放出来。对农村城镇化而言，既是一种“推力”，也是一种“压力”。

1.3 产业结构低度化急需整合和提升

浙江沿海地区农村经济运行机制与市场经济发展不相适应，由于农业长期处于低效益状态，农业生产规模小，专业水平低，产品初级效益不高，产生不了商品优势和规模效益。农村社会服务还不能满足市场经济的要求，服务体系不健全，对农户在调整产业结构，发展“一优两高”农业中急需的信息、科技、资金等服务缺乏有效的措施和有力的手段。

二、三产业不够发达。缺乏对一产业的促进和推动作用。温岭市村办工业星罗棋布，平均每个行政村有村办企业1000个，加上传统的家庭手工作坊，其工业产值占农村经济总产值的90%以上。但是，二产以传统的低层次服务产业为主，其标志是工业化初期的产业，如纺织、普通食品、普通建材等，产品档次低，质量欠佳，已处于严重的供大于求的“买方市场”状态，难以带动经济继续增长。三产发展缓慢，已直接影响一、二产业的发展。

1.4 生态环境破坏严重，可持续发展受到威胁

由于村办工业点多面广、布局分散，企业技术含量低，大多为产品初加工，没有三废处理，加上管理不善或是管理盲区，尤

其是那些家庭作坊式的工业，农民直接受到三废污染的危害，沿海地区农村的生态环境破坏已到了警戒程度。同国有企业相比，乡村工业单位产值的煤炭、燃油和电力消耗量要高出三倍，同时排放的废气、废水、废碴和噪声对农村生态环境造成更严重的危害。据测算，目前三分之一的废气、15%的固体废料、15%的废水，均来自于乡村工业，且其污染的影响范围已远远超出农村范围而波及到城镇。农村生态环境的破坏已成为当前制约农业发展的主要因素，农村的可持续发展受到了严重的威胁。

1.5　村庄普遍缺乏规划，农居生活质量较差

改革开放后，国家大力抓村镇规划和建设，由于村镇建设的重点放在集镇以上，集镇、建制镇的规划、建设相对较快，而村庄的规划、建设相对滞后。尽管 80 年代后，浙江沿海农村农房建设面貌崭新，农民的住房条件有了根本性改变，但是，村庄普遍缺乏规划，为居住服务的公共设施、基础设施不配套，有的还严重短缺，上水不通，下水不畅，道路狭窄、弯曲，路面质量低劣，环境脏、乱、差，缺少学校、医疗、商贸、文体等必需的公共服务设施。尤其严重的是绝大部分村办工业混杂在居民点内，三废污染严重，农居生活质量差。

村庄规划和集镇规划是两个不同层次的规划，其规模、性质、内容都不完全一样，村庄规划的重点是布局好农民的生活居住和一定数量的村办工业，配套相应的公共服务和基础设施。只有把量大面广的村庄规划好、建设好，才能根本改善农民的生产和生活条件。

2　中心村规划建设的意义

三农（农业、农民、农村）问题始终是中国革命和建设的根本问题，这是由中国的国情决定的。在相当长的一段时期，作为工业化伴生的现代城市化，不可能超越由我国特定的国情所决定的二元格局。在城市和农村实现“城乡一体化”城市化过程，以

独特的形式表现出两重运行特点的城市化机制。

农村的问题只能通过其自身城市化来解决。这个城市化的过程不可能以各处分散的自然村就地发展的形式来实现，而是要用区域的观点，站在宏观的高度对城镇建设的空间布局进行综合研究的基础上，确定适量的具备发展条件的“点”进行集中建设，使这些“点”至少能达到支撑最基本的生活服务设施所要求的最小规模。这个“点”就是目前城乡一体化体系中位于最末一级的中心村。

中心村的概念，被认为是由若干行政村组成的，具有一定人口规模和较为齐全的公共设施的农村社区，它介于乡镇和行政村之间，是城乡居民点最基层的完整的规划单元。中心村建设是优化区域空间配置、节约耕地、提高广大农村生态环境承载力、实现城乡一体化目标的关键环节之一，也是解决目前农村存在问题的有效途径，具有特别重要和深远意义。

浙江沿海地区农村经济异常活跃，以个体私营经济和股份合作制经济为代表的乡镇企业占据整个工业企业的绝大多数。以浙江省 11 个强市（县）中的温岭市为例，早在 1995 年乡镇工业占全市工业总产值 92.8 %，而村办及村以下企业占乡镇工业 98.2%。这些小而散的乡村工业极大地促进了农村工业化进程的加速，但同时由于小而散的种种问题，如何合理地布局中心村，引导中心村有序健康持续发展，切实加快农村城镇化进程，正是攸关农村实现第三步战略目标的大局所在。

3 中心村建设的规划思考

3.1 中心村的规划意象

3.1.1 农业现代化

随着以机械化、规模化、专业化为特征的现代农业经营方式逐步取代传统耕作方式。人口的非农化和城镇化将使自然村逐步走向集中，有的将消亡，而扩并后的中心村具有较大的公共服务和基础设施的配备潜力及合理规模，极易形成现代化的生活条件。农田因自然村落的消失、复耕而得到集中，农业生产达到适度的规模经营，农业深度开发得到加强，农业劳动生产率迅速提高，农业的产业化、现代化通过中心村建设得到根本体现。

3.1.2 工业相对集中

沿海地区村办企业发达，以温岭为例，村办工业产值占全市工业总产值的91.1%，但分布散，档次低，规模小，经济效益低，市场竞争力弱，环境污染严重，水、电、路及土地的投资效益低下，整个村办工业的发展缺乏可持续性。目前村办企业普遍处于工业化的初级阶段，在农村用地相对宽松、地价低廉、新技术和设施不高的情况下，在沿海地区的中心村用地规划中，尚应考虑适当的工业用地（一般取2~5公顷）。一方面，可以集中解决目前村办工业“小、散、密”的问题，通过逐步的原始资本积累及技术、设施的改造，实现村办工业向规模化、集约化、专业化、城镇化过渡；另一方面，通过企业的规模升级，可以就地吸收更多的从农业生产解放出来的农民。但原则上在中心村不能安排污染严重的二、三类工业。

3.1.3 公建服务设施和基础设施城镇化

物质环境建设的落后是农村缺乏吸引力的主要原因。随着农村工业化的不断推进，农村的城镇化进程必将不断加快，在农村也能享受到城市的各项服务设施，加上农村独特的地域自然条件，作为人居环境，农村较之城市将更具吸引力。农村人居环境的现代化是指农村在居住、生活、设施管理方面实现现代化。村镇之间、城乡之间均由不同形式的现代化交通设施和通信设施连接，形成一个整体网络，即自然——空间——人类的复合社会系统。融乡村于自然环境中，使乡村在具备上述交通及通信设施现代化的前提下，充分享受到文化、教育、信息、科技、贸易等现代化文明。根据社区理论，以小学学区为核心组织的中心村区，设置有村委、小学、幼托、医疗卫生站、文化活动站、老年中心、农贸综合服务等公建设施；完善道路、电、上下水道等基础设施配套；设置中心村小游园、集中车库及污水处理站等。通过这些物质环境的建设，使农民的物质外环境和精神内世界都逐步脱胎换骨，生活方式、意识思维向城市方式转型，真正实现农村现代化、农民现代化和农业现代化。

3.1.4 充分发掘旅游资源

农村在发展以生态环境、田园风光等旅游业为特征的第三产业更具潜力和优势。浙江沿海农村地区，可以按资源共享的原则，结合地方特色，开发以海岸、海岛、沙滩、渔港为特色的观光度假区；开发集山水风光和宗教古迹为一体的综合性风景旅游区；开发以石文化为特色的观光休闲旅游区，等等。在中心村的规划中，要从大区域出发，将生态环境、人文景观等资源加以保护利用，使中心村人居环境的生活文脉融自然环境、生态环境和人文环境于一体，使现代化的村庄成为基础设施完善、环境优美、人文资源丰富的生产、生活休栖之地。

3.2 中心村的规划理念

3.2.1 城乡一体化，城乡整体规划

中心村规划要保证城乡一体化战略的顺利实施，引导城乡一体化的实现。将工作的重点“以集镇为主”转向“村镇并重”，制订科学合理的城乡发展战略。为此，必须从规划的初期做起，进行城乡整体规划，将城市、周围乡镇及以中心村为主的乡村居民点作为一个整体加以规划。从区域研究的高度对人口分布、产业构成、用地布局、基础设施等城乡经济、社会总体发展予以统筹安排，合理布点“中心村”。

3.2.2 保持发展主体之间的相对平衡

主要包括两个方面：一是纵向上的平衡，表现在历史、现实与未来三者之间在时间上的和谐与延续，在规划中对村庄进行引导和控制，安排好开发建设时序，使村庄的肌理和文脉在时空上合理延续，并为未来发展留有余地。二是横向上的平衡，表现为一个主体的发展不应损害其他主体的健康发展，也就是说，在一

个中心村规划中正确处理与其他中心村及行政村、自然村的撤、扩、并等协同关系。

3.2.3 择优选址，形成合理规模

中心村是乡村中完整的农居规划单元。因此，要形成一定的合理规模，有利于公共服务和基础设施的配套，有利生产，方便生活。中心村的选址宜符合以下原则：

（1）区位优势：中心村所处区际交通便捷，地理位置适中，并具备良好的供水、用地、环境等自然条件。

（2）联系功能：具有相对合理的经济流向、交通联系、社会联系、历史联系、服务范围联系。

（3）规模经济：中心村有一定的设施和规模，经济实力较强，发展潜力较大，经济将集聚成一定规模。

（4）集约用地：中心村发展空间要少占耕地，节约用地，与基本农田保护区不相矛盾。

3.2.4 与生态环境相协调，坚持可持续发展

农村的本质功能以一产为核心，农村民居点落成在广大田野，山水田林组成的大自然环抱着村庄，构建成人类社会与自然之间的生态经济关系。因此，中心村的规划要与生态环境相协调，保持生态环境的合理承载容量，臻于人地和谐，创建优良的人居环境。

【参考文献】

1 宁登．谈中国城市化道路问题．城市规划汇刊．1997年1期

2 梁伟．城乡物质环境建设及其量化指标研究．城市规划汇刊．1998年5期

3 吴志强等．21世纪城市规划师宣言（草案）．城市规划汇刊．1998年4期

4 南京大学城市规划设计研究院．温岭市城乡一体化规划．1998年

5 许学强等．中国乡村——城市转型与协调发展．北京：科学

出版社
6 张秉忱等．中国城市化道路宏观研究．哈尔滨：黑龙江人民出版社
7 联合国人居中心（生境）编著．城市化的世界．北京：中国建筑工业出版社

【作者简介】

陈前虎，男，浙江工业大学讲师，博士。
游宏滔，男，浙江大学长三角国际研究中心，硕士，规划师。

城乡一体化过程中城乡结合部新区化规划模式探讨

李光安

【提要】 从分析城乡结合部的产生及带来的问题入手，本文提出了以社区开发模式来解决城乡结合部的问题，并结合玉环县城北区中心村与社区化规划模式的比较，对解决城乡结合部村庄的问题进行了实践探讨。

目前，建城区的居住小区规划和郊区村庄建设规划编制已形成了相对成熟的编制程序和模式。随着城市化的加速推进，城乡结合部的村庄受中心城区辐射影响较为深刻。然而，目前村庄规划编制模式很难适应这一要求。本文结合台州市玉环县城乡一体化规划编制经验，来探讨城乡一体化过程中城乡结合部村庄规划编制的基本模式。

1 背景分析：城乡结合部新区化规划编制问题剖析

在新一轮的城市外延式扩张过程中，城乡结合部就是城市的待发展区域，也是未来城区的外衍框架。

城乡结合部受城市迅速扩张和城区开发影响而萌生，往往被城市建设管理所忽视，成为开发建设的敏感和失管地带之一，极易形成所谓“城乡结合部溃疡症”。在城市量化扩张的背后，原先的城乡二元格局被彻底打破，一些村落进入城市或将融入城市，原来村庄建设规划编制模式难以适应这一形势，城市巨型框架下的“城中村”现象呈现在我们面前，并带来一系列社会问题，成为当前城郊农村发展的新课题。

1.1 村镇用地、用地性质和人口规模难以界定

在规划编制时，城乡结合部的用地性质采用法规标准存在较多的争议。在城乡结合部的村民既能得到城市的一切服务设施，又能保障农民基本权利和义务，传统的城乡二元结构所带来的农业人口和非农业人口之间的巨大反差，导致城市人口难以统计计算。

1.2 空间组成、内部功能与周围环境形成剧烈反差

(1) 在第一产业转向第二产业为主的过程中，由于规划编制滞后、规划管理不严和政策的引导不当，城乡结合部村庄用地功能紊乱，居住用地、工业用地、商业用地等相互混杂，建筑物密度大及建筑景观杂乱无章，建筑密度高达 60% ~ 80%，村民建房一般建至 3 ~ 4 层，容积率超过 3，采光通风等居住自然条件相当恶劣，居住生活的私密性得不到保障，缺乏统一连续的街景立面和天际轮廓线。

(2) 基础设施和公共设施建设严重缺乏，主要表现在道路网布局和结构不合理，道路狭窄、曲折、不成系统，无法满足人流、物流、停车及消防的基本要求，排水设施建设滞后导致经常性的内涝，学校、幼儿园、医疗卫生等公共数量和质量都严重滞后于经济建设的发展和村民的需求，缺乏居住生活所需的公共活动场地，供儿童和老年人使用的外部环境设施和绿地更是缺乏。

(3) 在城市不断发展和建设的过程中，城乡结合部与中心城市之间在用地、基础设施及公共设施建设上往往不能有效地进行协调和合作。

受村镇建设规划标准和村庄行政界线的限制，城乡结合部村庄的规划给今后的城市化改造带来很多困难。因此，科学界定和评价城乡一体化过程中的村庄规划编制和适用范围，成为我们当

前所关注的问题。

城乡结合部村庄规划编制所面临的问题，迫切要求我们反思原先的城乡建设思路，同时也萌发了如何寻找一种更科学与更实际的载体去开拓城乡新空间的需求。

2 策略研究：以社区化开发模式来解决城乡结合部问题

社区是指聚居在一定地域范围内的人们所组成的社会生活共同体。社区建设是指在党和政府的领导下，依靠社区力量，利用社区资源，强化社区功能，解决社区问题，促进社区政治、经济、文化、环境协调和健康发展，不断提高社区成员生活水平和生活质量的过程。社会建设是一项新的工作，大力推进社区建设，是城市经济和社会发展到一定阶段的必要要求，也是面向新世纪城市现代化的重要途径。

目前城市社区建设已在全国上下普遍推进，但在农村领域，这一概念尚未涉及。从长远的角度来考虑，在推行城市社区建设的同时，也将社区建设这一新载体运用到城乡结合部的开发建设中去，而且不仅仅从精神上加以引导，更要从实际的开发行为上加以规范，这一举措不仅尤为必要，而且迫在眉睫。

2.1 城乡结合部社区化开发可行性分析

城乡结合部作为城区未来的拓宽区域，及早实现社区化开发建设管理，不仅能分阶段、有步骤地缓解原先沉积的各类社会矛盾，解决当前建房难问题，而且可以逐渐走出失管地带的阴影，使之及时融入城市建设圈，实现高效平稳过渡。同时，从当前城乡结合部现存状况来看，社区化条件非常有利。

城乡结合部农业劳动力素质高，非农就业容易，适应社区管理模式时间短，基本上可以与城区同步开展。

城乡结合部农业发展成本高，但进行二、三产业的机会多，土地非农开发效益好，实行社区开发，不仅可解决当地居民住房问题，更可以为旧城改造提供广阔的置换空间。

2.2 城乡结合部社区化开发的必要性分析

推进城乡结合部社区化开发，是改革开放和社会主义现代化特别是农业、农村现代化建设的迫切要求。在新的形势下，社会成员固定地从属于一定社会组织的管理体制已被打破，大量“单位人”转为“社会人”，一方面大量农村人口涌入城市且相当一部分集居城乡结合部，另一方面社会流动人口特别是外来人口增加，加上教育、管理工作存在一些薄弱环节，致使该区域社会人口的管理相对滞后，迫切需要建立一种新的社区式管理模式。随着城镇数量的不断增加和城市化进程的加快，基础设施日趋完善，现有的管理和服务不相配套，尤其是城乡结合部作为一个基层单位，社会管理比较薄弱。因此，大力加强和完善管理水平，提高城乡民居素质和文明程度，特别是加快农民向现代化市民素质转变就显得十分紧迫。

长期以来，受计划经济体制的影响，城乡结合部村委会服务意识还不太高。随着改革的深化，原有的管理方式很难适应形势发展的需要。面对流动人口、下岗职工、老龄工作、社会治安、计划生育等各种问题，在管理和服务上力不从心，存在着责权利不统一、职责任务不明确、管辖范围过小、人员老化、工作条件差等问题。推进社区建设，发挥社区居民自治组织的作用，保证社区居民依法管理自己的事情，是解决上述问题的有效办法。

2.3 城乡结合部社区化规划要注意的几个问题

2.3.1 城乡结合部是一个充满活力的地域空间，在地价机制和中心区城市改造的双重影响下，从市中心区迁出的动迁户和来自其他地区寻求工作机会的外来人口在这里汇集，形成双向人口导入，成为发展活跃的空间。同时，该区域又是一个充满矛盾的地域空间，人口构成复杂而社会管理薄弱，外来人口管理问题、环境脏乱差问题、社会治安问题突出。如何使不同籍贯、不同语言、不同社会地位、不同观念、不同生活方式、不同心理的人群在这里共同发展，实现社区繁荣是一个重要的现实课题。

2.3.2 合理安置外来人口是城乡结合部社区健康发展的关键。社区文化、教育、服务应主动面向外来人口需求，融管理于服务、疏导、教育之中。切实关心他们的就业、居住、就学、就医问题，及时给予必要的生活指导。只有这样，才能有效地改善外来人口的生活状况和社会地位，帮助他们尽快适应和融入城市社区生活，从而提高对社区的归属意识，减少和避免犯罪。

2.3.3 大力发展社区服务业。随着居民收入水平和生活水平的提高，社区服务需求越来越多样化，社区服务发展要跳出传统民政救助的框架，树立市场供求观念，从城乡结合部居民构成复杂，需求多元化的状况出发，建立符合社会主义市场经济体制发展的社区服务供给机制，扩大和提高社区服务范围和水平，满足不同层次居民的需求。

2.3.4 及时理顺社区管理体制，尤其是要加强对物业公司工作的监督，理顺居委会与物业公司的关系，是今后广大社区发展需要解决的重要问题。

2.3.5 及时调整小区配套建设标准，科学地进行社区规划。社区规划是社区建设的重要基础，应按照“以人为本”和“可持续发展”的观点制定具有特色的社区规划，指导社区建设。

3 实例剖析：玉环县城北区中心村与社区化规划模式的比较

玉环县城北区总面积约 10km^2，属青马工作站和沙鳝工作站分区管辖，主要由青马、沙鳝、西青塘、九山、采桑等 5 个中心村 23 个行政村构成，总人口 15474 人。城北区域近处隔西青岭隧道与市中心区相毗邻，最远处距城区不到 7km，是城区北向拓展最直接的腹地，也是玉环县典型的城乡结合部。不同模式的规划形式见表。

规划模式比较表

项目＼方案	中心村模式	社区化模式
开发方式时间	由于房地产公司不愿承接农村开发，所以开发方式以个人为主，村集体为辅自行开发建设，统一性较差，开发时间较长	预先纳入城区板块，按商品化开发模式由房地产公司或城建投资公司统一操作，开发时间短，见效快
经济效益	按农村模式开发建设，土地价格相对较低，见效不快，开发成本低，成本回收期长	按城市模式开发建设，土地价格高于一般农区价格，见效快，开发成本高，成本回收期短，且可以产生滚动效益
社会效益	有利于安置山区移民，但人口素质低，集聚后易产生社会矛盾和一些不稳定因素，引发犯罪现象	一方面可安置山区移民，更可以为城市旧区改造提供缓冲腹地；规范的管理模式可以保持社会稳定
可持续发展程度	生态环境保持力度不强，且周边各区块各自为营，垃圾处理纠纷易产生污染因素	统一生态环境保护管理，有效处理区域垃圾，环境保持力度较强
对城市化和现代化贡献程度	对城市化有逆向影响，不助于推进农业农村现代化	促进城市化发展，有利于农民加快向现代市民转变

综合分析，城乡结合部社区化模式明显优于中心村开发模式，特别在现阶段显得更为科学、实际。

城乡结合部开发建设是一个崭新的课题，是面向新世纪建设必须要解决的问题之一。以社区新载体开发建设城乡结合部目前还是理论上的探索，还要在实践中不断走向成熟。

【参考文献】

玉环县城乡一体化规划研究报告．浙江省城乡规划院，玉环县城乡规划院，1999

【作者简介】

李光安，男，浙江省玉环县城乡规划设计院，院长，规划师。

编　后　记

“峨眉天下秀”，秀甲天下的峨眉山还是个启迪灵感的所在。

2003年11月，中国城市规划学会小城镇规划学术委员会第十五次年会在峨眉之麓，嘉陵江畔的乐山市召开。根据大会的要求，各位与会委员在会上交流各自的学术论文。面对这么多质量上乘的学术论文，小城镇规划学术委员会的领导意识到编辑出版本书的时机已经成熟。这既是对小城镇学术委员会多年来学术科研成果的一次展示，也可以给委员提供一个开展学术活动和施展才华的舞台；另一方面，目前有关小城镇规划方面的专著还比较少，本书的编辑出版也无疑可以起到指导全国小城镇规划建设的作用。于是决定编辑出版此书，并得到了中国建筑工业出版社的支持。

会议结束以后，小城镇学术委员就着手安排论文的收集和编辑工作。首先，以小城镇学术委员会的名义向各位委员发出征稿通知，到2004年2月底，共收集到北京、上海、广东、浙江、江苏、山东、安徽、河南、河北、甘肃、青海、四川、重庆、湖南、湖北、西藏、江西等近20个省（自治区、直辖市）的论文66篇，计54万字。

经过编者的认真筛选和编审委员会的严格审查把关，入选本书的文章有42篇，30万字左右，根据入选文章的内容，本书分为四个部分；第一篇：小城镇区域空间与产业发展研究；第二篇：小城镇发展战略纵论；第三篇：小城镇规划探讨；第四篇：村庄规划建设思考。

“没有绿叶扶，哪得红花艳”。前段时间，忙于编书，许多感谢的话还来不及说，当然，感激之情也是难以用语言来表达的。

中国城市规划学会副理事长夏宗玕老师多次对本书提出许多指导性意见；浙江大学长三角国际研究中心总工程师邱志成老师对该书的编辑出版费了许多心血；夏有才、汤铭潭、应金华、尚二明、曹传新、胡永嘉等专家在百忙之中参加编审会，对此书作最后的修改和定稿。在此一并表示衷心的感谢。还要特别感谢浙江省诸暨市规划局，诸暨市规划设计研究所给予的财力、人力、物力的大力支持。

到现在为止，书总算编完了。限于水平和时间，问题和纰误肯定不少，恳请专家指正。读完此书，如果对你或多或少有点收获的话，也算达到了我们编此书的初衷。

编 者

2004 年 4 月 22 日于西施故里